国际植物检疫规则
与中国进出境植物检疫

黄冠胜 主编

中国质检出版社
中国标准出版社
北京

图书在版编目(CIP)数据

国际植物检疫规则与中国进出境植物检疫/黄冠胜主编．—北京：中国标准出版社，2014.5

ISBN 978-7-5066-7528-4

Ⅰ.①国… Ⅱ.①黄… Ⅲ.①植物检疫—规则—世界②国境检疫—植物检疫—中国 Ⅳ.①S41

中国版本图书馆CIP数据核字（2014）第064494号

中国质检出版社
中国标准出版社 出版发行

北京市朝阳区和平里西街甲2号（100029）
北京市西城区三里河北街16号（100045）

网址：www.spc.net.cn
总编室：（010）64275323　发行中心：（010）51780235
读者服务部：（010）68523946

中国标准出版社秦皇岛印刷厂印刷
各地新华书店经销

*

开本 787×1092　1/16　印张 23　字数 402 千字
2014年5月第一版　2014年5月第一次印刷

*

定价 69.00 元

如有印装差错　由本社发行中心调换
版权专有　侵权必究
举报电话：(010) 68510107

编 委 会

主　　编：黄冠胜

副 主 编：吴杏霞　王益恩　陈洪俊

编写成员：

张晓燕　周明华　赵文胜　黄法余　印丽萍　黄庆林

孔令斌　顾光昊　蒋小龙　钱天荣　周国梁　陈　艳

梁忆冰　谢庚发　王湛军　李卫民　鄢　建　庄黎明

殷连平　安榆林　骆　军　严　进　陈先锋　黄忠荣

吴　昊　陈　昀　易建平　康芬芬　许新军　彭志生

陈　克　刘佳琪　李建军　孙双艳　裘文玮　朱　君

张秋娥　吴佳教　何善勇　黄　静　林金成　宋　菁

伏建国

前言

进出境植物检疫是国家为保护农林业生产及生态安全，防止植物有害生物的跨境传播，通过相关法律法规和技术手段采取的强制性预防措施。随着经济全球化的深入发展，有害生物随农产品国际贸易的传播风险日益增加，世界各国和相关国际组织都十分重视进出境植物检疫工作。

《国际植物保护公约》（IPPC公约）于1997年修订，是联合国粮农组织（FAO）通过的多边国际公约。我国于2005年正式成为IPPC第141个缔约方。《实施卫生与植物卫生措施协定》（SPS协定）规定IPPC为国际植物检疫措施标准制定机构。目前，IPPC制定了一系列国际植物检疫措施标准，为各国制定相关植物检疫法律法规提供了重要依据。

我国是一个农产品贸易大国，为了更好地履行国际义务，有效防范有害生物的传入传出，保护农林业生产和生态安全，促进国际贸易的发展，有必要准确掌握和熟练应用相关国际植物检疫规则。为此，我们对国际植物检疫规则开展了研究，从法律法规、进境检疫、出境检疫、旅客携带物和邮寄物检疫、实验室检测等方面进行梳理，并与我国现行进出境植物检疫实际进行了比对，提出了今后我国植物检疫的发展方向。

本书的编写得到了国家质量监督检验检疫总局支树平局长、魏传忠副局长的大力支持和鼓励。参加人员所在单位的各级领导对编写工作给予了热忱关心与帮助。在此，我们一并表示感谢！

本书可作为植物检疫人员了解国际植物检疫规则的指导书，也可为政府机构、进出口企业以及相关国际标准研究人员提供参考。由于时间紧、任务重，不妥和错漏之处，敬请广大读者和同行批评指正。

编者

2014年2月

目　录

国际组织、国际公约名称及缩写

序号	缩写或简称	英文名	中文名
1	APPPC	Asia and Pacific Plant Protection Commission	亚太区域植物保护委员会
2	CA	Comunidad Andina	中美洲植物保护组织
3	CBD	Convention on Biological Diversity	生物多样性公约
4	CEPM	Committee of Experts on Phytosanitary Measures	植物检疫措施专家委员会
5	CITES	Convention on International Trade in Endangered Species of Wild Fauna and Flora	濒危野生动植物物种国际贸易公约
6	COA	Container Owners Association	集装箱所有者协会
7	COSAVE	Comite Regional de Sanidad Vegetal Para El Cono Sur	南锥体区域植物保护委员会
8	CPM	Commission of Phytosanitary Measures	植物检疫措施委员会
9	CPPC	Caribbean Plant Protection Commission	加勒比海区域植物保护委员会
10	DG SANCO	Health and Consumer Protection Directorate General	欧盟健康与消费者保护总署
11	EPPO	European and Mediterranean Plant Protection Organization	欧洲和地中海区域植物保护组织
12	FAO	Food and Agriculture Organization	联合国粮农组织
13	GATT	General Agreement on Tariffs and Trade	关贸总协定
14	IAPSC	Inter-African Phytosanitary Council	泛非植物检疫理事会
15	ICPM	Interim Commission of Phytosanitary Measures	植物检疫措施临时委员会
16	IMO	International Maritine Organization	国际海事组织
17	IPPC	International Plant Protection Convention	国际植物保护公约
18	ISC	Interim Standards Committee	临时标准委员会
19	ISO	International organization for Standardization	国际标准化组织
20	ISPMs	International Standards for Phytosanitary Measures	国际植物检疫措施标准
21	IUCN	International Union for Conservation of Nature and Natural Resources	世界自然保护联盟
22	NAPPO	North American Plant Protection Organization	北美植物保护组织
23	NPPO	National Plant Protection Organization	国家植物保护组织
24	PPPO	Pacific Plant Protection Organization	太平植物保护组织
25	RPPOs	The Regional Plant Protection Organization	区域性植物保护组织
26	SC	Standards Committee	标准委员会
27	SPS	Agreement on the Application of Sanitary and Phytosanitary Measures	实施卫生与植物卫生措施协定
28	WTO	World Trade Organization	世界贸易组织

第一章

植物检疫国际规则概述

植物检疫起源于人类预防和控制植物有害生物不同地域间人为远程传播所造成的巨大灾害的斗争，它的核心是控制植物有害生物随国际间往来的人流、物流传播扩散。多年来的实践证明，植物检疫对保护农林业生产和生态环境安全、保护生物多样性、服务对外贸易、促进经济社会健康可持续发展具有重要作用，因此，世界各国对植物检疫特别是跨境植物检疫工作高度重视。

在经济全球化程度不断提高的今天，涉及政治、经济、文化、技术各个方面的组织行为都应该遵循相应的国际规则，以共同建立和维护良好的公共秩序，这已经成为世界各国的共识。植物检疫虽是一种国家主权行为，但也应遵循国际规则。植物检疫的国际规则之一是《国际植物保护公约》（International Plant Protection Convention，以下简称“IPPC 公约”），它是世界各国为防止危险性植物有害生物传播扩散，保护农业生产安全、促进国际合作，由联合国粮农组织（Food and Agriculture Organizaion，简称 FAO）制定的国际性公约。目前已经成为各缔约方开展植物检疫、履行国际义务的基础。根据 IPPC 公约，要保证国家植物检疫工作有效落实，需要建立国家层面的植物检疫管理体系，它包括国家层面的组织机构即国家植物保护组织（National Plant Protection Organization，简称 NPPO），植物检疫法律法规体系和一个运行有效的管理系统。

在关贸总协定（General Agreement on Tariffs and Trade，简称 GATT）乌拉

圭回合谈判后，1994 年 4 月 15 日，在摩洛哥马拉喀什发表了《马拉喀什声明》，达成了具有划时代意义的《建立 WTO 协定》和《实施卫生与植物卫生措施协定》(Agreement on the Application of Sanitary and Phytosanitary Measures，简称“SPS 协定”) 等。SPS 协定就涉及植物检疫领域，也是世界贸易组织（World Trade Organization，简称 WTO）成员采取植物检疫措施应遵循的国际规则。

2008 年美国金融危机后，全球经济危机加剧，导致国际贸易保护主义抬头，而极具隐蔽性的 SPS 措施，就成为各国普遍应用的技术手段。2013 年 12 月 7 日结束的 WTO 第九届部长级会议，达成了自 WTO 成立以来的首份多边贸易协定，实现了多哈回合谈判 12 年以来的历史性突破。会议发表的《巴厘部长宣言》，达成了“巴厘一揽子协定”，这不仅为稳定 WTO 国际贸易体系起到了至关重要的作用，也为各缔约方继续履行 IPPC 国际义务，正确开展国际植物检疫提供了重要保障。

本章在介绍植物检疫基础上，简要概述了与植物检疫密切相关的国际规则，以及建立和运行植物检疫系统的基本要求。

第一节　植物检疫简介

一、植物检疫的产生和发展

检疫“Quarantine”一词来源于拉丁文“Quarantum”，原意为 40 天。1403 年意大利威尼斯政府为防止黑死病（肺鼠疫）等烈性人类传染病传入，规定外来船舶到达港口前必须在海上停泊 40 天，以隔离观察船员是否患有传染病。这种为预防外来疾病传播的措施，逐渐成为“检疫”的专用词。虽然检疫起源于防范人类传染病的强制性隔离措施，但其预防思想却超过了当时对人类传染病的控制，逐步扩展到人们对外来动植物疫情疫病的预防控制。

伴随着农业技术和国际贸易的发展，世界各地陆续发生了一些外来的植物有害生物破坏农林业生产导致国家或地区遭受重大经济损失的事件。如 1860 年，原产于美国的葡萄根瘤蚜随葡萄枝条传入法国，25 年间毁坏法国葡萄园约 200 万公顷，使法国酿酒业遭受毁灭性打击。1860 年，在俄罗斯的松树上发现了白松疱锈病，该病在当地危害不大，但当该病 1865 年传入北美后，却对当地五叶松和东方白松造成极大危害，至 1900 年毁灭了整个美国白松。19 世纪初，北美地区从智利引入栽培用马铃薯并扩大种植，导致原产于墨西哥北部落基山东麓的马铃薯甲虫转而危

害栽培马铃薯，1855年，在美国科罗拉多州发现该虫严重危害栽培马铃薯。随后20年内，马铃薯甲虫危害面积已占当时全美马铃薯种植面积的9%。

鉴于传入的有害生物造成的重大影响，各国开始陆续颁布法令，以法律强制手段预防植物有害生物的传入。1660年，法国鲁昂地区政府为防止小麦秆锈病传入，通过了一项根除小蘖并防止其传入的法令，这是世界上最早出现的植物检疫法令。1872年，法国政府颁布法令，禁止从国外进口葡萄枝条，以防止葡萄根瘤蚜传入。1873年，俄国也发布了禁止从国外输入葡萄枝条的法令。1875年，俄国又颁布禁止带有马铃薯甲虫的美国马铃薯进口的法令。

检疫从产生之初起，就是以法令的强制性手段实现预防疫病疫情传播扩散为目标。早期的植物检疫法律法规都是以单项的规定或法令的形式实施的。伴随着对检疫认识的不断深入和实践活动的积累，人类逐渐认识到要做好植物疫情防控工作，除强制措施外，还需要技术、设施、信息、人员、财政等多方面的支持与配套，因此，进入20世纪，各国加快了植物检疫立法特别是综合性法律法规建设步伐。1907年，英国颁布《危险性病虫法案》，取代了1877年颁布的《危险性昆虫法》。1908年，澳大利亚颁布《澳大利亚检疫法》。1912年，美国颁布《植物检疫法》。1914年，日本制定《进出口植物检疫取缔法》。此后，新西兰、法国、意大利、荷兰、前苏联、德国等数十个国家和地区均根据本国情况，制定了不同的植物检疫法律或法规。在这一过程中，植物检疫在有害生物鉴定技术、信息收集与评估、检疫处理技术等方面有了快速发展。植物检疫作为一项具有预防性的防止植物有害生物传播扩散的有效措施，在国际上获得了普遍认可。

如今，随着生物技术发展和人类对植物检疫本质认识水平的不断提高，植物检疫已不是一个单项的措施，而是形成由法制、技术和行政管理相结合的综合体系。其中，立法是基础，行政是手段，技术是保证。由于植物检疫措施的实施涉及面广，不仅涉及农林业领域，还涉及交通运输、邮政、贸易、旅游、公安、司法等许多部门，因此，植物检疫已成为涉及生物、社会、经济、法律等多个领域的复杂系统。当前，在植物检疫科教实践和实际应用基础上，它逐步发展成为一门与植物、植物有害生物控制息息相关、由多学科互相渗透、研究领域广泛的学科。

二、植物检疫的工作方式和内容

根据目前世界通行做法，植物检疫的工作方式一般是运用强制性手段，对国际、省际间流通的植物、植物产品和其他应检物（包括人员携带物、邮寄物、装载和包装植物及其产品的交通运输工具和包装材料等）进行检疫，对发现问题的物品进行检疫处理或禁止入境。具体的检疫活动是围绕检疫性有害生物和管制的[1]非检疫性有害生物控制，以风险分析为基础，按照一定的程序对应检物进行现场查验、扦样、实验室检测、检疫处理等。

植物检疫工作内容包括：一是检查国际、省/州际间运输的植物、植物产品和其他应检物是否被有害生物感染；二是对国际、省/州际间运输的植物、植物产品和其他应检物进行检疫处理；三是为符合植物检疫要求的国际间、省/州际运输的植物、植物产品和其他应检物签发植物检疫证书，并保持其在核查之后、输出之前处于植物检疫安全状态；四是对一定区域内栽培植物和野生植物，以及储存或运输中的植物和植物产品有害生物的发生、暴发和扩散情况进行监测和控制；五是保护受植物有害生物威胁的地区，划定、保持和监视这些区域在官方控制下处于非疫区状态和有害生物低度流行状态等。

三、植物检疫的作用和地位

（一）维护国家主权，保护农林业生产安全

中国是世界贸易组织成员，同时也是国际植物保护公约组织成员（国际植物保护公约成员机构见附录1）。这些国际组织制定的相关协定、公约明确表明，各缔约方在采取植物检疫措施、保护国内植物健康、制定其适当的植物保护水平标准时，享有主权，即为了防止有害生物在国际上的扩散特别是防止其传入受威胁地区，各国有权对进口（或过境）植物、植物产品和其他相关物品等应检物采取植物检疫措施，因此，实施植物检疫就是行使国家主权。从植物检疫产生过程可以看出，植物检疫就是运用法律和行政手段，预防植物免受管制的有害生物危害，以保护一个特定区域农林业生产和生态环境的安全，这是植物检疫最基本的职责所在。

（二）履行国际义务，促进国际贸易健康发展

2012年，中国贸易总额已经达到38677亿美元，超过美国的38628亿美元，成为世界第一贸易大国。在农产品贸易方面，贸易总额为1757.7亿美元，其中进口

1）管制的：英文为regulated，中文也译为“限定的”，现在统一译为“管制的”。同样，non-regulated以前译为“非限定的”，现在统一译为“非管制的”。本书引用的国际植物检疫指标标准等相关内容涉及这两个词时，也均采用现在的译法。

额 1124.8 亿美元，出口额 632.9 亿美元，贸易逆差 491.9 亿美元，而仅粮食进口就达到 8025 万吨，成为全球第一净进口大国。促进国际贸易特别是国际农产品贸易健康发展，也是植物检疫必须履行的国际义务。IPPC 公约明确规定了国家植物保护组织应履行的义务，包括对国际贸易植物及植物产品签发植物检疫证书、在国内开展有害生物监测、在货物入境口岸开展检查和采取处理措施、开展有害生物风险分析、为农产品贸易顺利开展提供技术支持等。多年来，在国际贸易便利化呼声下，国际植物检疫措施也从防止有害生物传入的“零风险”向“可接受风险水平”转变。围绕这一转变，在国际植物检疫措施标准指导下，各国建立了许多综合性的植物检疫管理措施，并以双边协议、备忘录等方式确定下来，这些工作极大地便利了国际贸易，促进了国际农产品贸易的健康发展。

（三）植物检疫是国际合作与交流的重要内容

植物检疫与国际贸易密切相关，一是因为在与植物有害生物的长期斗争中，人类逐渐认识到有时需要在跨越国家界限的生物地理区域内，对某些危险性有害生物进行整体控制，才能取得更好的防治效果；二是为提高植物检疫相关技术，需要在国际范围进行技术交流，相互促进和借鉴；三是为促进贸易，各国需要对采取的植物检疫措施进行磋商和讨论，比如，基于国际规则，植物检疫措施必须具有“技术合理性”、不能随意使用或采取随意或歧视措施，也不得变相地采取限制措施等。因此，植物检疫已成为国际合作和交流的重要内容。世界各国充分利用多边、双边机会开展友好往来，共同探讨发展植物检疫事业的政策、法规和技术。以中国为例，在国际合作与交流基础上，仅 2013 年，国家质检总局与各国相关机构就签署了 22 个植物检疫方面的合作协议和备忘录，成为服务国家外交外贸重要的活动纽带和平台。

（四）植物检疫是国际规则关注的重要领域

在 GATT 乌拉圭回合谈判中，农业谈判的焦点始终集中于消减国内市场保护问题。为消除包括动植物检疫在内的技术性贸易措施被作为贸易保护的手段，各国必须做出实质性的妥协，这是 SPS 协定产生的背景之一。由此可见，在国际贸易中，植物检疫等技术性贸易措施备受关注。

作为 WTO 重要法律文件的 SPS 协定明确规定：“为了保护人类、动物和植物的生命或健康，各缔约方可以采取必要的 SPS 措施……”。SPS 措施主要涉及动物卫生、植物卫生和食品安全等领域。全球每年通报的 SPS 措施大约在 1000 条左右，这些措施成为直接或间接影响国际贸易的重要技术性贸易措施。SPS 协定同时也要求，制定和实施 SPS 措施必须遵循一定的规则，因此，国际贸易中的植物检疫等 SPS 措施，受到 WTO 成员的广泛关注。

SPS 协定鼓励各缔约方采纳国际标准、准则和建议，这些国际标准、准则和建议的技术合理性，直接影响各国执行 SPS 协定的效果。反过来，各国执行 SPS 协定的效果如何，以及其有害生物管理水平和有害生物状况的改变，又要求应用更加合理有效的 SPS 措施，因此，二者既相互依赖，又相互促进。

第二节　国际公约与国际组织

国际公约（International Convention）是指国际间有关政治、经济、文化、技术等方面的多边条约，而国际组织一般指政府间国际组织，是由两个或两个以上国家为实现共同的政治经济目的，依据其缔结的条约或其他正式法律文件建立的常设性机构。

随着信息技术的迅猛发展和全球化趋势的推进，国际组织发展迅速，已经覆盖包括政治、经济、社会、文化、体育、卫生、教育、环境、安全、贫穷、人口、妇女儿童等众多领域，成为左右世界局势和人类社会发展的重要力量。国际组织在为成员展开各种层次的对话与合作提供场所、管理全球化所带来的国际社会公共问题、调节和分配经济发展的成果和收益、调停和解决国际政治和经济争端、继续维持国际和平等方面发挥着重要作用。

国际公约与国际组织密不可分，国际公约（包括条约、协定）是国际规则的重要载体。在此，简要介绍几个与植物检疫有关的国际公约、协定，以及相关国际组织。这些公约虽然都涉及植物检疫，但侧重点有所不同。其中，《国际植物保护公约》侧重于植物检疫的主要原则和内容，《实施卫生与植物卫生措施协定》侧重于处理植物检疫措施与贸易的关系；《生物多样性公约》侧重于生物入侵检疫防范和物种资源保护；《卡塔赫纳生物安全议定书》侧重于转基因生物；《濒危野生动植物物种国际贸易公约》侧重于濒危物种的保护。

一、国际植物保护公约与国际植物保护公约组织

在植物检疫发展过程中，伴随着危险性植物有害生物在一些国家和地区传播蔓延和进出口贸易的发展，人们逐渐认识到要保持一个特定地理区域免受某些植物有

害生物的危害，需要这一区域的国家共同努力。据大卫·爱博思著、鄢建等编译的《植物卫生与植物检疫原理》，葡萄根瘤蚜从美国传入欧洲后，因葡萄繁殖材料贸易，加剧了葡萄根瘤蚜在欧洲传播蔓延。为此，1878 年 9 月，来自奥地利、法国、德国、意大利、西班牙和瑞士的代表在瑞士伯尔尼共同签订了《葡萄根瘤蚜公约》。这是由众多国家为防止植物危险性有害生物传播而签署的首个国际公约。

第一次世界大战以后，在《葡萄根瘤蚜公约》基础上，1929 年 4 月 16 日，意大利、澳大利亚、比利时、巴西、摩洛哥等 24 个国家在罗马签署了《植物保护国际公约》（International Convention for the Protection of Plants）。

1945 年 10 月，联合国正式成立，作为联合国重要机构的 FAO 也应运而生，为致力于各成员国之间的植物保护国际合作，1950 年海牙国际会议原则通过了由 FAO 提交的《国际植物保护公约》草案。1951 年 12 月 6 日，FAO 第六届大会根据粮农组织《章程》第十四条的规定，批准了重新命名的《国际植物保护公约》（IPPC）。1952 年 4 月 3 日，IPPC 公约由 34 个签署国政府批准立即生效，同时废除和代替了早期缔约国签署的《葡萄根瘤蚜公约》《国际植物病害公约》和《植物保护国际公约》等公约。签署该公约的国家就成为了国际植物保护公约组织成员。

随着世界农业和国际贸易的不断发展，FAO 于 1979 年和 1997 年先后两次对 IPPC 公约进行了修改。1992 年，FAO 在其植物保护处之下设立了国际植物保护公约秘书处，总部设在罗马，其任务是在 IPPC 公约框架指导下，在全球范围内协调植物检疫措施。为适应国际农产品贸易与植物检疫合作发展的需要，1994 年建立了植物检疫措施专家委员会（Committee of Experts on Phytosanitary Measures，简称 CEPM），并采用了过渡标准制定程序。1997 年 11 月，FAO 第 29 届大会通过的新修订 IPPC 公约，提出了建立植物检疫措施委员会，为此成立了植物检疫措施临时委员会（Interim Commission of Phytosanitary Measures，简称 ICPM）。2005 年植物检疫措施委员会（Commission on Phytosanitary Measures，简称 CPM）取代了植物检疫措施临时委员会。ICPM 或 CPM 作为履行全球植物检疫协定的管理机构，主要任务是促进 IPPC 公约的全面执行，力求所有事项通过全面协商达成共识，但如果为达成共识的努力没有取得成功时，最后由出席并参与表决的缔约方的 2/3 多数做出决定。1999 年，ICPM 采用新的标准制定程序。2000 年，临时标准委员会（Interim Standards Committee，简称 ISC）代替了植物检疫措施专家委员会（CEPM）。2002 年，IPPC 正式成立了国际植物检疫措施标准委员会（Standards Committee，简称 SC）。

截至2013年12月，IPPC公约已经有181个缔约国，成为国际植物保护领域影响最大的国际公约组织。我国于2005年10月20日正式加入国际植物保护公约，为第141个缔约国。《国际植物保护公约（1997年）》文本样式（见附录2）如图1-1所示。

图1-1 《国际植物保护公约（1997年）》文本样式

IPPC公约的宗旨是为确保各缔约方采取共同而有效的行动防止植物及植物产品有害生物的传入和扩散，促进各方采取防治有害生物的适当措施，并承担相关国际义务。

IPPC公约要求各缔约方相互合作，在适当的地方建立区域性植物保护组织（The Regional Plant Protection Organization，简称RPPOs），以便在较大范围的地理区域内防止危险性植物有害生物传播。根据各自所处的生物地理区域和相互经济往来的情况，自愿组成的区域性植物保护专业组织，其主要任务是协调成员国间的植物检疫活动，传递植物保护信息，促进区域内国际植物保护的合作。目前，世界各国已经建立有8个区域性植物保护组织，分别是欧洲和地中海区域植物保护组织、泛非植物检疫理事会、北美植物保护组织、亚太地区植物保护委员会、加勒比海区域植物保护委员会、太平洋植物保护组织、中美洲植物保护组织、南锥体区域

植物保护委员会。

1. 欧洲和地中海区域植物保护组织（EPPO）

欧洲和地中海区域植物保护组织（European and Mediterranean Plant Protection Organization，简称 EPPO）成立于 1951 年，是在欧洲和地中海区域负责植物保护合作的政府间组织。该委员会原有 15 个成员国，后来逐步发展成为 50 个成员国：阿尔巴尼亚、阿尔及利亚、奥地利、阿塞拜疆、白俄罗斯、比利时、波黑、保加利亚、克罗地亚、塞浦路斯、捷克、丹麦、爱沙尼亚、芬兰、法国、德国、希腊、根西岛、匈牙利、爱尔兰、以色列、意大利、英属泽西岛、约旦、哈萨克斯坦、吉尔吉斯斯坦、拉脱维亚、立陶宛、卢森堡、马其顿、马耳他、摩尔多瓦、摩洛哥、荷兰、挪威、波兰、葡萄牙、罗马尼亚、俄罗斯、塞尔维亚、斯洛伐克、斯洛文尼亚、西班牙、瑞典、瑞士、突尼斯、土耳其、乌克兰、英国和乌兹别克斯坦。

2. 泛非植物检疫理事会（IAPSC）

泛非植物检疫理事会（Inter-African Phytosanitary Council，简称 IAPSC）成立于 1954 年，办公总部设在喀麦隆，其宗旨为落实《马普托声明》，寻求防止植物害虫扩散共识并采取合适的相关措施，保护非洲农作物与生物安全。目前该理事会有 51 个成员：阿尔及利亚、安哥拉、贝宁、博茨瓦纳、布吉纳法索、布隆迪、喀麦隆、佛得角、中非、乍得、科摩罗、刚果民主共和国、刚果共和国、科特迪瓦、吉布提、埃及、赤道几内亚、埃塞俄比亚、加蓬、冈比亚、加纳、几内亚、几内亚比绍、肯尼亚、莱索托、利比里亚、利比亚、马达加斯加、马拉维、马里、毛里塔尼亚、毛里求斯、莫桑比亚、纳米比亚、尼日尔、尼日利亚、卢旺达、圣多美和普林西比、塞内加尔、塞舌尔、塞拉里昂、索马里、南非、苏丹、斯威士兰、多哥、突尼斯、乌干达、坦桑尼亚、赞比亚和津巴布韦。

3. 北美植物保护组织（NAPPO）

北美植物保护组织（North American Plant Protection Organization，简称 NAPPO）成立于 1976 年，总部设在加拿大渥太华，旨在保护植物资源与环境、共享科研结果、建立合作关系、有效解决争端及落实管理规范，该组织仅有 3 个成员：加拿大、墨西哥和美国。

4. 亚太区域植物保护委员会（APPPC）

亚太区域植物保护委员会（Asia and Pacific Plant Protection Commission，简称 APPPC）成立于 1956 年，总部在泰国曼谷。该委员会包括所有成员国代表和每两年选举出的一名主席。粮农组织的总干事指派委员会的秘书负责协调、组织和跟进委员会工作。按照规定，委员会至少每年召开一次成员国参加的会议。目前委员会有25个成员国：澳大利亚、孟加拉国、柬埔寨、中国、斐济、法国（法属波利尼西亚）、印度、印度尼西亚、朝鲜、韩国、老挝、马来西亚、缅甸、尼泊尔、新西兰、巴基斯坦、巴布亚新几内亚、菲律宾、西萨摩亚、所罗门群岛、斯里兰卡、泰国、东帝汶、汤加和越南。

5. 加勒比海区域植物保护委员会（CPPC）

加勒比海区域植物保护委员会（Caribbean Plant Protection Commission，简称CPPC）成立于1967年，由于正向新组织过渡，目前该委员会并没有实施中的工作计划。

6. 太平洋植物保护组织（PPPO）

太平洋植物保护组织（Pacific Plant Protection Organization，简称PPPO）成立于1994年，旨在协调植物检疫措施，建立与太平洋区域内外国家的植物保护合作。目前有18个成员：澳大利亚（诺福克群岛）、库克群岛、斐济、法国（法属波利尼西亚、新喀里多尼亚、瓦利斯和富图纳群岛）、基里巴斯、马绍尔群岛、密克罗尼西亚、瑙鲁、新西兰、纽埃岛、北马里亚纳群岛、帕劳、巴布亚新几内亚、美国（美属萨摩亚群岛、关岛）和瓦努阿图。

7. 中美洲植物保护组织（CA）

中美洲植物保护组织（Comunidad Andina，又称卡塔赫拉协定委员会，简称CA）成立于1969年，旨在实现安第斯、南美洲和拉丁美洲区域内快速、平衡和更加独立发展的共同体。其成员国有：玻利维亚、哥伦比亚、厄瓜多尔、秘鲁和委内瑞拉。

8. 南锥体区域植物保护委员会（COSAVE）

南锥体区域植物保护委员会（Comite Regional de Sanidad Vegetal Para El Cono Sur，简称COSAVE）成立于1980年，总部位于阿根廷，其宗旨为加强区域植物卫生一体化，采取统一行动以解决成员国间共同关注的植物卫生问题。目前成员国有：阿根廷、巴西、智利、巴拉圭和乌拉圭。

二、世界贸易组织与《实施卫生与植物卫生措施协定》

世界贸易组织（WTO）是一个独立于联合国的永久性国际组织，WTO总部见图1-2。WTO于1995年1月1日正式开始运作，负责管理世界经济和贸易秩序。

WTO是具有法人地位的国际组织，它的前身是1947年订立的关税及贸易总协定。与关贸总协定相比，WTO涵盖货物贸易、服务贸易以及知识产权贸易。WTO与世界银行、国际货币基金组织一起，并称为当今世界经济体制的“三大支柱”。目前，WTO正式成员有150个，中国于2001年11月加入该组织。

1947年签署的《关贸总协定(1947)》第20条“一般例外”(b)款规定，成员国“为保护人类、动物或植物的生命或健康”所需的措施，可以免受《关贸总协定(1947)》其他规定的限制，但对允许采取措施的范围没有给出更明确、更具体的规定。随着配额、许可证等传统的非关税措施逐渐被削减，许多国家尤其是发达国家，利用其技术优势，将贸易保护的重点逐步转移到技术性贸易措施层面。为了限制成员国在利益驱动下利用技术法规和标准，或运用卫生和植物卫生措施保护本国产业，产生对国际贸易不合理的影响，经成员国磋商，在乌拉圭回合谈判时达成了《实施卫生与植物卫生措施协定》(其文本见附录3)。

图1-2　WTO总部(瑞士，日内瓦)

SPS协定是世界各国在多年国际贸易实践活动中，共同达成的用于规范成员国采取技术性贸易措施时应遵循的国际准则。根据SPS协定的相关规定，实施SPS措施可以出于几种目的：一是保护成员领土内人类或动物的生命或健康，免受食品、饮料或饲料中的添加剂、污染物、毒素或致病有机体所产生的风险；二是保护成员领土内人类的生命或健康，免受动物、植物或动植物产品携带的动物疫病和植物有害生物的传入、定居或传播所产生的风险；三是保护成员领土内动植物的生命或健康，免受虫害、病害、致病有机体或致病有机体的传入、定居或传播所产生的风险；四是保护成员领土，免受有害生物的传入、定居或传播所产生的其他损害。

三、联合国环境规划署的《生物多样性公约》

《生物多样性公约》(Convention on Biological Diversity，简称CBD)是一项保护地球生物资源的国际性公约，于1992年6月1日由联合国环境规划署发起，1992年6月5日由签约国在巴西里约热内卢举行的联合国环境与发展大会上签署。CBD于1993年12月29日正式生效。CBD缔约国大会是全球履行该公约的最高决策机构，一切有关履行CBD的重大决定都要经过缔约国大会的通过。

《生物多样性公约》是一项有法律约束力的公约，旨在保护濒临灭绝的植物和动物，最大限度地保护地球上的多种多样的生物资源，以造福于当代和子孙后代。CBD有3个主要目标：一是保护生物多样性；二是生物多样性组成成分的可持续利用；三是以公平合理的方式共享遗传资源的商业利益和其他形式的利用。

目前，该公约的签字国有193个。中国于1992年6月11日签署该公约，1992年11月7日批准。

四、联合国《卡塔赫纳生物安全议定书》

联合国《卡塔赫纳生物安全议定书》是在《生物多样性公约》项下，为保护生物多样性和人体健康而控制和管理"遗传修饰活体"越境转移、过境、装卸和使用的国际法律文件。其目标是建立一套国际性的可操作框架，在预防原则前提下，管理"遗传修饰活体"国际贸易和越境转移可能带来的环境及健康风险。根据《卡塔赫那生物安全议定书》，"遗传修饰活体"是指任何具有凭借现代生物技术获得的基因材料新型组合的活生物体，它实际就是遗传改性生物，即转基因生物。《卡塔赫那生物安全议定书》明确，任何国家出口遗传修饰活体，必须得到进口国家的事先同意。进口国家可以为了避免或尽量降低遗传修饰活体对生物多样性和人类健康的危害，可以设置进口遗传修饰活体的限制条件，或者在缺少科学的评估而不能确定遗传修饰活体潜在的负面影响时拒绝进口。

该议定书于2000年1月29日达成谈判文本。根据其第36条，2000年5月15～26日在联合国内罗毕办公室对国家和经济一体化组织开放签署，之后于2000年6月5日至2001年6月4日在纽约联合国总部继续供各国签署。截止签署日终止时，共有103个国家签署。中国于2000年8月8日签署《卡塔赫纳生物安全议定书》。

五、《濒危野生动植物国际贸易公约》

《濒危野生动植物物种国际贸易公约》（Convention on International Trade in Endangered Species of Wild Fauna and Flora，简称CITES）是1963年由世界自然保护联盟（International Union for Conservation of Nature and Natural Resources，简称IUCN。该组织1990年之前称为国际自然与天然资源保育联盟）各会员国政府所起草签署，并于1975年7月1日正式执行的国际公约。

该公约的目的是通过限制野生动植物进出口，确保野生动植物的国际贸易不会

危害到物种延续。由于这份公约是在美国的华盛顿签署的，因此又被称为《华盛顿公约》。该公约管理的思想是管制而非完全禁止野生动植物的国际贸易，通过采用分类与许可证的方式，实现对野生动植物的长期利用。受该公约管制的国际贸易的物种可归类成三类：附录一的物种为若再进行国际贸易会导致灭绝的动植物，明确规定禁止其国际性的交易；附录二的物种则为目前无灭绝危机，但需要进行国际贸易管制的物种；附录三是各国视其国内需要，区域性管制国际贸易的物种。

此外，《维也纳外交关系公约》（Vienna Convention on Diplomatic Relations）与植物检疫也有关系。《维也纳外交关系公约》于1961年4月18日在奥地利维也纳召开的联合国外交交往与豁免的会议上签订。该公约为独立国家之间的外交关系奠定了基础。该公约明文规定了外交人员在所驻国家享有外交特权，能在无恐惧、无胁迫、无骚扰的情况下履行外交职责。该公约奠定了外交豁免权的法律基础，公约当中的众多条文成为了现代国际关系的基石。中国于1975年11月25日加入该公约。根据相关国际惯例，享有外交特权的外交人员进出境时，其携带行李、物品必须进行检查，以确保符合动植物检疫规定。

第三节　植物检疫主要国际规则

所谓国际规则是指广泛适用于国家和国家之间，国家和区域之间以及国家和地区之间等所有组织成员共同遵守的法规条例和规章制度的总和。包括国际性公约、条约、协定和准则等。简单说国际规则就是世界各国共同遵守的一般性规范和原则的总称。植物检疫国际规则就是植物检疫领域内各国应该遵守的一般性规范和原则。

上文提到，与国际货物贸易特别是植物及其产品国际贸易相关的国际公约、协定、准则，主要有IPPC公约、SPS协定、《技术性贸易壁垒协定》《生物多样性公约》及其项下的《卡塔赫纳生物安全议定书》和《濒危野生动植物物种国际贸易公约》等，这些国际公约、协定都是国际规则的重要内容。其中，与植物检疫领域密切相关的国际规则，以SPS协定和IPPC公约最为重要。并且，建立在IPPC公约基础上的《国际植物检疫措施标准》（International Standards for Phytosanitary Measures，简称ISPMs），是WTO成员制定其进口植物检疫要求和SPS措施的基础，也是解决贸易争端的判决依据。因此，IPPC公约、ISPMs和SPS协定在国际植物检疫规则中，具有无可替代的重要作用地位。

一、植物检疫相关基本原则

与植物检疫关系最为密切的国际规则和要求主要来源于两个方面，一是来源于SPS协定；一是源于IPPC公约及其秘书处发布的ISPMs。其中，IPPC秘书处公布的《国际贸易中植物保护和植物检疫措施应用的植物检疫原则》（ISPM第1号）集中体现了国际贸易中植物检疫应遵循的国际规则，这些规则也是IPPC公约明确规则的具体体现。

IPPC公约、《国际贸易中植物保护和植物检疫措施应用的植物检疫原则》和SPS协定主要确定了以下一些基本原则：

1. 主权原则

各缔约方拥有主权制定和实施植物检疫措施，以保护本国领土上植物健康；有主权确定本国适当的植物健康保护水平。主权原则源于IPPC公约第Ⅶ条第1款规定，即“为了防止管制性有害生物传入他们的领土和/或扩散，各缔约方有主权按照适用的国际协定来管理植物、植物产品和其他管制物的进入，为此，他们可以采取查验、禁止输入和检疫处理等一系列植物检疫措施”。SPS协定也提到，各成员方有权为保护本国动植物生命和人类健康，采取必要的SPS措施。

2. 必要性原则

只有在必须采取植物检疫措施防止检疫性有害生物的传入和/或扩散，或者管制的非检疫性有害生物的经济影响时，各缔约方才可以采用这种措施。IPPC公约第Ⅶ条第2款a项规定“除非出于植物检疫方面的考虑，认为有必要并有技术上的理由，否则缔约方不应根据其检疫法采取任何一项措施”。第Ⅵ条第2款规定“各缔约方不得要求对非管制的有害生物采取植物检疫措施”。

3. 风险管理原则

各缔约方应根据风险管理政策采用植物检疫措施，认识到在输入植物、植物产品和其他管制物方面，始终存在有害生物传入和扩散的风险性。IPPC公约Ⅶ条第2款g项规定“各缔约方应仅采取技术上合理、符合所涉及的有害生物风险，限制最小，对人员、商品和运输工具的国际流动妨碍最小的植物检疫措施”。

4. 最小影响原则

各缔约方应当采用对国际贸易影响最小的植物检疫措施。在这方面，IPPC公约Ⅶ条第2款g项规定“各缔约方应仅采取限制最小，对人员、商品和运输工具的国际流动妨碍最小的植物检疫措施”。

5. **透明度原则**

各缔约方应按照IPPC公约的要求，向其他缔约方提供相关信息。比如，IPPC公约第Ⅶ条第2款规定“植物检疫要求、限制和禁止进入规定一经采用，各缔约方应立即公布并通知他们认为可能直接受到这种措施影响的任何缔约方，并根据要求向任何缔约方提供采取植物检疫要求、限制和禁止进入的理由。各缔约方应尽力拟定和更新管制的有害生物名单，并提供这类名单”等。SPS协定第七条规定，各成员应成立国家SPS通报与咨询点，履行公布、通报与咨询的义务。各成员应公布其所有的SPS措施、相关法律法规。当其新制定的SPS措施与国际标准不符或没有国际标准或对国际贸易有重大影响时，应履行通报义务，给予60天的评议期，并在其公布和生效之间留出6个月的过渡期，以便其他成员的生产商调整产品与生产方法，适应进口成员的新要求，紧急的SPS措施除外。

6. **协调一致原则**

各缔约方应在制定协调一致的植物检疫措施标准方面开展合作。在这方面，IPPC公约第Ⅹ条第1款规定“各缔约方同意按照委员会通过的程序在制定国际标准方面开展合作”。第Ⅹ条第4款规定“各缔约方应在开展与本公约有关的活动时酌情考虑国际标准”等。SPS协定第三条规定，WTO成员在制定SPS措施时应以三大国际标准化组织制定的标准为基础，与国际标准相协调。其中，植物检疫领域就是IPPC秘书处公布的国际植物检疫措施标准。

7. **非歧视原则**

各缔约方应在能够表明具有相同植物检疫状况且采用同样植物检疫措施的缔约方之间，一视同仁地采用植物检疫措施。各缔约方还应在类似的国内和国际植物检疫状况之间，一视同仁地采用植物检疫措施。关于这些方面，IPPC公约规定植物检疫措施的采用方式对国际贸易既不应构成任意或不合理歧视，也不应构成变相的限制。各缔约方可要求采取植物检疫措施，条件是这些措施不严于输入缔约方领土内存在同样有害生物时所采取的措施。

8. **科学性原则**

SPS协定第五条规定，制定的SPS措施必须以科学为依据，没有科学依据，则不能维持。成员的SPS措施必须建立在科学的风险分析基础之上。

9. **等效性原则**

当输出缔约方提出的植物检疫措施证明可以达到输入缔约方确定的适当保护水平时，输入缔约方应当将这种植物检疫措施视为等效措施。为此，IPPC国际植物保护公约组织还专门制定了一个国际标准，就植物检疫措施的等效性问题进行了建议。SPS 协定第四条规定，出口成员对出口产品所采取的 SPS 措施客观上达到了进口成员适当的动植物卫生检疫保护水平时，进口成员就应当视之为与自己措施等效的措施而加以接受，即使这种措施不同于本国所采取的措施。

10. 调整原则

应根据最新有害生物风险分析或有关科学信息决定修改植物检疫措施。各缔约方不得任意修改植物检疫措施。IPPC 公约第Ⅶ条第 2 款 h 项规定“各缔约方应根据情况的变化和掌握的新情况，确保及时修改植物检疫措施，如果发现已无必要应予以取消”。

11. 区域化原则

SPS 协定第六条规定，进口成员应对出口成员提出的非疫区进行认定，给予非疫区以区域化对待并允许非疫区内的产品进口。检疫性有害生物在一个地区没有发生，则该地区就可认定为非疫区，这可以是一个国家的全部或部分地区。结合地理要素、生态系统、疫病监测以及 SPS 措施的效果进行认定。

12. 特殊与差别待遇原则

SPS 协定第十条规定，各成员在制定和实施 SPS 措施时，应当考虑发展中成员的特殊需要，应当给予它们必要的技术援助和特殊待遇。应发展中成员的要求，考虑到发展中成员的保护水平、特殊困难与能力，为维护发展中成员已获得的市场份额，其他成员应当与发展中成员就 SPS 措施的实施进行磋商，向发展中成员提供技术援助，延长适应期等。

二、现有已颁布的国际植物检疫措施标准

国际植物检疫措施标准是植物保护公约组织秘书处组织制定并公布的植物检疫领域的国际标准，也是植物检疫应遵循的国际规则。SPS 协定明确提出，按照国际标准制定的 SPS 措施可以认为是符合 SPS 协定相关要求。近年来 ISPMs 发展很快，并在世界范围内得到较为广泛地应用。这些国际标准在协调各国植物检疫措施、减少措施对贸易的影响、促进贸易便利化、提升植物检疫措施科学性等方面发挥了积极作用。目前 IPPC 秘书处公布的标准有 36 个，大体可以分为 8 个类别：

1. 综合管理类

主要为制定植物检疫措施标准和国际贸易间制定植物检疫政策和措施提供依

据。该类标准主要包括《国际贸易中植物保护和植物检疫措施应用的植物检疫原则》（ISPM 第 1 号）、《植物检疫术语》（ISPM 第 5 号）、《植物检疫进境管理系统准则》（ISPM 第 20 号）、《植物检疫出证体系》（ISPM 第 7 号）、《植物检疫证书准则》（ISPM 第 12 号）和《过境货物》（ISPM 第 25 号）等。

2. 植物检疫措施类

主要用于指导和规范各成员相关植物检疫措施。包括《系统方法在有害生物风险管理中的综合应用》（ISPM 第 14 号）、《违规和紧急行动通报准则》（ISPM 第 13 号）、《基于有害生物风险的商品分类》（ISPM 第 32 号）、《管制的非检疫性有害生物概念及应用》（ISPM 第 16 号）、《管制的有害生物名录准则》（ISPM 第 19 号）和《植物检疫措施等效性的确定和认可准则》（ISPM 第 24 号）等。

3. 有害生物风险分析类

主要用于指导和规范各成员有害生物风险分析关工作。包括《有害生物风险分析框架》（ISPM 第 2 号）、《检疫性有害生物风险分析》（ISPM 第 11 号）和《管制的非检疫性有害生物风险分析》（ISPM 第 21 号）等。

4. 有害生物区域化管理类

主要用于指导和规范划定有害生物疫区、建立和认可非疫区和低度流行区等工作。包括《建立非疫区的要求》（ISPM 第 4 号）、《建立非疫产地和非疫生产点的要求》（ISPM 第 10 号）、《建立有害生物低度流行区的要求》（ISPM 第 22 号）、《非疫区和有害生物低度流行区的认可》（ISPM 第 29 号），以及 2 个针对具体有害生物建立区域化管理的标准，《实蝇（实蝇科 Tephritidae）非疫区的建立》（ISPM 第 26 号）和《实蝇（实蝇科 Tephritidae）低度流行区的建立》（ISPM 第 30 号）。

5. 有害生物管理类

主要用于指导和规范有害生物监测、确定、报告和根除等方面的工作。包括《生物防治物和其他有益生物的输出、运输、输入和释放准则》（ISPM 第 3 号）、《监测准则》（ISPM 第 6 号）、《某一地区有害生物状况的确定》（ISPM 第 8 号）、《有害生物根除计划准则》（ISPM 第 9 号）、《有害生物报告》（ISPM 第 17 号）等，以及针对实蝇具体有害生物制定的管理标准，即《实蝇（实蝇科）有害生物风险管理系统方法》（ISPM 第 35 号）。

6. 检疫查验类

主要用于指导和规范货物检疫查验、实验室检测等工作。包括《查验准则》（ISPM 第 23 号）、《管制的有害生物诊断规程》（ISPM 第 27 号）和《货物抽样方法》（ISPM 第 31 号）等。

7. 检疫处理类

主要用于指导和规范检疫处理工作。包括《管制性有害生物的植物检疫处理》（ISPM 第 28 号）和《辐照处理作为检疫措施准则》（ISPM 第 18 号）。

8. 具体业务管理标准

主要用于指导和规范具体植物检疫业务。包括《国际贸易中木质包装材料管理准则》（ISPM 第 15 号）、《国际贸易中的脱毒马铃薯（茄属）微繁材料和微型薯》（ISPM 第 33 号）、《入境后植物检疫站的设计和操作》（ISPM 第 34 号）和《种植用植物综合措施》（ISPM 第 36 号）等。

三、植物检疫国际规则的重要作用

（一）协调植物检疫措施，促进贸易便利化

植物检疫国际规则为区域和国家植物保护组织提供了一个国际合作、协调一致和技术交流的框架和论坛。IPPC 公约和 SPS 协定要求各缔约国的植物检疫措施必须具有“技术合理性”、全部公开植物检疫措施的详细要求（即应该具有“透明度”）、不能对国际贸易采取不公平的歧视措施，也不得变相地采取限制措施。在国际贸易壁垒层出不穷的现状下，植物检疫国际规则对于促进贸易便利化有着重要的意义。

（二）为解决国际贸易争端提供公平公正的环境

SPS 协定规定 IPPC 公约秘书处为植物检疫国际标准的制定机构，在植物检疫领域起着重要的协商一致的作用。当国际贸易争端发生时，各方通常是将争端提交 WTO/SPS 委员会等国际贸易争端解决机构予以仲裁。从实际情况来看，如果当事方在 IPPC 框架内解决相关贸易争端，达成双边协议或谅解，会大大缩短争端解决时间，提高争端解决成功率，减少贸易损失，争取最大的双赢结果。

（三）为各国建立有效的植物检疫体系提供支持

建立在 IPPC 公约基础之上的植物检疫措施国际标准体系，是 WTO 成员、IP-PC 成员制定其进口植物检疫要求及 SPS 措施的理论根据和指导原则。IPPC 公约不仅要求每个缔约方都要建立官方国家植物保护组织，履行植物检疫职责和国际义

务，并制定了具体国际标准，从组织机构、法定职责、法律体系构建、运行管理和资源保障等方面提出了国家植物检疫体系的建设要求，用于指导和规范各成员建立有效的植物检疫管理体系，确保 IPPC 公约规定的有效落实。

第四节　植物检疫体系运行的基本要求

IPPC 公约第Ⅳ条第 1 款提出，各缔约方应设立官方国家植物保护组织（NP-PO），以履行 IPPC 公约规定的有关职责。在 IPPC 秘书处发布的第 20 号《植物检疫进口管理系统准则》和第 7 号《植物检疫出证体系》中，明确提出为防止管制性有害生物传入、传出，保护本国农业生产和生态安全，履行国际义务，任何一个国家都应该建立一整套的管理系统，对植物有害生物进行管理。这一管理系统应包括两个部分：一是制定并建立包含植物检疫法律、法规和相关程序在内的法律体系；二是设立负责该系统运行的官方主管部门，即国家植物保护组织。这里所说国家植物保护组织，是代表国家行使植物检疫权利和履行相关义务的官方机构。

一、设立国家植物保护机构

根据 IPPC 公约，各成员为履行包括植物检疫在内的植物保护工作，都建立了国家层面的植物保护组织，各成员国家植物保护组织详见附件 1。

国家植物保护组织具有许多职能，这些职责主要包括在 IPPC 公约第Ⅳ条第 2 款内，具体为：

①为国际间运输的植物、植物产品和其他应检物签发植物检疫证书；

②监测国内栽培植物和野生植物，以及储存或运输中的植物和植物产品有害生物的发生、暴发和扩散情况，并进行控制；

③检查国际间运输的植物、植物产品和其他管制物，以防止有害生物的传入和/或扩散；对国际间运输的植物、植物产品和其他管制物货物进行检疫处理，使其符合相关植物检疫要求；

④保护受威胁地区，划定、保持和监视非疫区和有害生物低度流行区；进行有害生物风险分析；

⑤通过适当程序，确保出口货物在核查之后、输出之前，保持植物检疫安全；

⑥培训和培养人员等。

此外，IPPC 公约提出缔约方政府还可以授予国家植物保护组织管理、制定和修订植物检疫措施的权力，但要求国家植物保护组织在建立和运行管理系统时，既要考虑来自于国际条约、公约或协定的权利、义务和责任，以及来自于有关国际标准的权利、义务和责任，也要考虑遵守缔约方本国家的法律、政策，以及政府、部门、机关的行政管理政策等。

二、建立植物检疫法规体系

上文提到，国家植物检疫管理系统，应包括一整套的法律体系，这也是由植物检疫的强制属性决定的。该法规体系应明确以下内容：

①国家植物保护组织赋予植物检疫管理系统职责和职能的说明；

②国家植物保护组织履行植物检疫责任和职能的法定权力；

③用于进境（过境）商品和其他管制物品等应检物的具体植物检疫措施，包括禁止进境措施和范围；

④确定采取植物检疫措施的程序，如通过有害生物风险分析；

⑤明确制定法规的程序及时限；

⑥关于违规采取行动以及采取紧急行动的法定权力，以及发现违规情况采取紧急措施的相关规定；

⑦国家植物保护组织与其他政府机构之间互动的说明。

三、建立植物检疫体系管理系统并确保有效运行

根据 ISPM 第 20 号和 ISPM 第 7 号标准，为保证植物检疫管理系统的有效运行，国家植物保护组织还应建立一整套行政管理制度，以保证管理系统的有效运行。行政管理制度既包括相关的法律法规，也包括落实法律法规而建立的相关程序和工作手段。ISPM 第 20 号和 ISPM 第 7 号标准提出国家植物保护组织对植物检疫管理系统的行政管理工作应该包括以下内容：

（一）制定管理措施

根据 IPPC 公约第Ⅳ条第 3 款 c 项规定，颁布植物检疫法规是政府（缔约方国家层面）的责任，政府可以将制定和/或修改植物检疫法规的职责授权于国家植物保护组织。国家植物保护组织可以提议制定和修改植物检疫法规，并酌情与其他机构磋商或合作。应在必要时，按照适用的国际协定，通过国家正常法律和磋商程序制定、保持和审查法规。

（二）监测有害生物发生状况

植物检疫措施是否具有技术理由，一定程度取决于采取该措施的国家其境内管制性有害生物的状况。有害生物状况可能有变化，一旦变化就有必要修改其相关法规。因此，需要对国内栽培植物和非栽培植物进行监测，以保持对有害生物发生情况的充分信息，并支持有害生物风险分析和有害生物清单。

（三）进行有害生物风险分析

需要通过有害生物风险分析，确定是否对有害生物进行管理，并确定对有害生物所采取的植物检疫措施的力度。有害生物风险分析可以针对某一特定有害生物，或者针对所有与某一特别途径（如某种商品）有关的所有有害生物。应以法规的形式，明确有害生物风险分析程序。

（四）制定有害生物名单

IPPC公约第Ⅶ条第2款i项规定，各缔约方应制定管制性有害生物名单并予以公布。如果已有适当的国际标准，措施应考虑到这些标准，除非有技术理由，不应采取更加严格的措施。

（五）开展检查和符合性核查

1. 输出国检查

进口相关法规可以包括在输出国采取的具体措施，这些措施应主要针对生产过程。在开展新的贸易等情况下，经与输出国的国家植物保护组织合作，输入国国家植物保护组织可对输出国的工作进行检查。这些检查内容可以包括生产制度、检疫处理、出口查验程序、认证程序、检测程序和有害生物监测等。检查安排通常写入双方签订的双边协定、协议中。这类安排可以扩展到在输出国境内办理货物进入输入国的核准手续，以便货物在入境时可以履行最简化的手续。但这类检查程序不应作为一种长期措施采用，而应在输出国程序生效后即被认为符合要求。

2. 入境时符合性核查

输入国家可以对输入货物和其他管制物等应检物在入境时进行符合性核查，以便确定它们是否符合植物检疫要求，并评价相关植物检疫措施是否有效；发现是否存在潜在检疫性有害生物或未预计会随商品一起进入的检疫性有害生物。入境时符合性核查活动一般包括文件符合性审查、货物完整性核查和货物现场查验、取样与实验室检测等。

植物检疫查验只能由国家植保组织或根据其授权进行。在可能的情况下，应与参与进口管理的其他机构（如海关）合作，以尽量减少对贸易的干扰和易腐产品的影响。实验室检测应由富有经验的人员进行，并尽可能遵循国际商定的规程。

（六）进行违规和紧急行动管理

1. 违规情况处置

在发现下列违规情况时，可采取处置措施，即采取植物检疫行动：

①在管制货物中发现列入名单的检疫性有害生物；

②在输入种植用植物货物中发现列入有害生物名单并超过此类植物所要求容许程度的管制的非检疫性有害生物；

③有证据表明不符合规定要求，包括双边协定或协议，或者进口许可条件等；

④截获属于违反进口规定的货物，如因为发现未申报商品、土壤或其他禁止进境物，或有证据表明未进行特殊的检疫处理；

⑤植物检疫证书或其他要求的文件无效或遗失；

⑥属于违禁货物或物品；

⑦未能遵守“过境”措施。

对于各种违规情况可视情形采取扣留、分类和重新整理、检疫处理、销毁、转运等措施。国家植物保护组织采取相应的植物卫生措施时应当与所识别的风险相一致，并对贸易影响最小。

2. 采取紧急行动

在出现新的或未预计到的植物检疫状况时，可以采取紧急行动。这些状况包括：一是在未规定采取植物检疫措施的货物中，发现检疫性有害生物或潜在检疫性有害生物；二是在未预计会存在有害生物且未规定采取措施的管制货物或其他管制物等应检物中，发现检疫性有害生物或潜在检疫性有害生物；三是在运输工具、储存场所或涉及进口商品的其他场所的污染物中，发现检疫性有害生物或潜在检疫性有害生物。在这些情况下也可采取类似违规情况下的行动，但这类行动可能导致改变现行的植物检疫措施；或在审查和提供充分技术评定前采取临时措施。

3. 通报违规情况和紧急行动

根据 IPPC 公约，在截获有害生物、发现违规事件和采取紧急行动时进行通报

是缔约方的义务。这是为了便于出口国了解在进口国进口其产品时采取植物检疫行动的依据，并且促进其出口系统的修订完善。

4. 法规的撤销或修改

如果反复出现违规，或出现需采取紧急行动的重大违规或截获情况，进口缔约方的国家植物保护组织可以撤销允许进口的授权（如许可证），修改该法规，或制定与修订后的进口程序或禁令配套的紧急或临时措施。

（七）对非国家植物保护组织人员进行授权和管理

国家植物保护组织可以在其控制和职责范围内，授权其他政府部门、非政府组织、机构或人员代表国家植保组织履行某些特定的职能。为了确保符合国家植物保护组织的要求，需要有操作程序对此项工作进行管理。此外，还需制定能力验证、检查、校正纠偏行动、系统审查和撤销授权的程序。

（八）履行国际联络义务

根据IPPC公约第Ⅶ条和第Ⅷ条，缔约方应履行以下国际义务，同时国家植物保护组织需要对此做出行政安排，以确保及时有效地履行这些义务。

①提供官方联络点；

②通报指定的入境口岸；

③公布和传播通报管制的有害生物名单、植物检疫要求、限制措施和禁令；

④通报违规情况和紧急行动；

⑤应有关方要求，说明植物检疫措施的理由；

⑥提供其他相关的信息。

（九）管理信息通报和宣传

新制定的或修订的法规提案，国家植保组织应按要求予以通报，并提供给有关缔约方，使他们有适当的时间评议和实施。应酌情将既定的进口管理规定或其中相关部分提供给有关的和受影响的缔约方、IPPC公约秘书处，以及身为成员的区域植物保护组织。通过适当程序，还可将它们提供给其他有关方面，如进出口行业组织及其代表等。

在上述相关工作实施过程中，可能需要与涉及货物输入管理的其他政府部门或政府机构（如海关等）进行协调，因此，应在国家层面对管理系统的行政管理工作进行协调，但在操作层面上，可根据职能、区域或其他因素具体组织实施。

四、配置履行植物检疫职责的资源

植物检疫是一项技术执法工作，需要一定的资源支持，才能有效落实。根据IPPC公约第Ⅳ条第1款，明确要求缔约方应为其国家植物保护组织提供适当资源以便其履行职能。这些资源包括人员、信息和相关设施设备几个方面。

（一）人力资源

1. 人员管理与培训

根据IPPC公约，国家植物保护组织应聘用或授权具有符合一定资格要求和技能的人员开展植物检疫工作，以保证其履行职责，并确保向全体检疫人员提供适当和持续的培训，以确保他们在其负责的领域具备能力。

IPPC公约第Ⅴ条第2款a项指出：应仅由国家官方植物保护组织或在其授权下，进行签发植物检疫证书的检验和其他有关活动。植物检疫证书应由具有技术资格、经国家官方植物保护组织适当授权、代表它并在它控制下的公务官员签发。从中可以看出国家植物检疫管理系统，应对从事植物检疫工作的人员进行管理，建立相应的制度，以保证并持续保持从业人员必须具有相应的资格和技能。

2. 资格管理

（1）查验人员要求

根据ISPM第23号《查验准则》，从事植物检疫的查验人员应具备以下条件：

①有权履行其职责并对其行动负责；

②具有专业技术能力，特别是具备有害生物检测鉴定的能力；

③具有识别有害生物、植物和植物产品及其他应检物的相关知识；

④使用查验设施、工具和设备的能力；

⑤掌握检疫需要的书面准则（条例、手册、有害生物一览表）；

⑥酌情了解其他管理机构的工作情况；

⑦客观公正。

（2）植物检疫证书签证人员资格

ISPM第7号《植物检疫出证体系》也明确要求，输出国国家植物保护机构应配有或能够获得、适合履行植物检疫出证职责的技术资格和技能的人员。这些人员应经过培训，具备履行国家植物保护机构业务职责的经验。这些业务职责包括：

①记录和保存有关植物检疫出证所需的输入国植物检疫要求方面的信息；

②为植物检疫出证对植物、植物产品和其他应检物进行现场查验、采样和实验室检测；

③发现有害生物并进行鉴定；

④鉴定植物、植物产品和其他应检物；

⑤实施或指导认可单位实施检疫处理并进行监督；

⑥开展有害生物调查和监测及相关的控制活动，以确认植物检疫证书中声明的植物检疫状况；

⑦缮制及签发植物检疫证书。

（二）信息资源

国家植物保护组织应尽可能为工作人员提供足够的信息，以确保工作人员能开展工作。这些信息包括：一是涉及植物检疫管理系统运作有关的指导性文件、程序和工作指令；二是本国进口管理规定，以及输入国家的检疫要求；三是有关其管制的有害生物的资料，包括生物学、寄主范围、传播途径、全球分布、发现和鉴定方法、处理方法等。

国家植物保护组织应掌握有关本国存在的有害生物方面的信息，以便于有害生物风险分析时有害生物归类。国家植物保护组织还应保存其所有管制的有害生物的名单。对于本国存在的管制的有害生物，应保存关于该有害生物分布、非疫区、官方控制以及种植用植物的官方计划（如管制的非检疫性有害生物）等方面的信息等。

（三）设备及设施资源

IPPC公约第Ⅳ条第1款明确要求国家植物保护组织应为现场查验、抽样、实验室检测、有害生物监测和货物验证，以及植物检疫相关信息的获取和交流等配备足够的设备和设施。现场查验、抽样、实验室检测、有害生物监测和货物验证是植物检疫的具体工作环节。其中，“现场查验”是为确定应检物是否感染和藏匿有害生物而进行的直观检查；“抽样”是按照技术规范扦取应检物样品，以便进行进一步的检查；“实验室检测”是对应检物样品进行的实验室测试；“有害生物监测”是在一定范围内确定是否存在某种特定有害生物而进行的监视活动；“货物验证”是对应检物核查货证是否相符的过程。此外，还有检疫处理。“检疫处理”是对不合格产品进行灭虫或灭菌等杀灭有害生物的过程。这些工作都需要一定的设施、设备支持方能完成。比如“现场查验”需要放大镜、镊子、剪刀、解剖镜、显微镜等工具和仪器，以及一定的查验场所；“实验室检测”需要培养箱、PCR 仪、光学显微镜、电子显微镜等仪器设备；“检疫处理”需要各种熏蒸、热处理等设施和设备；监测需要诱捕器和诱剂，等等。

五、相关国家植物检疫运行管理情况

（一）澳大利亚

1. 组织架构及运作机制

澳大利亚国家植物保护组织最高主管机构是澳大利亚农林渔业部（Department of Agriculture，Fisheries and Forestry，简称 DAFF）。澳大利亚农林渔业部生物安全局（DAFF Biosecurity）的 3 个下属部门承担植物保护职能，即首席植物保护办公室、植物司、边境事务司。

首席植物保护办公室由首席植物保护官负责，负责国际植物保护和高层战略交流。澳大利亚的 IPPC 联络点即设在此办公室。植物司下设植物生物安全处、植物检疫处和植物出口处。植物生物安全处（有 2 个植物生物安全部门，分别负责园艺、粮食与林业两方面的相关事务）负责提供高质量的基于科学的检疫评估和政策建议，以支持澳大利亚植物类农业产品的出口，保护澳大利亚的生态环境、农林业生产，避免出口植物、植物产品受到有害生物感染造成的生物安全风险的威胁。植物检疫处负责管理进口产品，以确保进口产品达到澳大利亚适当的保护水平。植物出口处通过提供出口检查和出证服务来管理植物、种子和粮食的出口。边境事务司负责管理在澳大利亚边境为货物、邮寄物、船舶和旅客入境时的植物检疫。

2. 植物检疫相关法律法规

澳大利亚制定的涉及植物检疫工作的法规主要有《检疫法 1908》《检疫条例 2000》和《检疫公告 1998》。《检疫公告 1998》第 7 章为植物检疫，表 4 是检疫性植物病原生物和检疫性害虫，其中第 1 部分是应实施检疫的植物病原生物，第 2 部分是应实施检疫的害虫；表 5 是允许货易的种子；表 6 是禁止进口的植物种类等，此外，还有《关于特别检疫区的公告》《圣诞岛检疫公告 2004》和《科科斯群岛检疫

公告 2004》等。

出口方面的法律法规，主要包括《出口管制法 1982》《出口管制条例 1982》和《植物及其产品出口管制令 2005》。

澳大利亚政府正在制定新的生物安全法，以替代已有百年历史的 1908 年检疫法。新的生物安全法由 2012 年生物安全法案和 2012 年生物安全检验总长法案组成。上述法案均于 2012 年 11 月 28 日提交议会，其下位法正在起草。

2012 年生物安全法案提供了一个现代管理框架，主要用于管理各种生物安全风险，包括列入名录的人类疾病的传染风险，列入名录的人类疾病传入澳大利亚境内的风险，与压舱水、生物安全紧急事件和人类生物安全紧急事件有关的风险；行使澳大利亚的国际权利与义务，包括世界卫生组织《国际卫生条例》、《实施卫生与植物卫生措施协议》和《生物多样性公约》赋予的权利和义务。

2012 年生物安全检验总长法案确立了生物安全检验总长的法定地位，规定由检验总长回顾并报告以下事宜：生物安全主管、生物安全官员和生物安全执行人员履行职能、运用权力的情况；开展生物安全进口风险分析的情况。

（二）日本

1. 组织架构及运作机制

日本国家植物保护组织最高主管机构是日本农林水产省（Ministry of Agriculture，Forestry and Fisheries，简称 MAFF）。其下属的食品安全与消费者事务局（Food Safety and Consumer Affairs Bureau）植物防疫课（Plant Protection Division）负责植物保护政策制定与实施来控制和预防植物有害生物的传播和传入。植物防疫课的植物检疫办公室（Plant Quarantine Office）负责植物检疫管理，日本 IPPC 联络点即设在此办公室。植物检疫办公室下设植物防疫所（Plant Protection Station，PPS）负责签发植物检疫证书和实施进出口植物检疫。

日本的植物防疫所包括 5 个总所（横滨、名古屋、神户、门司、那霸），16 个分所，47 个分支机构，3 个派出机构和 1 个植物检验员办公室，有 882 名经认可的植物检疫官，开展相关的检疫和出证工作。

2. 植物检疫相关法律法规

日本涉及植物检疫工作的法规主要有《植物保护法》和《植物保护法实施条例》。

（三）美国

1. 组织架构及运作机制

美国国家植物保护组织最高主管机构是美国农业部（United States Department of Agriculture，简称 USDA）。其下属动植物检疫局（Animal and Plant Health Inspection Service，简称 APHIS）的植物保护和检疫处（Plant Protection and Quarantine，简称 PPQ）负责防止植物有害生物和有毒有害种子的进入、定殖和传播，保护美国农业和自然资源，支持美国农产品的贸易和出口。PPQ 围绕三大核心功能领域设置组织机构，即政策管理、实地运作和科学技术，这三大核心功能领域对落实 PPQ 的职责至关重要。这些独立的职能部门互相合作，为植物保护问题提供基于风险的解决方案。

为保护美国农业和环境资源安全，APHIS 联合有关各州农业部、大学和其他实体，制定农业有害生物协同调查计划（Cooperative Agriculture Pest Survey，简称 CAPS 计划），针对特定的、被认定为对美国农业和/或环境构成威胁的外来植物病、虫、杂草，开展全国性的和以州为范围的调查与监测，为防止植物有害生物传入构筑了第二道防线。在海港、机场和陆地边境，由国土安全部海关与边境保卫局（Customs and Border Protection，简称 CBP）的人员对货物、运输工具、旅客携带物进行检查，这是防止植物有害生物传入的第一道防线。

2. 植物检疫相关法律法规

美国涉及植物检疫的法律法规主要包括美国农业部《2008 年农业法案》。其中莱西法修正案是有关申报的要求；第 10201 节是有关植物病虫害管理和灾害预防的内容；第 10202 节是有关国家清洁植物网络的内容。此外，还有《植物保护法》、《2002 年农业风险保护法》，以及植物和植物产品检疫操作手册。手册涉及口岸有害生物防除、濒危野生植物进出口、农业检疫检验监测、通关、检疫处理等内容，以及切花和绿色植物手册、水果和蔬菜、种子进口要求等。

（四）欧盟

1. 组织架构及运作机制

欧盟由奥地利、比利时、保加利亚、克罗地亚、塞浦路斯、捷克、丹麦、爱沙尼亚、芬兰、法国、德国、希腊、匈牙利、爱尔兰、意大利、拉脱维亚、立陶宛、卢森堡、马耳他、荷兰、波兰、葡萄牙、罗马尼亚、斯洛伐克、斯洛文尼亚、西班

牙、瑞典和英国等28个国家组成。这些欧盟成员国都是IPPC的缔约国，每个国家有他们自己国家的植物保护组织。欧盟植物健康制度的总体目标是防止植物有害生物传入欧盟和/或在欧盟内部传播。欧盟要求成员国对植物或植物产品在其境内的调运，以及从第三国引进实施管理，同时要求欲向欧盟出口植物或植物产品的第三国也承担管理义务。

欧洲委员会健康与消费者保护总署（Health and Consumer Protection Directorate General，简称DG SANCO）的植物健康局，是欧盟植物健康制度的实施部门。他们负责制定、完善和建议新的法律，组织、主持植物健康常务委员会与成员国的例会。DG SANCO的食品兽医办公室（Food and Veterinary Office，简称FVO）负责确保各成员国以及向欧盟出口的第三国遵守欧盟植物健康标准。他们通过在成员国和第三国核实调查数据、进行检查来履行这一职责。FVO还负责管理EUROPHYT——一个有关欧盟进口和欧盟内贸植物及其产品检疫截获信息的通报与快速预警系统。

2. 植物检疫相关法律法规

欧盟涉及植物检疫工作的法规主要包括若干控制指令，以及紧急措施支撑的《植物健康指令2000/29/EC》(Plant Health Directive 2000/29/EC)。欧盟关于植物健康的法律通过各个成员国的国家立法来执行。指令2000/29/EC列出了旨在保护欧盟内部植物健康的限制和保护措施。指令附件Ⅳ的A部分第1节列出了进口植物检疫要求，欧盟进口的植物及植物产品应遵守此要求；指定附件Ⅳ的B部分规定了进口到欧盟特别保护区应遵守的进口植物检疫要求；指定附件Ⅲ列出了禁止来自特定产地的植物、植物产品和其他物品输入欧盟的名单。

3. 欧盟部分成员国的情况

（1）英国

英国的植物健康服务机构由几个单位组成。彼此相互合作，分别在英格兰、威尔士、苏格兰和北爱尔兰等地区提供植物检疫和出证服务。最高主管机构是环境、食品与农村事务部（Department for Environment，Food and Rural Affairs）。其下属的食品与环境研究署（Food and Environment Research Agency，简称FERA）植物健康与种子检验局（Plant Health and Seeds Inspectorate，简称PHSI）负责在英格兰和威尔士执行植物健康法规，苏格兰政府、北爱尔兰的农业与农村发展部分别在苏格兰和北爱尔兰履行相应职能。

在英格兰和苏格兰，林业委员会（Forestry Commission，简称FC）的植物健康部门负责与林业有害生物有关的所有事务，在整个大不列颠开展进口林产品的检验和调查，支持大不列颠三国的林业有害生物根除和防治项目。FC 为科研需要引进禁止进境林木有害生物和禁止进境植物签发检疫许可证，为木制品签发植物检疫证书；负责林业再生材料的注册和管制；其林业研究所就病虫害的控制提供科学建议，在某些国际论坛上代表林业界利益，开展有害生物风险分析，在入境口岸或林地调查现场对截获的有害生物提供鉴定服务。

PHSI 与行使下放权利的苏格兰、北爱尔兰行政机构以及 FC 一起，组成了英国的植物健康服务机构，与其他欧盟成员国和欧盟合作，承认欧洲相关植物健康条例，协调其执行措施，为种植业者、贸易商和公众提供服务，帮助他们履行上述植物健康条例规定的义务。

英国现行与植物保护有关的法律法规包括：植物健康法令、与疫霉属有关的植物健康法令、与收费有关的植物健康法令、市场销售法规（有关水果、蔬菜、种薯、观赏植物等）、出口法规（有关出口出证的植物健康法令）、进口法规（有关原产于埃及马铃薯的法规）及其他法规。

（2）德国

德国的国家植物保护组织由下列机构组成，各自承担不同职责：

在德联邦层面，联邦食品、农业与消费者保护部（德语：Bundesministerium für Ernährung，Landwirtschaft und Verbraucherschutz，简称 BMELV）根据《植物保护法》承担植物保护和植物健康职责，负责相关立法，代表德国官方处理有关植物保护和植物健康事务。德国的 IPPC 联络点设在 BMELV。联邦栽培植物研究中心（Julius Kühn Institute，简称 JKI）及其国内外植物健康研究所与 BMWLV 密切合作，为 BMWLV 提供技术和科学建议。JKI 负责信息交流、有害生物报告和早期预警，在技术层面协调德国的植物检疫措施，为植物检疫措施提供科学/技术依据，特别是有害生物风险分析及相关研究方面的依据。植物健康研究所主要与欧盟、DG SANCO、欧洲食品安全局（European Food Safety Authority，简称 EFSA）、欧盟植物保护组织（EPPO）和 IPPC 秘书处合作开展工作。

联邦各州的官方植物保护局负责执行联邦法律和法令，落实植物检疫措施。他们不但负责检查在欧盟内部生产和贸易的植物及其产品，而且主要承担进出口植物、植物产品及其运输工具的检疫。他们还负责按 IPPC 的第Ⅳ条第 2 款（a～e，g，h）项的规定实施监测，一旦发现相关有害生物就向 JKI 报告。联邦各州植物保护局配备有植物检疫实验室。官方检验员是公共行政机构的官员和雇员。联邦法

律、联邦各州法律的立法说明和指令与其相关决定捆绑发布。只有联邦各州植物保护局才能在职务权限内签发植物检疫证书。

（五）中国

1. 国家植物保护组织及运行管理

中国国家植物保护组织由以下机构组成。一是国家质量监督检验检疫总局（简称国家质检总局）管理进出境植物检疫（俗称“外检”）；二是国家农业部和国家林业局分别管理国内农业植物检疫和林业植物检疫工作（俗称“内检”）。IPPC公约在中国的官方联络点设在农业部。中国植物检疫体系既是一个相对独立、完整的体系，又是相互分工协作的体系。

（1）内外检分工和配合情况

根据《国家质量监督检验检疫总局主要职责内设机构和人员编制规定》，国家质检总局（正部级）内设动植物检疫监管司，职责为“拟订出入境动植物及其产品检验检疫的工作制度；承担出入境动植物及其产品的检验检疫、注册登记、监督管理，按分工组织实施风险分析和紧急预防措施；承担出入境转基因生物及其产品、生物物种资源的检验检疫工作；管理出入境动植物检疫审批工作。

国家质检总局与农业部在出入境动植物检疫方面的职责分工为：农业部会同国家质检总局起草出入境动植物检疫法律法规草案；农业部、国家质检总局负责确定和调整禁止入境动植物名录并联合发布；国家质检总局会同农业部制定并发布动植物及其产品出入境禁令、解禁令。在国际合作方面，农业部负责签署动植物检疫的政府间协议、协定；国家质检总局负责签署与实施政府间动植物检疫协议、协定有关的协议和议定书，以及动植物检疫部门间的协议等。两部门相互衔接，密切配合，共同做好出入境动植物检疫工作。

进出境植物检疫与农、林业部门的分工、协作主要反映在以下方面：一是出境农林产品在生产阶段的疫情监测与控制，国内调运检疫一般以农林部门的植物保护机构和森林保护机构为主，进出境植物检疫部门仅负责或参与在本部门备案、注册登记的出口种植基地或加工、经营企业的监督管理。二是输入植物种子、种苗及其他繁殖材料的检疫审批，由农业部门、林业部门分别负责；输入饲料、植物源肥料的登记，转基因产品的安全管理，由农业部门负责；濒危物种的管理由林业部门负责等。三是进境的隔离检疫由进出境检疫机构与农林部门共同监管；进境后疫情监测与控制一般以农林业部门为主体，但在重大疫情及外来有害生物封锁、控制与扑灭方面，进出境动植物检疫机构、农业、林业等部门都是职能部门；在疫情信息搜集与交流、联合发布有关公告和规范措施、科学技术交流合作、共同开展国际性交流合作以及谈判等方面广泛合作。

进出境动植物检疫机构与其他政府部门的分工协作关系也很广泛，如环保部门也是外来生物控制的职能部门，海关等部门发现的走私动植物检疫物、未如实申报的植物检疫物、口岸植物疫情应交由进出境动植物检疫机构处理，口岸各部门在优化通关流程、加强执法联动方面建立协作机制。

（2）国家质检总局进出境植物检疫相关机构设置及运行情况

国家质检验总局与各地出入境检验检疫机构是进出境植物检疫的职能机构，实行中央垂直管理，一般分为 3 级。国家质检总局统一管理全国进出境植物检疫工作，其直属出入境检验检疫局（以下简称直属局）负责管理所辖区域进出境植物检疫工作，直属局下设的分支机构负责所辖区域具体的进出境植物检疫工作。

（a）国家质检总局

2001 年 4 月 10 日由原国家质量技术监督局、国家出入境检验检疫局合并组建的正部级国务院常设机构。国家质检总局下设动植物检疫监管司负责全国的进出境动植物检疫工作。主要职责是起草相关法律法规草案和规章；承担动植物检疫国际合作协定、协议和议定书草案及机关有关规范性文件的合法性审核工作，负责国际间进出境动植物检疫的合作与交流；管理与动植物检疫有关的技术规范工作；承办有关行政复议和行政应诉工作。

（b）直属检验检疫局

国家质检总局在全国各地设有 35 个正厅级直属出入境检验检疫局，除设在广东省、浙江省、福建省的直属局以外，各直属局管辖区域与所在省级行政区域相同。广东省内有广东出入境检验检疫局、深圳出入境检验检疫局、珠海出入境检验检疫局等 3 个直属局，浙江省内有浙江出入境检验检疫局和宁波出入境检验检疫局 2 个直属局，福建省内有福建出入检验检疫局和厦门出入境检验检疫局。

（c）基层检验检疫分支机构

各直属局下辖若干分支出入境检验检疫机构，包括基层出入境检验检疫局和直属局办事处，其职责是依法履行具体的出入境动植物检疫职能，执行直属局赋予的其他任务。部分基层局还设有自己的分支机构，形成 4 级管理体制。目前全国共有 298 个分支机构和 300 多个办事处。

2. 进出境植物检疫法律法规建设情况

当前，中国进出境植物检疫工作所依据的法律法规主要有三个层级：　是法律层面，主要是《中华人民共和国进出境动植物检疫法》；二是法规层面，主要有《中华人民共和国进出境动植物检疫法实施条例》；三是行政规章层级，具体包括部门规章、公告等。近10年来，国家质检总局先后制修订有关水果、粮食、木质包装、旅客携带物等60个部门规章，修订发布了《中华人民共和国进境植物检疫性有害生物名录》和《中华人民共和国禁止携带、邮寄进境的动植物及其产品名录》，这些都成为进出境植物检疫工作的执法依据。此外，根据国家质检总局赋予进出境植检部门的其他工作职能，还涉及《农业转基因生物安全管理条例》等法律法规。

另外，进出境植物检疫工作涉外性强，不仅要防止有害生物传入，保护本国的农林业生产和人民健康与生态安全，而且要防止有害生物传出，履行WTO/SPS、IPPC、双边或多边政府间协议等所规定的职责。因此，前文提到的国际植物检疫规则，以及国家质检总局、农业部与50多个国家/地区签署的400多份涉及植检领域的合作协议，也是我国进出境植物检疫工作的依据。

六、中国进出境植物检疫的作用和特点

（一）较好遵守国际规则，促进国际贸易和对外合作交流健康发展

中国进出境植物检疫的基础法律是1991年10月30日以中华人民共和国第53号主席令公布，并于1992年4月1日起施行的《中华人民共和国进出境动植物检疫法》。该法在法律框架、管理理念、检疫范围、工作方式等方面顶层设计比较科学合理，为中国进出境植物检疫的发展奠定了坚实的基础，很好地适应了中国特色社会主义经济发展需要。在此基础上，多年来，无论是原国家进出境动植物检疫局，还是国家质检总局，均高度重视法律体系建设，特别是加入WTO后，更是学习、运用相关国际规则，不断强化进出境植物检疫法规体系建设，形成以法律、法规、部门规章、国际标准、双边合作协议，以及操作标准为核心内容的技术法规体系，并建立了多渠道、多领域的国际合作工作机制，有力保证了国家植物检疫职责的履行。在国际贸易中，进出境植物检疫工作较好地遵循了植物检疫国际规则，并运用相关国际规则和磋商机制，有力地促进了中国优势农产品的出口和资源性农产品的进口。中国植物检疫在检疫处理技术、有害生物鉴定技术和风险分析技术等方面处于领先地位，在植物检疫国际舞台上具有一定的话语权。

（二）进出境植物检疫垂直管理机制，促进工作科学高效

国家进出境动植物检疫总所于1982年正式成立，标志着进出境动植物检疫垂直管理体系的形成。经过多年的实践探索，这一垂直运行管理模式具有很高的工作效能，不仅促进了口岸植物检疫查验网络形成，保证了各口岸进出境植物检疫执法操作的一致性，同时在人员配置、资金投入和设施建设等方面具有明显优势，促进中国建立了相对发达的口岸植物检疫实验室检测网络，为货物快进快出、有效把关、促进贸易提供了强有力的技术保障。

（三）“内”“外”检分离，既相对独立又相互合作

根据IPPC公约，缔约国须建立国家植物保护组织，以履行公约规定的职责和义务。中国国家植物保护组织官方联络点在农业部，但国家层面的植物保护组织的功能分属国家质检总局、国家农业部和国家林业局。中国进出境植物检疫体系既是一个相对独立、完整的体系，又是一个与农业、林业等相关部门分工协作的体系。这种管理模式既有优势，也有不足。优势是有利于形成垂直管理运行机制，在中国这样一个地区辽阔、口岸众多、进出口贸易总量第一的国家，有利于协调执法一致性，提高效能和执法权威。但是，由于“内”“外”检分离，在建立国家公共防控体系方面需要进一步强化合作。

（四）中国进出境植物检疫体系仍需进一步完善

如前文所述，在《中华人民共和国进出境动植物检疫法》支撑下，中国动植物检疫机构很好地履行了法律职责和义务，为保护中国农林业发展、保护动植物生命健康、促进国际贸易、确保经济安全和社会稳定做出了重要贡献。但同时应该看到，当前国际格局正在发生深刻变化，中国从“观察员”到“决策者”的角色转变已初露端倪。从世界发展大趋势和国家战略高度来讲，中国必须做重大战略调整和设计，这就包括战术调整和战术设计，其中植物检疫就是保护中国农业等领域的重要战术手段。中国的植物检疫也必须适应国家战略的需要，这就要求我们建立既适合中国特点、又符合国际规则的植物检疫体系。一是要建立完善的中国植物检疫法律法规体系。虽然《中华人民共和国进出境动植物检疫法》很好地履行和完成了历史使命，但从全球来看，更加全面的植物保护法或生物安全法及其相应的法规体系，具有系统性和宏观性，将更加符合国际惯例。因此，加快《中华人民共和国进

出境动植物检疫法》修订工作，特别是制定中国植物保护法或生物安全法，建立植物保护或生物安全法规及标准体系，显得更加迫切。二是建立更加完善的中国植物检疫官方管理机构，这是维护国家主权、履行国际义务的基础，也是中国走向世界大国和迎接世界挑战的必然要求。三是要建立高效的植物检疫运行体系。法律法规体系的科学性，国家植物检疫机构运行的高效率，以及各相关部门的协调配合，构成了整个体系高效运行的基础，但这需要更加科学务实的底层探索和顶层设计。

第二章

植物检疫法律法规体系

法律法规是一个国家依法行使职能的基础和依据。构建植物检疫法律法规体系有多种用途，其中最重要的是让各国为保护本国的农业资源和自然环境不受有害生物传入或扩散的影响。植物检疫法律法规体系定义了有效的植物保护所必要的体制框架，并改善国家主管部门对这一目标的效率和效益，同时协助各国履行其国际义务，以便促进植物和植物产品的国际贸易以及植物保护领域的合作与研究。

ISPM 第 5 号《植物检疫术语》将“植物检疫法律”的定义为“授权国家植物保护组织起草植物检疫法规的基本法”，而“植物检疫法规”是“为防止检疫性有害生物的传入和/或扩散，或者减少管制的非检疫性有害生物的经济影响而作出的官方规定，包括制定植物检疫出证程序”。从定义可以看出，法律是基础性的，法规更偏重操作性。《实施卫生与植物卫生措施协定》第二条“基本权利和义务”中规定：“各成员有权采取为保护人类、动物或植物的生命或健康所必需的卫生与植物卫生措施，只要此类措施与本协定的规定不相抵触”。附件 A 中对“卫生与植物卫生措施”定义为“卫生与植物卫生措施包括所有相关法律、法令、法规、要求和程序，……”；《国际植物保护公约》第Ⅳ条第 3 项（c）规定：“每一缔约方应尽力在以下方面做出安排：颁布植物检疫法规”等。

这些国际规则都说明各国应根据自己的情况建设相应的法律法规体系，目前国际上对一个国家如何构建法律法规的结构以及层次尚无具体规定。在美国，联邦层

面的植物检疫法律法规主要以法律、法规（主要有 Regulation、Rule、Notice、Order、Directive 等）、手册 3 个层次来体现，其中与植物检疫相关的法律主要收录在《美国法典》中、法规收录在《联邦法典》中、专项《手册》一般单行发布。新西兰进出境植物检疫法律法规在结构上大体上也可分为法律、法规（条例和法令）和标准三个层面，各层次间紧密关联，在生物安全法中有规定的内容，就有相应的配套的技术法规做支持。在日本，植物检疫方面的法规结构分为 4 个层次，包括法、政令、省令、通达等。政令是指法律实施时，内阁制定的命令。省令是指明确具体的技术要件，各省大臣实施行政事项时的命令。通达是指作为对省令的补充，对相关机关下达的通知、指示等。

从美国、新西兰、日本的法律结构可看出，一个国家的植物检疫法律法规体系都是由基本法、法规条例以及相关执行文件三个层次组成。基本法一般都是原则性规定，是植物检疫根本法，基本不涉及具体操作内容，是下一级配套法规规定的基础和源头；法规条例将法律规定细化为具体的要求、程序等；第三个层次主要是大量的具体执行文件，一般是基于风险分析制定的，用于指导具体检查、根除、控制有害生物的制度规定。本章就国际上对国家制定植物检疫基本法的框架要求、制修订法律法规应遵循的国际规则以及法律法规建设中应考虑的内容做些介绍，并将中国的植物检疫法律法规建设和国际规则进行比较。

第一节　国际上对植物检疫立法的框架要求

通常，植物检疫法律的建立，是为了保证政府能够建立或形成国家植物保护组织这样有效的管理技术组织，以便实施和执行植物检疫措施。建立的植物检疫法律应允许国家植物保护组织采取行动控制有害生物的传入和/或扩散。由于实践中植物检疫立法常包含与国界相关的问题，国家立法机构通过制定或修订的基本植物检疫法律，以体现政府对本国的植物保护和其他相关政策。植物检疫法律通常需要相关配套法规制度贯彻落实。

一个特定国家制定的植物检疫法律类型首先取决于该国的立法体系，也就是说，该体系能恰当地解释和执行法律。不同国家的植物检疫立法体系可以不同，且处理要点的顺序也因该国立法实践和考虑的因素而不同，造成不同植物检疫立法的制度构建不同。但是，联合国粮农组织的《国家植物检疫立法修订指南（2007）》（以下简称《FAO 立法指南》）要求各个国家的植物检疫法律必须包括如下一些基本框架：

首先，植物检疫法律将概述其范围并提供指导其解释的定义。第二，应定义执行法律的行政机构，至少包括国家植物保护组织，检查队伍和官方实验室以及检测技术人员。植物检疫法律应说明他们的权力和职责，尤其是由谁做决定和他们所决定的内容以及行使这些权力的所有限制。许多国家的植物检疫法律也会规定成立一个植物保护咨询委员会，由他们向部长或国家植物保护组织行政首长就技术事项提供建议。植物检疫法律应解决进出口植物和植物产品各方面的问题，以及在此国家领域内控制植物有害生物的措施。此外，植物检疫法律还应将财政预算（收入与支出的经费安排）也包含在内。习惯上，至少在普通法管辖权内，植物检疫法律也将对违法行为以及相关的处罚内容进行描述。大多数的植物检疫法律包括责任、行政复议、废除现行规定以及制定配套法规，例如条例、命令、附件和条款等。

《FAO立法指南》指出，一部植物检疫法律的框架应包括：目的范围、行政机构（国家植物保护组织、查验与检测分析、执行机构）、进口、出口、国内有害生物监测和控制、违法与处罚、生效日期等部分。联合国粮农组织办公大楼见图2-1。

图2-1　联合国粮农组织办公大楼（意大利，罗马）

一、目的范围

目的范围是作为制定植物检疫法律的说明，解释制定植物检疫法的目的及适用范围。这些法律条款可能不具有实际效力，而是作为政策说明解释其制定的原因及其预期的目的，如制定植物检疫法的目的是为“控制有害生物的传入和扩散，促进农产品贸易，保护本国农业和其他植物资源”。

在说明植物检疫法律的制定目的之后，应继续概述其适用范围，也就是其涵盖

什么样的活动和主题。然后，植物检疫法律将列出其使用主要术语的定义列表。一般而言，此列表仅是对本法中出现的术语进行解释，而不是通常的植物检疫术语表。本质上，该定义部分是为执行法律中可能出现疑问的术语提供参考。例如，如果法律中“所有者”的定义是不明确或受限制的，不包括拥有植物或植物产品的人，那么命令他们销毁受感染的植物或产品时，有可能以不是植物或产品的“所有者”为理由逃脱责任。另一方面，如果该国已有用于解释其所有法律的《解释法》，那么可以不在植物检疫法律中单独列出定义。

“在国家植物检疫立法中要尽量使用国际植物检疫措施标准术语，确保国家立法和国际标准之间的一致性，以促进国际法律体制的原则和概念实施，并将贸易争端中植物检疫措施可能面临的挑战的风险降到最低”。需要指出的是目前国际植物保护公约组织秘书处经常不定期更新植物检疫术语，因此在植物检疫立法时应有相应的规定，以便于衔接。

二、行政机构

植物检疫法律的一项重要任务是确定根据本法实施的权力以及应掌握这些权力的公共机构，说明：①负责植物检疫体系运作的行政管理机构；②植物检疫人员的权力和责任；③实验室计划；④根据需要设立植物保护咨询委员会并说明其运作方式。法律通常不具体描述其建立各类制度的运作方式。这类描述通常出现在法律附属的法规中，例如条例或部门/部际规章。植物检疫法律阐述授权，定义角色并概括基本规则。

（一）国家植物保护组织

IPPC 公约要求每个缔约国“以最大能力”建立官方国家植物保护组织，IPPC 公约将国家植物保护组织的职能作为缔约方（条款Ⅳ～Ⅷ）一部分应尽责任，一系列 ISPM 更详细地描述了国家植物保护组织的职能，无论是 IPPC 公约或 ISPM 都没有对国家植物保护组织的内部制度给出指示。因此，各缔约方可建立自己认为合适的组织。

无论是 IPPC 公约或 ISPM 都没有就 NPPO 内部制度构建给出具体说明，IPPC 公约各缔约方可根据各国的具体情况建立自己认为合适的组织。虽然 IPPC 没有明确要求植物检疫法赋予的职能由同一机构执行或者由分布在各个不同部门执行，但通常认为由同一机构来履行职责会更有效。IPPC 公约要求每一个缔约方必须向其他所有缔约方提供其内部植物保护组织分工的说明，且必须向 IPPC 秘书处报告其组织分工中的任何变动，以便 IPPC 秘书处向其他缔约方通知此类消息。

如 IPPC 公约（1997）第Ⅳ条第 2 款所述，NPPO 的主要职能在于确定植物有害生物并对它们加以控制。正如 IPPC 公约中规定的 NPPO 其他责任，包括关注的管制的有害生物分布信息，以及对其进行防范和控制的措施；研发有害生物鉴定方法，提高调查和分析能力；以及制定植物检疫法规。此外，为坚持透明度原则，信息分享是 NPPO 的另一项重要责任。SPS 协定和 IPPC 公约均要求各国应建立通知植物检疫措施和植物检疫法规变化的渠道体系。IPPC 要求每个缔约国有责任向 IPPC 秘书处报告其官方联系点的名称和位置，以此有效地传递植物检疫事务的信息。

在一些国家，根据国家机构和立法结构，植物检疫法还可赋予 NPPO 更多的其他责任。如，农药生产和使用领域的责任、有机农业证书、工业用昆虫（例如蜜蜂）以及肥料使用等。

（二）查验与实验室检测

植物检疫法应建立和明确的另一个重要行政机构是具体执行植物检疫法律的查验机构。查验员的资质将取决于植物检疫法中设定的制度结构，同样取决于制度结构中设定的政府部门或机构的需要。

查验员是由部长或国家植物保护组织负责人依法任命或者指派的。一般情况下，一旦某个行政机关作为国家植物保护组织，该机构的公务员将依法担任查验员。其他情况下（通常不论是国家植物保护组织的人员不足，或是发生植物检疫突发事件期间），国家植物保护组织可能需要在其他行政机构的工作人员的协助下进行工作。因此，在植物检疫法律的实施过程中，应允许政府责任部门或机构不只可以任用本部门的工作人员，也允许任用其他机关（公共的或私人的，只要没有利益冲突）的工作人员。

植物检疫法或其附属法规应明确查验员最低教育背景要求。在制定行政管理框架时，重要是不要通过指定不符合适当任职条件的公务员担任查验员，避免“削弱”国家植物保护组织的职责。负责任命及指定查验员的部门应考虑只将部分检查员职能分派给指定人员，而其他职能（如植物检疫出口证书）应只由国家植物保护组织的工作人员执行，因为国家植物保护组织的工作人员具备必要的资格及技能。为了达到这个目的，指定的查验员受命进行的工作应受到任命文件中所要求限制条件的制约。植物检疫法可更进一步明确，将植物安全出口证书体系（国家植物检疫

系统的一个主要职能）明确指定给国家植物保护组织的工作人员，以避免无资质的官员违反专业出证的运行规程。

在植物检疫法律中，查验员的职责通常包括：

①检查在种植、自然环境下、仓库内或在运输途中的植物或植物产品（目的是报告有害生物的存在、暴发及传播）；

②检查本国进口或出口的植物或植物产品；

③检查仓储和运输设施；

④货物除害处理（无论是进境还是过境监督）；

⑤控制飞机和船舶上的废弃物，或加工进口植物材料场所产生的废弃物，以确保没有农业资源威胁或环境威胁产生。

此外，他们可以代表国家政府机构签发植物检疫证书；实施检测活动并收集最新国家有害生物情况信息等。

植物检疫法应赋予植物查验员一定的权利，使得查验员能够有效履行上述职责。同时，也应清晰检验员的权利的限制。植物检疫法与宪法或任何其他法律中的公务员的权利之间的一致性也同样重要。

植物检疫法还应概述查验员的其他相关附加职责，以及受行使检查权利影响的公民的权利。植物检疫法律应强制受检经营厂址的业主、管理者以及工作人员与查验员合作。但是同样地，在有可能存在抗法行为的地方，或需要其他方面协助时，植物检疫法律通常规定查验员在行使权力时，可以要求社会治安、地方行政和海关部门的协助。当然，这些可能只针对进入经营场址等日常事物，或者为了达到实施紧急措施的目的，如对受感染地区实施隔离、设置路障等。

植物检疫法还应建立一个官方鉴定的认证实验室和官方技术检测人员制度，以依法进行必要的分析和样品诊断。通常情况下，国家植物保护组织的部长或行政负责人在法定权利鉴定、选择官方实验室以及委派官方检测技术人员方面的权利一致。由于一些国家有依赖第三方实验室的需求，因此在实验室选择中，植物检疫法制定时应留有足够的余地。

（三）咨询建议机构

由于植物保护对其他政府部门、类似政府机构和部门产生了影响，所以在植物检疫法律中制定协调条款就显得越来越重要。目前，大多数国家的植物检疫法都建立了咨询以及联合决策机制，比如植物保护咨询委员会或其他咨询机构。

应制定相应的咨询委员会会议规定，包括会议频次、法定人数以及职位任命。在委员会认为有必要时，委员会应享有任命小组委员会的权利，小组委员会将提供建议和技术意见。除了这些大概内容，委员会的详细职责应包括在根据植物检疫法设立的附属文件中。通常情况下，植物检疫法律设立秘书处为委员会会议提供日常支持和新闻报道。

植物检疫法应规定，“委员会成员由其领导或部长以专业技术或专业资格或职责为基础提名或由部长任命。当委员会成员行为不当或没有能力履行其职责时，可以撤职。一般情况下，委员会成员不受根据植物检疫法律制定官方决策的影响”。

法律将规定委员会清晰的职责，“除主要的咨询职能以外，委员会可协助制定政策，讨论植物检疫措施相关的普遍关注的问题以及在需要的地方提供协调服务，根据植物检疫法提议或协助制定新法规、新决议以及新条款，为植物检疫突发事件申报确定标准，解决公民依法进行的官方行动以及开展公共信息活动”。

委员会在 IPPC 国际标准发展中起到重要作用。在 IPPC 的支持下，委员会在反复要求评议文件中占据重要地位，并且在制定国际标准中，通常负责管理国内意见的收集和整理。

国与国之间的植物保护咨询委员会的具体会员资格可以不同，一般情况下，应包括所有相关政府机构和利益攸关者，保证国内所有利益机构和受植物保护问题影响的所有机构能够参与其中，可包括政府代表、生产者代表、进口商代表、出口商代表以及其他利益攸关者代表。一些咨询委员会还可包括协助制定管理规定的法律专家以及其他高等教育研究所或国内研究机构代表。当然，如果法律会授权咨询委员会承担一些监督管理职能（例如颁发进口许可证等）时，咨询委员会不应该包括有利益冲突的私营企业代表。委员会应就以下内容提出建议：

①有害生物的环境影响；

②有害生物风险分析中的经济要素；

③部门间相互合作和交叉（监测）；

④贸易问题；

⑤强制执行。

由于许多问题具有技术复杂性，委员会应从科学专家处获得对技术复杂性问题的陈述，或者成立技术委员会，充分利用各专家的专业知识。

三、进口

植物检疫法应对植物或植物产品的进口做出规定。例如，检疫法将概括地对适用于特定商品的进口要求进行说明，进口商必须从国家植物保护组织（NPPO）或其他主管机构获得进口许可证并且在商品到达时提交进口货物进行检查。进口商申请进口许可证时，需按照植物检疫法所规定的程序以及其补充条款（将会明确申请的格式或提交机构）对商品类型、来源以及最终用途进行说明。NPPO在有害生物风险分析的基础上评估进口申请，如果风险在可接受范围或能够进行适当管理，就会颁发进口许可证。如果进口申请要求申请人说明活体转基因生物（LMO）货物状态，那么也会对LMO进行有害生物风险分析。

NPPO对进口许可证的评估一般以两种管理办法执行，即特定授权或普通授权。对于前者，NPPO会对所有进口货物、或者来自特定地点的单独或所有货物进行评估，从而评估货物进入国内的风险。对于普通授权，NPPO会在无植物检疫风险的情况下不设立进口要求，或者在已有评估风险的基础上，预先设立一份商品目录以及适用条件。后一管理方法可能会促进进口商更好地遵守SPS协定所规定的透明度原则，在此情况下，与某些特定商品有关的进口要求可以公开出版，并使潜在贸易伙伴在需要时能够了解这些进口要求。但是在上述情况下，当条件改变且需要将这些改变传递给贸易合作伙伴时，该要求的及时修正就显得尤为重要。

对进口货物采取的植物检疫措施可以在输出国、运输过程中、入境时或入境后实施。植物检疫法也可规定NPPO在双边或多边谈判时考虑植物检疫措施的等效替代措施。此处的替代植物检疫措施是由输出国提出，同时与输入国NPPO所要求的措施是等效的。植物检疫法应注明，所有贸易限制措施均是有科学依据或遵循国际规则的，允许进口的植物、植物产品或其他检疫物均应以有害生物风险分析为基础。

植物检疫法在其法律条款或附属条款中应对入境地点作出一般规定，植物、植物产品以及其他检疫物仅能够从其条款中所列出的官方入境地点进口。同时，植物检疫法应规定携带植物和植物产品从非指定口岸入境是违法的。在指定入境地点时，国家主管部门须将安全彻底执行检查这一行为纳入考虑范围，入境地点需要具备必需资源以对植物与植物产品进行检查以及管理有害生物，包括用于保存材料的存储室、用于检测有害生物的实验室或类似设施、用于运输植物材料的车辆以及对受感染材料等进行销毁或消毒的相关设备等。如果人力或财力资源有限，那么并非所有的入境地点都适合作为植物与植物产品的进口点。在这种情况下，指定有限数量的入境地点能够使国家主管部门更加负责和谨慎地执行检查任务，因为他们能够将资源集中到有限的入境地点。指定入境点的决定过程需要反映国家的真实需求。即应该在植物与植物产品实际进入国家领土的地方安排查验员。

进口时，查验人员认定某进口货物具有引入或传播有害生物的风险时，可扣留该植物与植物产品；可以规定任何进口商须采取的措施以及落实措施的时限。依据风险评估的结果，可以采取适当处理、再出口、没收或者销毁等措施。检查人员可以在检疫站对植物或植物产品进行入境后检疫，以进一步检查、观察、研究、检测、处理以及可能时进行销毁。法规应该规定，当扣留一批货物时，查验员就需签发一份扣留证明，并且官方人员和所有者各留存一份，表明货物的扣留原因以及地点。

法律应明确紧急行动措施。检查货物时，如果检查人员发现管制的有害生物，或其他会产生潜在植物检疫威胁的生物，可能需要采取紧急措施。在这种情况下，植物检疫法应该在初步有害生物风险分析基础上提供紧急措施，并明确说明此类紧急措施应暂时适用，其有效性将取决于随后尽快进行的详细的有害生物风险分析结果。如果有害生物后来被认定为非管制的有害生物，则必须准许货物进入。遵照IPPC第Ⅶ条第6款的规定，植物检疫法律应该将紧急行动通知给出口缔约方。

如果进境时，查验人员确定进口货物不符合相关文件（如原产国颁发的植物检疫证书原件及其有效性）的要求，该货物也可被再出口或销毁。

如果进口植物或植物产品的发现受感染情况，植物检疫法应该规定诸如处理和消毒等产生的所有费用均由进口商承担。

对于过境中转，NPPO可颁发过境或转移证明，或者可以要求在本国领土范围从入境地点到出境地点间实施监管运输（风险较高）。海关控制可足够管理植物检疫风险的，或者货物在过境中转时无感知风险存在的，植物检疫机构可以不要求采取植物检疫控制措施，只进行文件检查即可。可适用的程序应该在植物检疫法及其附属规定中作详细说明。

为保护本国植物资源或环境，植物检疫法中另一重要条款规定可允许NPPO的行政负责人保留禁止任何植物、植物产品或其他应检物进入本国的权力。禁止入境措施可以针对商品也可以针对商品以及产地。但是无论其细节为何，禁止入境措施必须以科学为基础且不违背SPS协定和IPPC公约的理念，坚持影响最小化的原则。

当某特定有害生物在输出国暴发时，植物检疫法应允许NPPO行政负责人宣布临时进口禁令。然而，这一禁令不应过度延长或超过科学合理的有害生物风险分析所需要的时限。

除了常规商品外，植物检疫法中也应该解决旅客携带物中将植物和植物繁殖材料作为私人物品携带入境的问题，也要对邮寄物进行管理。检疫法法律条款或附属条款应规定旅客申报在其随身物品及行李中有此类材料的过程中不应有例外情况，即使是外交官，他们的行李以及私人物品也不能例外。与航空公司和客运船舶公司合作能够促进在游客到达目的地之前分发和填写相关表格，从而使他们意识到关于禁止携带植物或植物产品入境的相关规定。法律还应对邮政服务与私人船运代理机构员工以及海关部门与港口主管部门或者在植物或植物产品抵达本国时涉及或有责任行使职责的国防军队人员配合执行该法律也应定义其相关职能和义务，规定他们应该向NPPO报告抵达本国的植物或植物产品、存储植物或植物产品货物直到交予植物检疫查验员保管。

四、出口

依据IPPC公约，NPPO不仅负责对进入其领土的植物和植物产品设置进口要求，也有责任确保和证明离开其领土的植物和植物产品是安全的、且符合输入国的进口要求。NPPO应该按照ISPM第7号《植物检疫出证体系》的要求，制定出口植物检疫出证过程的要求，包括三个基本要素：确定可适用的输入国植物检疫要求；验证出口货物符合那些要求；以及颁发植物检疫证书。这些要素需要在植物检疫法律中体现。

IPPC公约明确规定，“每一缔约方保证不要求进入其领土的植物或植物产品带有与本公约附件所列样本不一致的检疫证书”。因此，植物检疫法应明确表示，出口商有义务从NPPO处申请适当的文件以满足输入国要求。在输入国提出要求的情况下，法人或者自然人必须申请植物检疫证书，从而使植物或植物产品能够出口。该证书应表明植物或植物产品满足植物检疫进口要求。每个IPPC缔约成员都有责任检查植物产品并由具有技术资格并经正式授权的人员签发植物检疫证书。

植物检疫法也可能为全部或某些类型的出口货物提供具体出口地点。此类规定的目的是NPPO确保可提供足够的查验人员与设施可用性以及货物出证之后的植物检疫安全性。一般而言，植物检疫法应要求出具证书的出口货物通常是在出境口岸接受检查。当然，当NPPO与一些特定出口商已建立关系，也可能在植物或植物产品进行包装的地点进行查验。检查之后，如果 NPPO 认为不符合输入国的进口要求，可以命令对货物进行处理以消除风险或者销毁货物，费用由出口商承担；如果 NPPO 认为已符合输入国的要求，则颁发证书。然后，NPPO 的责任就是在货物实际离开本国之前，保证其植物检疫安全。植物检疫法也可以将此情况下不得不执行的责任转加给出口商。

在本国境内货物有拆装或重新包装时，过境中转货物需要转口植物检疫证书。国家植物保护组织只有在确信达到输入国要求的情况下，颁发转口植物检疫证书。有些货物如果是直接过境中转到目的地，不需要转口植物检疫证书。

鉴于近年来非疫区及非疫产地建设对促进贸易有积极的作用，IPPC 公约相关条款及 ISPM 已建立相关的标准，因此在植物检疫法中应赋予 NPPO 行政负责人宣布某地区无输入国关注的有害生物的权利。为促进出口，同样的程序也适用于确立有害生物低度流行区。

五、国内监测和控制

预防是一种比在有害生物出现或暴发之后才做出反应更有效和经济的控制有害生物的方法。为便于预防，植物检疫法律应规定政府官员（植物检疫查验人员、海关人员）和私人个体（农民）有发现某些有害生物进行报告的责任，即使有害生物还未确诊。查验员和 NPPO 必须让公众知道有害生物方面的信息并为应对所出现的有害生物提供必要的资源，防止有害生物扩散。

监测是一种有效的预防机制，IPPC 公约鼓励政府对有害生物定期进行监测，在 ISPM 第 6 号标准中对国家的监测责任进行了详细说明，以保证国家能够随时获取有关有害生物生物学、分布、寄主范围和潜在影响方面的数据。ISPM 第 8 号详细说明了有害生物记录的方法，这是用于确定一区域某种有害生物状况的必要组成。通过监测获得的经过核实的信息可用于确定某一区域、寄主或商品中是否有该有害生物分布。为开展风险分析、制定并遵守进口条例、建立有害生物非疫区，所有进出口国家或地区都需要有害生物现状方面的信息。因此，植物检疫法律需要规定，一些人员或部门应负责收集和分析数据，以确定并交流该国及其各个区域有害生物现状。

在监测和有害生物风险分析的基础上，植物检疫法律规定 NPPO 行政负责人可宣布一种有害生物为检疫性有害生物或管制的非检疫性有害生物。法律还应该进一步规定，当境内发现管制的有害生物时，NPPO 应该采取采取措施来妥善处理。

NPPO可宣布某一区域被隔离，暂时限制公民和法律主体权利的行使，并可施加其他方面的责任。主管部门有权对隔离区进行限制，限制或禁止该区域人员的流动和植物的输送，禁止在该区域进行种植或重新种植以及采取所有必要的控制和根除检疫性有害生物的措施。

某些植物病害十分顽固并具有很严重的损害经济的潜在影响，需要通过根除计划来进行控制，因而植物检疫法律必须授予国家植物保护组织行政负责人命令销毁该植物的权利。根除计划的细节通常包含在议事规则、法令或命令中，如有需要可迅速进行发布。在某些情况中，即使是健康的植物可能也需要进行销毁，而立法必须规定这样的潜在缓冲区。

某些情况下，预防和监测可能不足以阻止有害生物的暴发，因此植物检疫法律须授权NPPO应对这种突发事件。法律规定应确保主管当局能够迅速进行干预的措施（比如对近期出现的可能迅速繁殖的有害生物采取根除措施），从而控制此突发事件对农业生产和环境造成损害。从根本上说，法律必须规定有关当局在潜在植物检疫突发事件方面拥有的权力，同时还必须说明什么构成植物检疫突发事件或者至少说明什么部门有权做出此决定并进行声明。一些条款还应该解决应急计划的实施问题，包括与国家应急管理组织进行协调。通常这类国家级的组织在NPPO植物保护咨询委员会的协助下已针对植物检疫突发事件制定书面周详的应急行动计划。

六、资金安排

植物检疫法律通常应规定，确保植物检疫各项活动的运行费用从国家预算资金中获得，负责财政审核的国家机构对资金的使用进行审计。植物检疫立法通常不会为各项服务设定具体收费的金额，而是授权NPPO或行政负责人来设定收费金额。进口准许证和植物检疫证书的签发以及检验、处理、在入境地点和在出口时的储存设备或检疫区域中对植物和植物产品进行的其他活动，可能都涉及收费。SPS协议规定，进口流程的强制费用不能有差别对待且无贸易保护主义以及不能高于服务的实际费用。

植物检疫法律规定可以建立植物检疫紧急危机资金，这样国家植物保护组织宣布植物检疫危机时可以立即获得资金支持。植物检疫法律应标明是否允许赔偿以及应如何授权和执行。无论政策决定是否允许补偿，即在植物检疫法律制定之前由政府决定。法律应明确表明，仅在有限情况下可进行补偿，并应对这些补偿情况进行规定。

七、违法与处罚

一旦植物检疫法律制定了根据此法律执行的权力，确定了将这些权力授予公共权力机构，并概括了权力机构运行的限制因素，那么法律必须将惩罚的权力分配给公共权力机构。一旦违法，必须对其定罪，同时予以处罚和最终适用程序。植物检疫法律中的一些常见违法行为，包括：没有合法证件或从未得到批准的入境港口进口或出口植物或植物产品的行为；妨碍或阻碍查验员执行其官方职责或不遵守查验员的指令的行为；故意向国家植物保护组织代表提供虚假信息的行为；没有查验员在场，私自拆开装有植物、植物产品或其他规定物品的封条的行为；故意准许或实行引进或传播有害生物的行为；在颁发了植物检疫证书后，没有保障托运货物的植物检疫安全的行为。

违反本植物检疫法律的行为不仅仅是针对公众人员，也针对查验员。一旦确定为违法行为，那么该法律必须给出适当的处罚。关键是要确保处罚的级别足够高以形成一股威慑力量，并执行合适的程序。

八、法律规定

植物检疫法律通常包括一般规定，但是某些条款可能会引起法律责任，应在法律中规定相关要求和细节。如果新植物检疫法律的颁发，需更换或废除一些现行法律、条例或操作规程，法律必须列出其他法律中必须废除或修正的规定以体现变化。如果早期的法律将被更换，那么新的法律则要声明这些法律全部废除，或者代替已被废除的具体规定。该法律也可能包括一些维持现行法律或条例有效性的过渡性条款直到确定了具体的时间或具体的行动。

以上是一个国家制修订其植物检疫基本法的框架。尽管各国植物检疫立法体系不同，但基本法的大趋势是尽可能保持其基础性。基本法的具体要求和细节需要在法规、条例、指令、通知等执行文件中细化，这些细化规定称为基本法的配套法规。这些配套法规中可能包括关于政府组织和运行条款；关于进口许可证的发行和废除的详细程序；以及关于查验员开展植物和植物产品工作规则；还可明确进行操作的查验员和实验室检测人员的任职资格等。

配套法规条例的制定通常采用与立法相同的形式进行书写，但与基本立法包含的内容应有所区别。首先，有可能发生变化的元素不应出现在基本法中，不是以科学或技术为基础的条款，以及任何取决于特殊经验的条款也不能列入其中。比如，

主要法律中不应列明有害生物清单，因为随着时间的推移，名单将会发生变化。同样时，在基本法中也不能指名特殊的部长或部门，因为机构可能会发生变化。

此外，配套法规规定不能与基本的植物检疫法发生冲突。主要法律中定义的术语不能与条例中的定义产生歧义，同时基本立法制定的程序应当用作在附属规定中制定更多综合程序的框架。同时，应努力确保植物检疫的下一级别法规条例在其自身的权限范围内是一套综合性的整体。因此，在未来，即使基本法被废止，附属法规中制定的制度仍然有效。

另外一个重要的原则是法规条例或执行文件应该服务于基本法律的目的和目标，不得在它们中间创造权力。因为条例和其他类似文件要参照主要法律进行解读，所以如果它们放大基本法律确定的权利和义务就可能遭到质疑。

第二节　制定法律法规体系应遵循的原则

坚持与国际标准、准则或建议协调一致是SPS协定和国际植物检疫措施标准的基本要求，其实质是要求各成员在实施植物检疫措施时应以国际标准为依据。只有符合国际标准、准则和建议的SPS措施被视为保护人类和动植物生命和健康所必需的措施。

一、制定法律法规体系应遵循的基本原则

SPS协定规定，WTO成员在植物、植物产品国际贸易中，采取的植物检疫措施应遵循科学性、非歧视性、协调一致、区域化、等效性、风险管理、透明度、特殊与差别待遇等原则。IPPC公约以及相关国际植物检疫措施标准中也涉及国际原则，这些原则与SPS协定的原则一脉相承，许多基本原则是一样的。ISPM第1号《国际贸易中植物保护和植物检疫措施应用的植物检疫原则》中对国际间人员、商品和运输工具采取植检措施的原则进行了规定，分为“基本原则”和“操作原则”。基本原则在本书第一章第三节中已有介绍，包括：主权、必要性、风险管理、最小影响、透明度、协调一致、非歧视、技术上合理、合作、等效性、调整等。

对于上述植物检疫基本原则，其中有一些必须反映在国家立法和监管框架之中。首先是国家主权，它承认各国有权利使用植物检疫措施，包括在紧急情况下采取的措施，以保护他们的领土和公民不受其他国家的植物有害生物威胁的影响。然而，这一权利的作用受到必要性原则和最小影响原则等其他原则的调节，必要性原

则要求各国仅在保护植物卫生有必要时采取限制性措施，而最小影响原则要求限制性措施对人员和货物的国际流动产生最低的可能影响。

透明度原则是非歧视性原则的前提和基础，也是一个成员诚信度的重要标志。非歧视性原则是世界贸易组织的一项基本准则，也是SPS协定的首要原则。非歧视原则要求采用的植物检疫措施不能区别对待植物检疫状况相同的国家。针对一国中管制的有害生物，采取措施时不能区别对待国内货物与进口货物。透明度原则直接影响是否构成歧视的判断，因此SPS协定要求WTO成员设立国家通报机构、成立国家咨询点，按照通报程序通报相关信息，以确保其境内的SPS措施透明。SPS协定附件B在卫生与植物卫生法规的透明度中的法规公布“法规各成员应保证迅速公布所有已采用的卫生与植物卫生法规，以使有利害关系的成员知晓”。成员应按照规定的透明原则要求各国出台并发布植物检疫禁令、限制和要求，并根据要求阐明其理论基础。

此外，还有其他的重要原则，比如合作原则，这需要各国合作防止检疫性有害生物的传播和传入，并促进官方控制措施。在植物检疫大背景下，IPPC的等效原则要求各国同等看待各植物检疫措施，这些措施虽并不相同，但具有同等效力。

二、国际上法律法规制定中应考虑的主要植物检疫措施

法律法规体系的具体建设过程中，在实践操作方面，应用的原则涉及制定、实施、监控植物检疫措施和管理官方植物检疫系统。植物检疫法律法规体系在遵循国际基本原则前提下，还应考虑以下操作中的主要植物检疫措施，包括：有害生物风险分析、有害生物名单、有害生物非疫区和低度流行区的确认、系统方法、紧急措施等。

（一）有害生物风险分析

有害生物风险分析（Pest Risk Analysis，PRA）。在ISPM第5号《植物检疫术语》中，将有害生物风险分析的定义为“通过生物学的或其他科学的、经济学的证据以确定某种生物是否为有害生物，是否应予以管制以及管制所采取的植物卫生措施程度的过程”。目前通常所说的PRA是指进出境植物及其产品传播有害生物的风险分析，也就是有害生物随贸易货物（植物及其产品）传入和扩散的基于途径的风险分析。

ISPM第1号规定：国家植物保护组织在进行有害生物风险分析时，应遵照相

关国际植物检疫措施标准，以生物学的或其他科学的及经济学的证据为基础。实际操作时，还应当考虑到因对植物的影响而产生的对生物多样性的威胁。至2013年底，FAO/IPPC已经制定了3项国际植检标准：《有害生物风险分析准则》（ISPM第2号）、《检疫性有害生物风险分析》（ISPM第11号）和《管制的非检疫性有害生物的风险分析》（ISPM第21号）。这三项标准是按照风险管理学的原理和方法制定的，并且遵循了风险识别、风险评估到风险管理方法的选择和实施这一风险管理学的程序。2009年，IPPC又制定了《基于有害生物风险分析的商品分类》（ISPM第32号），对经过加工而不必要进行风险分析和仍需进行风险分析的特定商品进行了说明。已颁布的有害生物风险分析国际标准及其关系见图2-2。

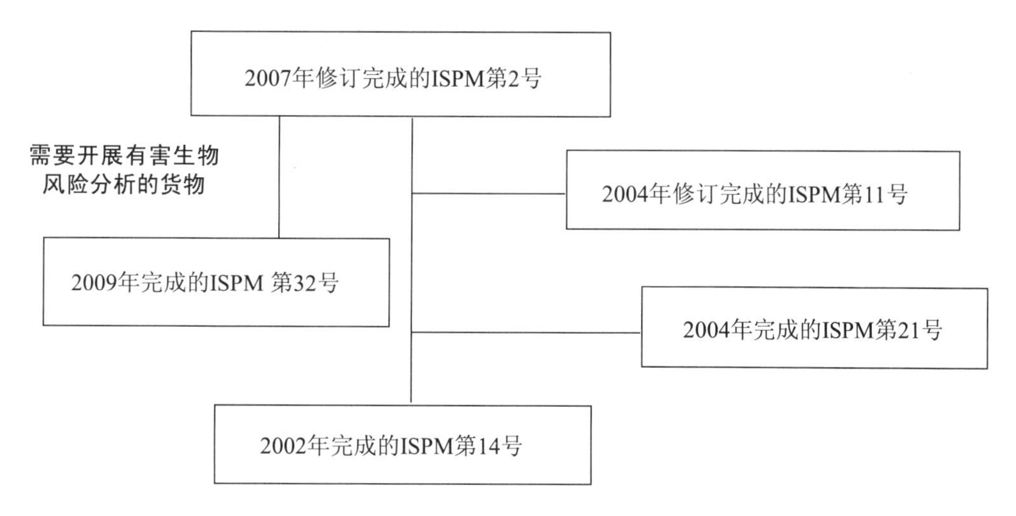

图2-2　已颁布的有害生物风险分析国际标准及其关系

对于首次进口的植物或植物产品，输入国首先要针对进口商品开展有害生物风险分析（PRA），即市场准入。通过有害生物风险分析确定是否对有害生物进行管制，并确定采取的植物检疫措施的力度（ISPM第11号、ISPM第21号）。有害生物风险分析可以针对某一具体有害生物，或者针对与某一特定传播途径（如某种商品）有关的所有有害生物。可按加工水平和/或预期用途对商品进行分类。经过PRA后，确定与有害生物相关的商品寄主范围，或者确定与商品相关的有害生物种类。

（二）制定有害生物名单

IPPC公约第Ⅶ条第2款ⅰ项规定：各缔约方应尽力拟定和更新管制的有害生物

名单。1997年FAO修订的IPPC公约对有关的概念和范畴重新进行了划分。将有害生物分成“管制的有害生物”和“非管制的有害生物”，进而又将“管制的有害生物”分成“检疫性有害生物”和“管制的非检疫性有害生物”。“检疫性有害生物”是指对受威胁的地区具有潜在的经济重要性，在该地区尚不存在，或者存在但并非广泛分布且正在进行官方防治的有害生物。“管制的非检疫性有害生物”指存在与用于种植的植物上的有害生物影响这些植物的可能的用途，会带来不可接受的经济影响，需要在输入国领土内进行控制的非检疫性有害生物。

制定有害生物名单应以风险分析方法为依据。此外，名单的制定也要适应各国产业结构实际和保护农业生产需要。ISPM第19号《管制的有害生物名录准则》对如何拟订、更新和提供管制的有害生物名录提供了指南。对于确定的管制的有害生物名单（ISPM第19号），应当予以公开（IPPC第Ⅶ条第2款i项，1997年）。

植物检疫法规中，通常对检疫性有害生物进行分类。比如，将有害生物按不同情况分门别类，也可能只按相关寄主或植物产品归类。也可以这样归类：（a）在所关注的国家或地区没有发生的；（b）已经发生，但分布未广且在官方控制之下的。也可以将某一地区的有害生物，按这样归类，如在欧洲与地中海地区，EPPO制定出两个名录：A1名录，对应于（a）；A2名录，对应着（b）。EPPO也发布欧洲与地中海地区的检疫性有害生物状况数据详细信息。随着情况发生改变，对检疫性有害生物名录和管制的非检疫性有害生物名录及时进行审核和修正是必不可少的。如果有害生物的重要性降低了，不宜再采取官方行动，则应该将它们从管制的有害生物名录中删除。有时候，以前的检疫性有害生物可以当做管制的非检疫性有害生物来控制，但控制措施必须具有技术合理性。

（三）区域化

区域化（Regionalization），在植物检疫领域内特指有害生物“非疫区”和“低度流行区”。WTO/SPS协定的第6条“适应地区条件，包括适应病虫害非疫区和低度流行区的条件”，是针对区域化术语的陈述。非疫区是指科学证据表明某种特定有害生物没有发生，并且官方能适时维持此状态的地区。有害生物低度流行区（Areas of Low Pest Prevalence，简称ALPP）是指由主管机构确定的一个地区，该地区既可以是一个国家，也可以是一个国家的一部分或若干国家的全部或部分，地区内特定的有害生物发生水平低且采取了有效的监测、控制或根除措施。

SPS协定对SPS成员、SPS委员会及相关国际组织的工作职责进行明确界定。

其中，相关国际组织负责制定具有科学依据的国际标准，各SPS成员通过采纳相关国际标准来实施SPS措施，如偏离国际标准则需提供正当理由，而SPS委员会则负责监督并推动这些原则得以实施。

IPPC公约第Ⅱ条规定：各缔约方应确保进入本土的货物所涉及的植物检疫措施能考虑到输出国国家植物保护组织指明的地区状况。这些可能是管制的有害生物没有发生或者低度流行的地区，或者可能是非疫生产点或者非疫产地。IPPC第Ⅳ条第2款e项规定，非疫区和低度流行区的指定、维持和监视以及受威胁地区的保护是国家植物保护组织的职责。IPPC公约目前有关区域化的标准有6个：即《建立非疫区的要求》、《建立非疫产地和非疫生产点的要求》、《建立低度流行区的要求》、《实蝇非疫区的建立》、《非疫区和有害生物低度流行区的认可》和《实蝇低度流行区的建立》。

（四）适当保护水平

适当保护水平“Appropriate Level of Protection（简称ALOP)”是指制定动植物卫生检疫措施时认为对境内的人类、动物或植物的生命健康合适的保护水平。很多成员国称其为“可接受的风险水平（ALOP)”。另EPPO采用了新西兰提出的定义：即，ALOP是指基于PRA的可使风险降低到可接受水平的所实施必要的措施力度。是否采取管理措施的标准是一个国家的适当保护水平，如果风险评估得出的风险结论高于适当保护水平，则风险不能接受，必须考虑将风险降低到可接受水平或低于可接受水平的植物卫生措施。

适当保护水平是世界贸易组织SPS协定中提出的概念，是WTO领域和IPPC公约领域非常重要的概念，是各国检疫部门进行检疫决策时涉及的一个关键因素。

适当保护水平在SPS协定第4.1、5.3、5.4、5.5、5.6、10.2条与附录A.5、B.3等多处被提及。在ISPM第1号标准中开始使用“可接受风险”（Acceptable Level of Risk，简称ALOR)，从第11号标准开始出现ALOP。SPS协定指出：为了达到运用适当的动植物检疫保护水平的概念，在防止对人类、动物和植物的生命或健康构成风险方面取得一致性的目的，每个成员应避免在不同的情况下任意或不合理地实施他所认为适当的不同的保护水平，避免这种差异在国际贸易中产生歧视或变相限制；此外，还要求每个成员建立一个咨询点负责提供确定ALOP的信息。这说明，尽管成员有确定ALOP的主权，但这个权利不是绝对的，必须考虑在实现这个目标时要将对贸易的影响降到最低，而且在应用这个概念时要保持一致性，要能够对其他成员的质疑提供答复。此外，SPS 协定要求成员在确定 ALOP，选择检疫措施时必须基于有关的国际标准或风险评估，并指定 IPPC 作为制定植物检疫措施标准的国际组织，可以通过一系列基于科学的植物检疫措施标准来推进全球的植物保护水平，从而促进在选择和使用检疫措施时的一致性。

根据 G/SPS/15 文件（Guidelines to Further the Practical Implementation of Article 5.5，18 July 2000）的精神，可以从某国家采取的具体检疫措施来推断其适当的保护水平。IPPC 的宗旨是采取共同而有效的措施防止植物有害生物随植物及其产品的传入扩散，其重要措施之一是制定植物检疫措施标准，特别是有关风险分析的标准。在采取植物检疫措施时，IPPC 要求成员坚持"管理风险"、"最小影响"、"透明度"和"非歧视"原则，必须技术上合理，与其风险一致，对贸易的影响最小。这些原则也适用于确定 ALOP。

（五）系统方法

系统方法综合有害生物风险治理措施，提供了替代单一措施的一种方法以达到输入国的有关植物检疫要求。输出国和输入国可以通过磋商和合作来制定和实施系统方法。系统方法的定义是综合各种风险管理措施，其中至少有两种可以单独发挥作用，并发挥其累积作用以最终实现针对管制的有害生物的适当保护水平（ISPM 第 5 号）。系统方法是否被接受取决于输入国，但要考虑技术理由、最小影响、透明度、非歧视性、等同性和可操作性。ISPM 第 14 号《系统方法在有害生物风险管理中的综合应用》规定"按规定的方式采用的有害生物风险管理综合措施，可以代替单项措施，以达到输入国的适当植物保护水平"。

系统方法的目的通常是提供其他等同措施但限制程度较小的备选方案。系统方法不仅酌情提供如灭菌处理等程序的等同替代方法，或替代如禁令等限制性更强的措施。其实现考虑了不同情况和程序的综合效果。系统方法提供机会来考虑可能促进有效治理有害生物风险的收获前后的程序。至关重要的是要在风险治理备选方案中考虑系统方法，因为综合措施要比其他风险治理方案，特别是采用禁令方案之时对贸易的限制更少。

对于管制的有害生物的官方控制和采用系统方法中，在选择有效的降低风险的风险管理方案时，要考虑应用风险评估结果所决定的风险控制方法及其对风险的削减程度。在风险评估中可以确定采取措施降低前的基准风险水平，在风险管理中将这一基准风险水平与可采取措施降低后的风险相比较，以确定植物卫生措施的有效

性。评价和决定风险管理措施的原则主要是科学性、可行性、对贸易的影响最小性，这是WTO的多边贸易规则SPS协定所要求的。

风险评估和风险管理的系统方法之间有直接的依赖关系，风险管理的意义在于对降低风险的方案的识别和评价，虽然广义上风险管理也包括决策制定和实施（运作方面），以及在实践中降低风险的工作系统，但通常并不认为是风险分析过程的一个组成部分。风险分析的要素见图2-3。

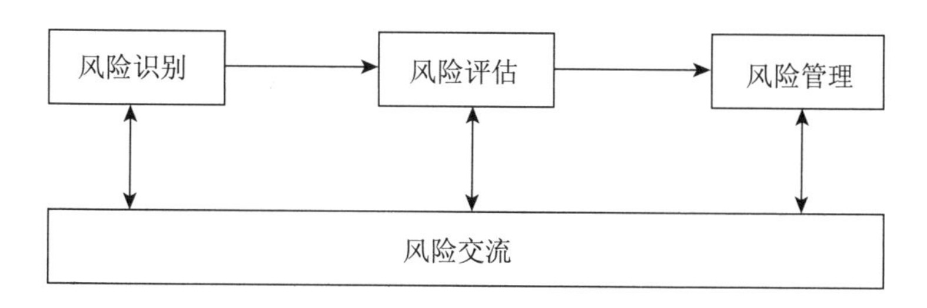

图2-3　风险分析的要素

（六）紧急措施

紧急措施是指新的或意料之外的植物检疫紧急情况发生时制定的植物检疫措施。这种措施原则允许国家在面对新的或意外的植物检疫状况时可在进行了有害生物初步风险分析的基础上采取紧急措施。这些措施是暂时性的。如果经快速风险评估已证明技术上合理，输入国应当调整并公布植物检疫措施，同时通报输出国。

IPPC公约第Ⅶ条第2款e项规定：各缔约方应确保，“适当注意……应检物的易腐性，尽快对进口的这类货物进行检验或采取其他要求的植物检疫程序”。在IPPC公约第Ⅶ条第6款以及ISPM第13号《违规和紧急行动通知准则》中：当查明有新的或者未预计到的植物检疫风险时，各缔约方可以采用和/或执行紧急行动，包括紧急措施。紧急措施的执行应当是临时性的。应尽快通过有害生物风险分析或其他类似审查来评价是否继续采取这些措施，从而确保有技术理由继续采取这些措施。

在大多数情况下，国际公约及相关规则并不直接适用于国家，需要通过国家立法来产生效力。从这个意义上来说，执行中应优先遵照国际义务而非国家的规定，法律法规中与国际义务相抵触的国家规定必须废止。在一个国家，国际与国家义务之间确切的关系是在国家宪法或国家立法中确立的。

在制修订植物检疫法案时国家需要避免的主要问题可能会与上述的一些原则有

关。在这些原则中，最重要的是科学合理性的要求。若国家以严格限制植物和植物产品入境的形式实施植物检疫措施而这些限制条件在技术上又并不合理，那么该国违反了 IPPC 公约和 SPS 协定中的科学合理性原则。同样地，若一个贸易伙伴能够提出理由证明这些措施并不是实现植物检疫目标限制最少的方式，那么这个措施便违反了贸易影响最小原则。

在制定国家法规制度中，另一个问题是以不同的方式对待处境相似的国家而违反了非歧视原则的条款。例如，A、B 两个国家具有相同的有害生物并采取了同样的措施来进行控制，然而对自 A 国家进口进行严格的植物检疫限制而 B 国家并未受到类似的限制，这样的做法是不恰当的。另一方面，在某一特定情况下，在进行了初步的有害生物风险分析的基础上，紧急措施原则可能会为严格的进口限制提供证据。对于其他准则，尽管会被作为一般情况运用，但可能不会对起草过程产生特定的影响。例如，透明度原则意味着国家植物保护组织必须出台其国家植物检疫措施以及公布有害生物名单，并对贸易伙伴提出的疑问作出回应。

有时，一个国家的植物检疫法律中的规定是否符合国际公约和相关规则是难于判断的。除非所提出的植物检疫措施被另一个国家质疑或将争议提交世界贸易组织或争议得到解决之前，一个国家可能才会知道其立法和立法实施的方式是否违反了相关国际规则。但是，植物检疫立法隶属于农业领域，其实施机构自然具有农业背景。因此，尽管贸易问题不可避免地受到关注，若国家植物保护组织等技术机构能够确保其植物检疫要求和植物检疫措施在技术上是合理的并且不会出现贸易保护主义者就已足够了。

第三节　植物检疫法律法规体系的内容

各国法律和行政体制及结构不尽相同，一些法律制度要求在法律文件中对其官员各方面的工作进行详细说明，而另一些制度则要求提供一个广泛的框架，在此框架内官员被授权通过一个主要行政程序来履行其职能。一个完善植物检疫法律体系应涉及如下方面：国家植物保护组织履行其职责的法定权力；输入商品应当遵守的要求；有关输入商品和其他应检物的其他措施（包括禁令）；以及当发现违规情况或需要紧急行动的情况时可采取的行动，还可包括对过境货物的措施。

IPPC 公约第 4 条第 3 款 c 项提到，法律颁布属于缔约方政府职责，但缔约方政

府可以授权国家植物保护组织制定进境植物检疫法律，落实进境植物检疫工作，缔约方应当建立一个法规体系以明确以下工作内容。

一、规定应检物范围

应检物是指可能被管制的有害生物侵染或污染、需要采取植物检疫措施进行管制的物品。根据《植物检疫进境管理系统准则》（ISPM 第 20 号），对所有物品可以因检疫性有害生物被管制，但不能因管制的非检疫性有害生物对消费品或加工品进行管制，管制的非检疫性有害生物仅适用于种植用植物。被管制的输入物品包括但不限于用于种植、消费、加工或任何其他用途的植物和植物产品，存储设施，包装材料，交通运输设施，土壤、有机肥和有关材料，能藏带或传播有害生物的生物体，被污染的设备（如使用过的农业、军事和土方机械），研究和其他科学材料，国际旅行者的个人物品，国际邮件包括国际快件，有害生物和生物防治物等。应检物清单应对外公开。

二、规定对应检物采取的植物检疫措施

（一）一般措施

进口管理法规体系应明确植物、植物产品和其他应检物等应当遵守的措施。根据 ISPM 第 20 号，这些措施可以是一般性的，适用于各类物品，也可以是具体的，适用于特别来源的特定物品。可以要求在进口前、进口时或入境后采取措施。

进口管理系统对输出国家或提出的备选措施应进行评价，并尽可能的采纳等效的检疫措施。

（二）进口许可

进口授权可根据情况分为一般许可和特殊许可。

对于无特殊进口要求或在某一范围的物品，相关法规已经规定了允许进口的特殊要求时采用一般许可。一般许可不应要求审批单或许可证，但在输入时可能须核查。

在需要官方同意方可输入的情况下，可要求特殊许可，如以特许或许可证的形式批准进口。特殊来源的货物需要这种许可。

（三）禁止进口措施

禁止进口可适用于所有来源的指定商品或其他应检物，尤其适用于指定来源的特殊商品或其他应检物。当没有其他有害生物风险管理手段时，才禁止进口措施。禁止进口措施应具有技术理由。

国家植物保护组织应评价与禁止进口等效、但对贸易限制较少的措施。如果这类措施符合其适当保护水平，缔约方政府应通过其授权的国家植物保护组织修改其输入法规。

对检疫性有害生物可采用禁止，但对管制的非检疫性有害生物应规定须达到的有害生物允许水平。

可能需要引进用于研究或其他用途的禁止进境物品，可以在监控条件下，包括通过特许或许可证制度提供适当的保障措施，对其输入作出规定。

三、规定对过境货物的植物检疫措施

根据国际植检措施标准第 5 号标准《植物检疫术语》，过境货物不是进口货物，但可将进口管理系统范围扩大，将过境货物包括在内，并制定技术合理的检疫措施，以防止有害生物的进入和/或扩散。可制定措施跟踪货物，验证其完整性和（或）确认它们离开过境国家。可以指定入境口岸、国内路线、运输条件和允许在其境内的时限等。

四、规定违规和紧急行动相关措施

根据 ISPM 第 20 号标准，进口管理系统相关法规还应包括有关在违规或紧急行动情况下采取措施的规定，决定在发现违规和采取紧急措施时，应考虑对贸易最低影响原则。在输入货物或其他应检物违规或一开始就被拒绝入境时，可以采取下列行动：检疫处理；分类或重新整理；对应检物（包括设备、场地、储存区、运输工具）进行消毒；指定加工等最终用途；转运；销毁（如焚化）。

五、其他需要规定的事项

国际协定明确的义务也需要建立相关法规规定或通过行政程序予以执行。需要考虑执行的事项包括：违规通报、有害生物报告、指定官方联络点、公布和传播管理信息、国际合作、修改法规和文件、承认等效性、指定入境口岸、通报官方

文件。

六、明确国家植物保护组织的法定权力

在建立植物检疫法规体系时，为使国家植物保护组织能够履行其职责，应提供其法定授权（权力），使国家植物保护组织的官员和其他授权人员能够：

①进入存放/或存在应检物、管制的有害生物的地点；

②检查或检测输入商品和其他应检物；

③从输入商品或其他应检物，或存在管制的有害生物的地点，提取和消除样本（包括进行分析从而可能导致毁掉样本）；

④扣留输入货物或其他管制物品；

⑤处理或要求处理输入货物或包括运输用具在内的其他应检物，或存在某种管制的有害生物的地点或商品；

⑥拒绝货物进入，命令其转运或销毁；

⑦采取紧急行动；

⑧确定和收取有关输入活动或与处罚有关的费用（可选）。

法规制定的程序因国家而异，但总体说来，一般分为：起草文本、提案审议程序、表决程序和公布 4 个步骤，在此过程中，都特别注意执行透明度义务，及时征求相关利益方的意见建议，并及时通报最终法案 。

第四节　中国植物检疫法律法规及遵循国际规则的情况

一、中国植物检疫法律法规

中国的进出境动植物检疫始于 20 世纪 20 年代末。中华人民共和国成立后，经过中央多次机构调整，于 1982 年正式成立了中华人民共和国动植物检疫总所（属农业部管辖），统管全国的进出境动植物检疫工作。1994 年，经国务院批准更名为中华人民共和国动植物检疫局，仍属农业部管辖。1999 年，为适应中国加入 WTO 的形势，原商品检验局、原动植检疫局、原卫生检疫局“三检合一”，成立国家出入境检验检疫局。之后国家出入境检验检疫局又和质量技术监督局合并成为国家质量监督检验检疫总局（简称国家质检总局），形成了国家质检总局、直属出入境检验检疫局、分支出入境检验检疫局的三级垂直式管理机构体系。

多年来，中国依据国际原则和惯例，充分遵循主权、必要性、风险管理、最小影响、透明度、协调一致、无歧视、科学合理性等原则，出台了一系列法律法规，植物检疫法规体系日渐完善。目前中国的进出境动植物检疫法规体系可分为法律、行政法规、部门规章和双边议定书四个层次。

（一）法律

与进出境植物检疫有关的法律由全国人大及其常委会制定，主要有《中华人民共和国进出境动植物检疫法》《中华人民共和国海关法》《中华人民共和国进出口商品检验法》和《中华人民共和国食品安全法》等。其中《中华人民共和国进出境动植物检疫法》于 1991 年 10 月 30 日第七届全国人民代表大会常务委员会第二十二次会议通过，1992 年 4 月 1 日起施行。

（二）行政法规

国务院制定的有关进出境动植物检疫的行政法规主要有：《中华人民共和国进出境动植物检疫法实施条例》《植物检疫条例》《森林病虫害防治条例》和《农业转基因生物安全管理条例》等。其中《中华人民共和国进出境动植物检疫法实施条例》由国务院于 1996 年 12 月 2 日颁布，1997 年 1 月 1 日施行。中国进出境动植物检疫法律法规文本样式见图 2－4。

图 2－4　中国进出境动植物检疫法律法规文本样式

（三）部门规章

部门规章和规范性文件是国务院所属部门制定，国家质检总局在《中华人民共和国进出境动植物检疫法》及其《实施条例》的基础上，作为补充和完善，针对进出境动植物检疫的具体工作，制定并发布了一系列规章制度，如《进境动植物检疫审批管理办法》、《进出境动植物检验检疫风险预警及快速反应管理规定实施细则》、《进境植物和植物产品风险分析管理规定》、《进境水果检验检疫监督管理办法》、《进境植物繁殖材料检疫管理办法》等。1982～2013年，农业部、原国家动植物检疫局、原国家出入境检验检疫局和国家质量监督检验检疫总局共颁布植物检疫有关规章及规范性文件共600余件（其中包括局令、公告、各类管理办法及通知等）。

（四）双边政府间检疫议定书、国家标准、行业标准

双边政府间检疫协定及双边检疫议定书是实施进出境动植物检疫的法律依据。目前为止中国已与美国、加拿大、澳大利亚、新西兰、丹麦、荷兰、法国、英国、俄罗斯、蒙古、日本、南非等几十个国家签订了近500份动植物检疫单项议定书。此外，每年发布的动植物检验检疫国家标准、行业标准也在规范和指导动植物检疫工作上发挥着一定作用。

二、中国植物检疫法规体系遵循国际规则的情况

目前，IPPC秘书处出台的36项国际标准中除ISPM第18号（2003）《辐射用作植物检疫措施的准则》为低度执行外，其他35项标准在中国均为高度执行。中国积极遵循国际植物检疫标准的原则和理念，在制定中国的相关规定时，充分考虑SPS协定和IPPC中的科学性原则、贸易影响最小原则、非歧视原则、等效性原则等；采纳形式分为直接采用、等效采用和间接采用3种形式。

2000年以来，国家质检总局就密切关注IPPC的相关工作及出台国际标准情况。2005年中国正式成为IPPC成员后，国家质检总局标准法规中心成立了“国际植物检疫标准评议专家组”，专门从事国际植物检疫标准的跟踪研究。目前，共完成国际植物检疫标准草案/框架评议70余项，成功反对11项标准草案通过，向IPPC推荐国际标准标准题3项；IPPC技术专家委员会有中国委员3名；牵头完成制定亚太区域标准2项，这是中国首次参与国际植物检疫标准制定；出版《国际植物检疫标准汇编》1部，转化国际植物检疫标准为国家标准有9项；派员作为授课专

家参加IPPC开展的亚非区域培训项目6次；派员协助IPPC执行能力建设项目2次，协助亚太植保组织（APPPC）完成南美叶疫病的适生性分析任务1项，派员赴IPPC总部协助工作1次。举办IPPC国际会议及培训2次，派员参加国际和区域植物检疫会议20多次。

国际植物检疫标准在中国应用情况如下：

（一）国际标准被采纳为国家标准

国际标准被采纳为国家标准的情况见表2-1。

表2-1　国际标准被采纳为国家标准的情况表

中国国家标准	国际植物检疫标准
《进出境植物和植物产品有害生物风险分析技术要求》（GB/T 20879—2007） 《进出境植物和植物产品有害生物风险分析工作指南》（GB/T 21658—2008）	《有害生物风险分析框架》（ISPM第2号） 《检疫性有害生物风险分析》（ISPM第11号） 《管制的非检疫性有害生物风险分析》（ISPM第21号）
《植物检疫术语》（GB/T 20478—2006）	《植物检疫术语表》（ISPM第5号）
《建立非疫区指南》（GB/T 21761—2008）	《建立非疫区的要求》（ISPM第4号）
《植物检疫证书准则》（GB/T 21760—2008）	《出口出证体系》（ISPM第7号） 《植物检疫证书准则》（ISPM第12号）
《植物检疫措施准则　辐照处理》（GB/T 21659—2008）	《辐照处理作为检疫措施准则》（ISPM第18号）
《建立有害生物低发生率地区的要求》（GB/T 23628—2009）	《建立有害生物低度流行区的要求》（ISPM第22号）
《进境植物检疫管理系统准则》（GB/T 23630—2009）	《植物检疫进境管理系统准则》（ISPM第20号）

（二）国际标准转化为技术法规

国家质检总局出台的很多技术法规中采纳了国际标准的内容。2005年3月国家质检总局颁布实施《出境木质包装除害处理管理办法》。其中，热处理条件、溴甲烷熏蒸处理条件等核心内容均直接引用ISPM第15号《国际贸易中木质包装材料管理准则》。2006年国家质检总局又根据ISPM第15号对管理办法进行了补充规

定。在制定有害生物鉴定的技术标准时，遵循了ISPM第27号《管制的有害生物诊断规程》提出的程序和方法。制定相关货物检疫操作规程类技术标准时，遵循了ISPM第23号《检验指南》、ISPM第31号《货物抽样方法》提出的建议。

（三）借鉴国际标准的理念

国际植物检疫标准一定程度反映了当前国际植物检疫工作较为先进的管理方法和理念。ISPM第32号《基于有害生物风险的商品分类》，与中国在植物检疫的管理理念不谋而合，为此，国家质检总局专门课题立项，开展中国进境植物和植物产品的风险分级管理专项研究，对低风险产品，简化程序、快速通关；对高风险产品，重点管理、强化把关。

（四）制定相关法规标准遵循国际标准原则

我国在2007年发布了新的《中华人民共和国禁止进境检疫性有害生物名单》，此名单采用国际新的检疫性有害生物、非检疫性有害生物、管制的非检疫性有害生物等概念，替代原来一类、二类危险性有害生物名单，并动态更新。截至2014年2月，此名录已更新至441种进境检疫性有害生物。

中国目前与190个国家和地区有进出口农产品贸易。与多数国家和地区签署有进境检验检疫要求和双/多边议定书，其中大量应用了非疫区、非疫生产点、低度流行区等国际植物检疫措施标准中的概念。此外，我国国内目前建立了苹果蠹蛾、桔小实蝇非疫区，建立的条件遵循了ISPM第4号《建立非疫区的要求》中的要求。

三、中国进出境动植物检疫法与国际立法要求的比较

《中华人民共和国进出境动植物检疫法》在总结我国60年动植物检疫的丰富经验基础上，为中国进出境动植物检疫提供了强有力的法律依据。《中华人民共和国进出境动植物检疫法》得到动植物检疫、法律界专家高度肯定，既吸收了国际检疫规则，又切实符合我国实际。《进出境动植物检疫法》是《进出口动植物检疫条例》延续和发展，将中国动植物检疫系统管理上升至法律的依据。

联合国粮农组织《FAO立法指南》指出，“植物检疫立法定义了有效的植物保护所必要的体制框架，并改善国家主管部门对这一目标的效率和效益。立法也协助各国履行其国际义务，以便促进植物和植物产品的国际贸易以及植物保护领域的合作与研究”。而最近的国际发展形势已促使许多国家重新审视其现有的法律框架，

以便更好地履行其国际义务，并改进其植物检疫活动的实施情况。依据《FAO立法指南》，总体上，我国的《进出境动植物检疫法》涉及面广，囊括了进境检疫、出境检疫、过境检疫、携带/邮寄物检疫、运输工具检疫、法律责任等内容，确定了国家植物保护组织，同时该法由原《进出口动植物检疫条例》的“进出口”检疫上升为“进出境”检疫，不仅将进出口的植物、植物产品纳入检疫管理范畴，而且还考虑了通过非贸易性形式（包括邮寄、旅客携带等）进入我国的植物、植物产品的管理，基本涵盖了《FAO立法指南》指导内容。

1. 从检疫目的来看

《FAO立法指南》指出了植物检疫立法设立目的范围是解释制定此类法律的原因及目的，而中国的《进出境动植物检疫法》第一条“为防止动物传染病、寄生虫病和植物危险性病、虫、杂草以及其他有害生物（以下简称病虫害）传入、传出国境，保护农、林、牧、渔业生产和人体健康，促进对外经济贸易的发展，制定本法”。阐明了立法的宗旨，明确了以保护中国农林业生产、人体健康的目的，其中“促进对外经济贸易发展”的目标高度体现了检疫工作既保护又促进的观念，充分认识并遵循“植物检疫程序和法规尤其应考虑最低影响概念以及经济可行性和运作可行性的问题，以避免对贸易产生不必要的干扰”的国际规则。

2. 从执行机构来看

《FAO立法指南》指出要确定植物检疫应实施的权力以及应掌握这些权力的公共机构。《进出境动植物检疫法》第三条、第四条明确了口岸动植物检疫机关依法实施进出境动植物检疫，并规定了其可行使的四项职权。第九条中规定“动植物检疫机关检疫人员依法执行公务，任何单位和个人不得阻扰”，则是该法授予动植物检疫人员重要职权。上述条款明确了中国植物检疫机构执法地位和职能，体现了《FAO立法指南》中对查验人员权利与职能相匹配的要求，符合《FAO立法指南》对植物检疫检查及检查员的要求，然而该法却没有规定官方实验室及查验人员资质要求的内容，与《FAO立法指南》“植物检疫法还应建立一个官方认证实验室和检测技术员制度，以依法进行必要的分析和样品诊断”及“植物检疫法律或其附属法规应明确查验员最低教育背景要求”的指导有所出入，对人员资质的要求特别植物检疫证书的签发人员方面IPPC及相关的ISPM均有明确要求。

《FAO立法指南》还指出“由于植物保护对其他政府部门、类似政府机构和部门产生影响，所以在植物检疫法中制定协调条款很重要”。《进出境动植物检疫法》第十五条、第二十一条、第三十条都提及口岸动植物检疫机关与海关协调机制，第

八条还要求海关、民航、交通、铁路等部门配合执行检疫任务。

广泛征求意见以便植物检疫措施有效实施及加强宣传提高公众的检疫意识已在当代植物检疫政策制定与实施过程中显得越来越重要。《FAO立法指南》对此均有相应的表述，如“植物检疫法要求建立咨询以及联合决策机制，比如植物保护咨询委员会或其他咨询机构”、“植物检疫法律应规定咨询委员会具有清晰的职责”。除主要的咨询职能以外，委员会可协助制定政策，讨论植物检疫措施相关的普遍关注的问题以及在需要的地方提供协调服务。其他职责可为根据植物检疫法律提议或协助制定新法规、新决议以及新条款，为植物检疫突发事件公告确定标准，解决公民依法进行的官方行动的复议以及开展公共信息活动，使人们意识到植物检疫问题等。这些方面虽然在实践中我国已有探索并取得了一些成效，在以后修订《进出境动植物检疫法》需要以法律条款形式加以固化。

3. 从检疫范围来看

该法第二条“进出境的动植物、动植物产品和其他检疫物，装载动植物、动植物产品和其他检疫物的装载容器、包装物，以及来自动植物疫区的运输工具，依照本法规定实施检疫”。该条款对检疫范围进行了明确的界定，目的是通过“应检物”控制有害生物。特别是专门在第五章对“携带、邮寄物检疫”进行了规范，体现了人员携带物和国际邮包的检疫内容，符合《FAO立法指南》中“植物检疫立法除了常规的商品货物进口，还应解决乘坐飞机和轮船等出入境人员或者通过邮政服务将植物和植物材料作为私人物品输入的问题”。

4. 从检疫措施来看

该法第七条规定：“国家动植物检疫机关和口岸动植物检疫机关对进出境动植物对动植物产品的生产、加工、存放过程、实行检疫监督制度”。这一条把检疫的监督管理、包括进出口动植物、动植物产品的生产、加工、存放、运输的全过程、作为口岸动植物检疫的重要环节和组成部分。监督管理作为一种制度，用法律条文予以规定，从而使我们目前实行的进口动植物产品生产加工许可制度（包括注册备案等），到国内外产地实行检疫的制度，对出口动植物、动植物产品的仓库储存、运输过程中的检疫监督等有了充分的法律依据、使检疫的各个环节深入到应检货物、物品从产地到口岸的全过程，打破对外检疫仅限于在口岸范围之内的狭隘观念、国家动植物检疫机关和口岸动植物检疫机关对进出境动植物、动植物产品的国内外生产的产地、加工、运输、存放过程实施检疫监管，作为法定的常规检疫措施。法的第二、三、四章分别对进境检疫、出境检疫和过境检疫分别进行了规范。法中要求建立的检疫措施几乎涵盖了指南中关于植物检疫进口（包括过境）、出口各项指导内容。

目前中国实施的《进出境动植物检疫法》颁布于 1991 年。20 多年来，我国对外贸易飞速发展，该法不能包括当前所需要的所有内容。主要表现在以下几个方面：一是与风险管理相关的“有害生物监测与控制”内容未能在该法中充分体现。《进出境动植物检疫法》的第四条第三款“根据检疫需要，进入有关生产、仓库等场所，进行疫情监测、调查和检疫监督管理”，但法中规定的疫情监测与 IPPC 所定义的“监测”在含义方面有较大的差异。当代植物检疫倡导的“有害生物监测”是一种有效的预防机制，并且作为证明“某个地区有害生物状况”或建立非疫区、非疫产地的依据，或者是采取紧急行动措施的依据，国际植物保护公约组织鼓励政府对有害生物定期进行监测。在监测和有害生物风险分析的基础上，国家植物保护组织可声明一种“管制的有害生物”，若该管制的有害生物出现在某个区域，国家植物保护组织须决定采取怎样的措施来妥善解决此事。植物检疫法律应确保国家植物保护组织能够迅速进行干预有害生物的暴发及传播扩散，从而控制这种突发事件可能对农业生产和环境造成的损害。二是有关出口出证的体系，目前《进出境动植物检疫法》的规定比较笼统，仅规定“口岸动植物检疫机关实施检疫，经检疫合格或者经除害处理合格的，准予出境”，这与 IPPC 倡导的“系统管理”有所不一致。目前 IPPC 倡导的基于过程的监督体系，推荐将非疫区、非疫产地、低度流行区的建设作为符合输入国检疫要求的等效措施，这些都需要在修订《动植物检疫法》时加以考虑。第三，有关有害生物风险分析制度。有害生物风险分析已经成为制定、实施植物检疫措施的依据。此外，目前美国、欧盟等世界各国都非常重视有害生物风险分析（PRA）工作，这是市场准入的重要支持。但目前风险分析在《进出境动植物检疫法》中并无规定。我国众多规范性文件中，与 PRA 关系最为密切的是国家质检总局部门规章《进境植物和植物产品风险分析管理规定》缺乏“上位法”植物检疫法律支持。因此应当启动《进出境动植物检疫法》的修订，增加有害生物风险分析与风险管理的条款。

5. 从法律责任来看

《FAO 立法指南》指出“植物检疫法律制定了依据此法律执行的权力，须将惩罚的权力分配给公共权力机构。一旦违法，必须对其定罪，同时予以处罚和最终的适用程序，考虑这些违法行为应当被视为是民事还是刑事犯罪”。《进出境动植物检疫法》第七章“法律责任”列举了违法行为、处罚措施、还对检疫人员的行为进行约束，都是符合指南内容的。当然，《FAO 立法指南》也指出“法律效力关键是要确保处罚的级别足够高以形成一股威慑力量，同时太低的处罚级别与所构成的违法

行为不成比例”。纵观《进出境动植物检疫法》颁布二十多年来，时间推移引起通货膨胀等因素，当时所制定的处罚级别在目前来讲没有足够的威慑性，因此，罚金的增多应成为植物检疫法律修订主要内容。《进出境动植物检疫法》第四十二条、第四十三条提及了追究刑事责任，中国《刑法》第三百三十七条第一款：“违反有关动植物防疫、检疫的国家规定，引起重大动植物疫情的，或者有引起重大动植物疫情危险，情节严重的，处三年以下有期徒刑或者拘役，并处或者单处罚金”。虽然两部法律做到了结合，但在实际操作和威慑性仍显不足，是今后需要研究改进的。

《FAO立法指南》中还针对性指出了要“确保一种对轻微违法行为给予适当惩罚的方法，如乘飞机或坐邮轮的乘客没有说明他们所携带的植物或植物产品而构成的违反行为，应将该违法行为纳入额定罚款或“现场罚款”的法律体系中，检疫人员可以根据规定程序及时处理，类似违章停车或超速罚单”。在中国对出入境人员携带物、进出境邮寄物植物检疫工作方面，此类处罚措施值得借鉴和采纳。

现行的《进出境动植物检疫法》第四十八条对检疫收费作了规定，这也符合《FAO立法指南》的要求，但依据《FAO立法指南》“国家植物保护组织通常通过从国家预算分配资金进行其活动运作”，因此为保证我国植物检疫各项活动的开展，特别是在采取根除等应急响应措施时，修订《进出境动植物检疫法》时应该明确规定国家财政支撑有关植物检疫活动，保证其有效履行职能。

通过对《进出境动植物检疫法》的审视，从框架和内容来讲，总体上还是比较符合当前的国际规则，体现了国家当时制定的这部法律所具备的前瞻性。该法在运用植物检疫措施透明度原则、贸易最小影响原则、非歧视性原则、区域性原则方面有所欠缺，有待改进修正。

回顾中国植物检疫法律制度的历史及现状，以《进出境动植物检疫法》为核心的中国植物检疫法律规定历经计划经济向市场经济体制的转变、实施植物检疫机构及管理体制的转变、中国加入世贸组织、世界发展形势区域化、电子商务等新型贸易方式涌现等情况，已逐步形成比较完善的法规体系。目前的法律法规体系建设的结构和使用的理念基本上与国际是接轨的。近几年中国制定的植物检疫法规政策已开始遵循国际通行规则，但这些工作的系统性、程序性、有效性还有较大的改进空间。一套完善植物检疫法律法规体系以充分事实为依据，建立机构授权，对个人施加义务，规范政府机构、公共和私人利益相关者之间的合作，都是一个国家在制定其植物检疫法律法规体系时需要考虑的要素。

第三章

进境植物检疫

第一节 进境植物检疫国际规则

国际上与进境植物检疫的相关要求主要体现在IPPC公约、SPS协定以及ISPM第11号《检疫性有害生物风险分析》、ISPM第13号《违规和紧急行动通知准则》、ISPM第14号《采用系统综合措施进行有害生物风险管理》、ISPM第15号《国际贸易中木质包装材料管理准则》、ISPM第19号《管制的有害生物名录准则》、ISPM第20号《植物检疫进境管理系统准则》、ISPM第21号《管制的非检疫性有害生物风险分析》、ISPM第23号《查验准则》、ISPM第24号《植物检疫措施等效性的确定与认可准则》、ISPM第31号《抽样方法》、ISPM第32号《基于有害生物风险的商品分类》、ISPM第34号《入境后植物隔离圃的设计和操作》、ISPM第36号《种植用植物综合管理措施》等一系列国际植物检疫措施标准中。

一、进境货物植物检疫措施

IPPC公约第Ⅶ条第一款明确规定“为了防止管制的有害生物传入它们的领土和/或扩散，各缔约方应有主权按照适用的国际协定来管理植物、植物产品和其他应检物的进入，为此目的，它们可以：(a) 对植物、植物产品及其他限定物的输入

规定和采取植物检疫措施，如检验、禁止输入和处理；（b）对不遵守（a）项规定，采取植物检疫措施的植物、植物产品及其他限定物，或将其货物拒绝入境，或扣留，或要求进行处理、销毁，或从缔约方领土上运走”，因此输入国的植物检疫法规应指明植物、植物产品和其他应检物等进境货物应当遵守的规定及相关的植物检疫措施。这些措施可以是一般性的，适用于各类商品；也可以是具体的，适用于特殊来源的特定商品。输入国可以要求在进境前、进境时或进境后采取措施，适当时还可以采用系统的风险管理方法。

ISPM 第 20 号《植物检疫进境管理系统准则》将对应检物的进境植物检疫措施划分为在输出国采取的措施、运输期间采取的措施、入境口岸采取的措施、进境后采取的措施以及其他措施四类。

（一）可要求在输出国采取的措施

输入国可要求应检物输出国植物保护组织根据 ISPM 第 7 号《植物检疫出证系统》要求对输出的应检物出具“植物检疫证书”，包括通过输出前查验、输出前的实验室检测、输出前实施检疫处理来证明不带输入国所关注的有害生物；或声明通过对由带病毒植物长成或在特定条件下生长等特定状态的植物已采取了输入国认可的措施、或通过出境前在生长季节对植物进行的查验或检测已符合输入国的植物检疫要求；或声明应检物的原产地为有害生物非疫产地或非疫生产点、或有害生物低度流行区或非疫区；或声明已通过验证程序、保持货物完整性等措施达到了输入国的植物检疫要求。

（二）可要求在运输期间采取的措施

运输期间的措施主要包括对应检物采取适当的物理或化学等方法处理，以及要求在运输途中保持应检物的完整性。

（三）可要求在入境口岸采取的措施

入境口岸的措施主要包括核查有关应检物的文件（包括植物检疫证书等）、核查货物的完整性，确保货证相符；核查运输期间的处理情况，确保达到检疫要求；对入境应检物实施植物检疫现场查验、实验室检测及检疫处理，以满足输入国的检疫要求。ISPM 第 20 号标准还规定实验室检测未完成或处理效果未得到验证符合要求前可以在指定场所扣留入境的应检物。

（四）可要求在进境后采取的措施

由于入境口岸的条件限制，ISPM 第 20 号标准规定可以在应检物入境后采取一些措施，如对一些种植用植物可以在入境后的隔离圃内扣留应检物以便现场查验、实验室检测或实施检疫；也可以将应检物扣留在在输入国植物检疫机构指定的地点以便采取规定的植物检疫措施；也可以限制应检物的销售或使用（如要求以特定方式加工处理）。

（五）可要求采取的其他措施

对入境应检物要求办理审批或签发许可证、要求特定商品从指定口岸入境、要求进口商对一些特定货物在到货前预先通知植物检疫机构、派员核查输出国出证体系或在输出国实施预检等也是输入国可以采取的有效植物检疫措施。

《植物检疫进境管理系统准则》还规定输入国的进境植物检疫管理系统应做出有关规定，评价输出国提出的其他备选措施，并尽力采纳等效的风险管理措施。

1. 有关特殊进境物的规定

输入国可对用于科研、教学或其他目的进境有害生物、生物防治物（见 ISPM 第 3 号《生物防治物和其他有益生物的输出、运输、输入和释放准则》）或其他应检物做出特别规定，可根据是否已准备足够的安全措施来决定是否允许此类应检物进境。

2. 有害生物非疫区、非疫产地、非疫生产点、低度流行区和官方控制计划

输入国 NPPO 可以根据相应的国际植物检疫措施标准建立其国内有害生物非疫区、非疫生产点、低度流行区，建立有关有害生物的官方控制计划。《植物检疫进境管理系统准则》认为，当需要建立进境条例来保护或维持进境国内的此类指定地区时，输入国可以采取植物检疫措施，但此类措施应当遵守非歧视性原则。

《植物检疫进境管理系统准则》认为输入国的进境条例应当承认输出国国内存在类似指定地区和有关其他官方程序指定的地区（如有害生物非疫产地和非疫生产点），包括酌情认可的非疫生产设施，以承认双方措施是等效的。输入国有必要在管理系统内部做出规定，以便其他国家植物保护组织评价和接受这种指定的地区，并据此做出反应。

3. 禁止

禁止进境可适用于所有来源的特定商品或其他应检物，尤其适用于特定来源的

特殊商品或其他应检物。《植物检疫进境管理系统准则》认为当没有其他有害生物风险管理手段可供选择时，方可选择禁止进境措施，禁止的措施必须经过技术评估。输入国NPPO应当充分评估与禁止进境措施等效、但对贸易限制较少的其他植物检疫措施。如果这类措施符合其适当的保护水平，IPPC缔约方应通过其授权的NPPO修改进境条例。可禁止进境检疫性有害生物，对管制的非检疫性有害生物则不应禁止进境，但管制的非检疫性有害生物不应达到规定的容许水平。

研究或其他用途可能需要用到禁止进境物，输入国应规定这类禁止进境物的进境必须处于受控制条件下（包括通过特许或许可制度来提供适当的保障措施）。

二、国际进境植物检疫基本程序及一般要求

如ISPM第20号《植物检疫进境管理系统准则》描述的那样，建立植物检疫进境管理系统，是为了防止检疫性有害生物或管制的非检疫性有害生物随进口商品或其他应检物传入。进境管理系统应包括两个部分：一是植物检疫法律、法规和程序等规章制度；二是负责该系统运作或监督的官方主管部门——国家植物保护组织。国家植物保护组织应具有履行其职能的管理系统和充足资源，并负责进境管理系统的运作和/或监督（组织和管理）。进境植物检疫基本程序及一般要求如下：

（一）以有害生物风险分析为基础，制定有害生物名单

输入国公布有害生物名单是ISPM第1号《国际贸易中植物保护和植物检疫措施应用的植物检疫原则》透明度原则的重要体现。IPPC公约第Ⅶ条第2款i项规定："各缔约方应尽力拟定和增补使用科学名称的管制性有害生物名单，并将该名单提供给秘书处、其所属区域植物保护组织，并应要求提供给其他缔约方"。因此，IPPC缔约方具有尽力拟定和提供管制性有害生物名单的明确义务。

ISPM第20号《植物检疫进境管理系统准则》第5.1.4项规定：需要技术上合理理由，比如通过有害生物风险分析，来确定是否对有害生物进行管制，并确定需采取植物检疫措施的力度（包括环境风险分析和活体转基因生物）。有害生物风险分析可以针对某一具体有害生物，或者针对与某一特定传播途径（如某种商品）有关的所有有害生物。可按加工水平和/或预期用途对商品进行分类。管制性有害生物名单应根据ISPM第19号《管制性有害生物名单准则》的要求进行制定，并予以公开。如果已有适当的国际标准，采取措施时应考虑这些标准，除非技术上合理，否则不应采取更加严格的措施。

ISPM 第 20 号标准要求输入国应以文件形式明确规定有害生物风险分析过程的管理制度。如有可能，应提出完成各项有害生物风险分析的时限，并明确优先顺序。

在欧洲与地中海地区，EPPO 制定了两个检疫性有害生物名录：A1 名录，为欧洲和地中海地区没有发生的有害生物；A2 名录，为欧洲和地中海地区虽已发生，但分布未广且在官方控制之下的有害生物。EPPO 还发布欧洲与地中海地区的检疫性有害生物状况数据详细信息。随着情况发生改变，对检疫性有害生物名录和管制的非检疫性有害生物名录及时进行审核和修订。如果有害生物的重要性降低，不宜再采取官方行动，则它们将被从名录中去掉。有时候，原先的检疫性有害生物可以被当作管制的非检疫性有害生物进行控制，但控制措施必须具有技术合理性。

（二）编制应检物名单

IPPC 公约第Ⅱ条将应检物定义为指在涉及国际运输的情况下，“任何能藏带或传播有害生物的植物、植物产品、存放场所、包装材料、运输工具、集装箱、土壤或任何其他生物、物品或材料”。

ISPM 第 20 号《植物检疫进境管理系统准则》第 4.1 项规定，“可被管制的进口商品包括可能被管制的有害生物侵染或污染的物品。管制性有害生物要么是检疫性有害生物，要么是管制的非检疫性有害生物。所有商品都可因检疫性有害生物而被管制。对供消费或加工的产品，不能因管制的非检疫性有害生物而进行管制；对种植用植物，才能因管制的非检疫性有害生物而进行管制。应检物，例如：用于种植、消费、加工或任何其他用途的植物和植物产品；储存设施；包装材料，包括垫木；交通运输设施；土壤、有机肥和有关材料；能藏带或传播有害生物的生物体；可能被污染的设备（如使用过的农业、军事和土方机械）；研究材料和其他科学材料；国际旅行者的个人物品；国际邮件，包括国际快件；有害生物和生物控制物。应检物名单应对外公开。”

对于应检物的植物检疫措施，“除非出于植物检疫方面的考虑，必需技术上合理，缔约方不应对应检物的进境采取如禁止、限制或其他输入要求等植物检疫措施。当采取植物检疫措施时，缔约方应酌情考虑国际标准和 IPPC 的其他有关要求”（ISPM 第 20 号标准第 4.2 项）。ISPM 第 32 号《基于有害生物风险的商品分类》对于不同种类应检物应采取的检疫措施进一步做了阐述。该标准根据商品加工与否、加工的方法、加工的程度及入境后的可能用途来综合评估可能感染有害生物的风

险，并据此风险将入境应检物分为四大类，对各类应检物给出了入境检疫要求的建议。该标准将加工蒸煮、染色、灭菌、发酵等工艺加工后应检物不再可能受到检疫性有害生物的感染作为类别 1，认为不需要采取植物检疫措施，也不要求就该应检物加工前可能携带的有害生物提供植物检疫证书；将加工后仍有可能受到某些检疫性有害生物感染而且其预定用途可能是消费或进一步加工的应检物归为类别 2，认为输入国可以要求输出国提供详细的加工方法和加工程度（包括温度、时间、颗粒大小等），进一步开展有害生物风险分析，根据风险分析结果来确定检疫措施；将未经过加工预定用途为消费或加工并非用于种植的新鲜水果、切花等应检物归为类别 3，建议根据预定用途来确定风险管理措施；将用于种植的应检物归为类别 4，认为必须经过有害生物风险分析，明确与该途径有关的有害生物风险，并据此采取风险管理措施。

（三）获得进境许可或授权

多个国际植物检疫措施标准提到关于进境许可证的要求。如 ISPM 第 3 号《生物防治物和其他有益生物的输出、运输、输入和释放准则》规定，对于生物防治物和其他有益生物，“各缔约方或者它们指定的部门应当审议及实施有关生物防治物和其他有益生物的出境、运输、进境和释放的适当植物检疫措施，必要时发放进境许可证。”ISPM 第 20 号《植物检疫进境管理系统准则》第 4.2.1 项规定，对进境货物可要求采取的措施包括“审批或办理许可证”。ISPM 第 23 号《查验准则》第 2.1 项规定，查验时，要审核的货物相关文件包括“进境许可证”；第 2.3.2 项规定，实施符合性检查就是要看它“是否是经过许可的植物、植物产品及其他应检物。”

进境授权可分为一般授权和针对个案的特别授权。

1. 一般授权

许多国家对其进境的所有或某些植物或植物产品实施许可等要求，并在文件中规定进境数量及进境条件。如果没有获得许可（证），就不允许进境。进境许可（证）允许在控制条件下制定措施、开展检验，但是如果这些措施有效，应将它们一并纳入进境植物检疫法规中，而不实施特别许可。对于一般授权，NPPO 会在没有植物检疫风险的情况下不设置进境要求，或者在已有评估风险的基础上，预先设立一份商品目录以及适用条件。

根据 ISPM 第 20 号《植物检疫进境管理系统准则》第 4.2.2 项，使用一般授权的情况包括："无特殊进境要求时；对某一范围内的商品，法规已规定了允许进境的特殊要求。一般授权不应要求审批单或许可证，但在进境时可要求核查。"

2. 特别授权

进境法规通常包含处理特殊和例外情况的规定。例如，因为科学研究需要，需要进口某种禁止进境的植物繁殖材料。ISPM 第 20 号《植物检疫进境管理系统准则》第 4.2.2 项要求"在必须官方同意方可进境的情况下，可要求特别授权，如以审批单或许可证的形式授权。特殊来源的单批货物或系列货物均可能需要这种授权"。对于特别授权，NPPO 会对所有进境货物、或者来自特定地点的单批或所有货物进行评估，以确定允许它们进入国内的风险。

特别授权的情况包括："紧急的或例外的进口商品；有特定的、个性化要求的进口商品，如有入境后检疫要求的、或指定最终用途的、或科研用的进口商品；进口该商品需要国家植物保护组织有能力在进境后一段时间内对其进行跟踪。"

"一些国家可能利用许可证来规定一般进境条件。在类似的特殊授权成为常规的情况下，鼓励采用一般授权。"

进口商申请进境许可证时，需按照植物检疫法所规定的程序及其补充条款对商品类型、来源以及最终用途进行说明。然后，国家植物保护组织在风险评估（有害生物风险分析）基础上评估该申请，如果该风险在可接受范围或能够进行适当管理，就会颁发进境许可证。如果该申请要求申请人说明活体转基因生物货物状态，国家植物保护组织也会对活体转基因生物进行有害生物风险分析。

（四）产地检疫或境外预检

产地检疫或境外预检是已经大量实践证明可以有效降低有害生物传入风险并且便利国际贸易的植物检疫措施，目前已被美国、澳大利亚、日本、欧盟等国外许多国家和地区广泛采用，是指"由输入国国家植物保护组织或在其定期监督下的原产国进行植物检疫出证或许可"（ISPM 第 5 号《植物检疫术语》）。

ISPM 第 20 号《植物检疫进境管理系统准则》第 5.1.5.1 项规定，"进境条例常常对输出国应当采取的措施提出具体要求，如生产程序（通常是指有关作物生长期内的生产程序）或专门的处理程序。在某些情况下，如发展新的贸易时，此类要求可以包括，在输出国 NPPO 合作下，输入国 NPPO 对输出国进行的检查，检查内容包括：生产制度；处理；查验程序；植物检疫管理；认可程序；检测程序；监测。"

"输入国应告知检查范围。对这类检查的安排通常写入双边协定、协议或与促进进境相关的工作计划。这类安排可以扩展到在输出国境内办理货物进入输入国的核准手续，这样，货物进入输入国常常只需履行最简化的手续。这类检查程序不应作为一种长期措施采用，而应在输出国程序生效后即被认为符合要求。这种方法的应用期是有限制的，与第5.1.5.2.1项中提及的通关前查验有区别。应向输出国国家植物保护组织提供检查结果。"

（五）从指定入境口岸进境

指定入境地点是IPPC认可的可以采取的植物检疫措施之一，IPPC公约第Ⅶ条第2款d项要求"如果某一缔约方要求仅通过规定的入境地点进境某批特定的植物或植物产品，则选择的地点不得妨碍国际贸易。该缔约方应公布这些入境地点的名单……"。

ISPM第3号《生物防治物和其他有益生物的输出、运输、输入和释放准则》第3.1.3项规定，对于生物防治物和其他有益生物的出境、运输、进境和释放，进境缔约方应"指定入境点"。ISPM第20号《植物检疫进境管理系统准则》指出，对进境应检物的措施包括"对特定商品指定入境口岸"，但同时，在指定入境口岸时，需要制定相关的规章制度，"需具备法律基础，或需通过行政程序予以履行"，同时要"通报指定的入境口岸"。ISPM第31号《货物抽样方法》规定，对货物进行抽样时，"对植物、植物产品和其他应检物的抽样可在出境前、进境口岸或国家植物保护组织指定的其他口岸进行"。

需要办理进境许可证且用于特定目标的特定物品可以在指定入境口岸进境，这些植物、植物产品以及其他应检物仅能够从官方指定的入境地点进境。指定入境地点主要是为了能对这些植物及植物产品进行安全彻底地检查。并非所有入境地点都适合作为植物与植物产品的入境地点。一般而言，入境地点需要具备必需资源以进行植物与植物产品查验以及管理有害生物，包括存放样品及标本的存储室、实验室、对受感染材料等进行销毁或消毒的车辆等。在资源、财力或物力有限的情况下，指定有限数量的入境地点能够使国家主管部门集中有限的可利用资源，从而更好地执行查验任务。

（六）进境时的符合性核查

根据ISPM第20号《植物检疫进境管理系统准则》第5.1.5.2项规定，进境时的符合性核查有三项基本内容："文件核查；货物完整性核查；植物检疫查验、检测等。"

"可以要求对进境货物和其他应检物的符合性进行核查，以便：确定它们是否符合植物检疫法规的规定；核查植物检疫措施在防止检疫性有害生物和管制的非检疫性有害生物传入方面是否有效；发现潜在检疫性有害生物或未预计会随该商品一起传入的检疫性有害生物。"

IPPC 公约第Ⅶ 条第 2 款 d、e 项规定，"应及时进行符合性核查，在可能情况下，应与涉及进境管理的其他机构如海关合作实施查验，以尽量减少对贸易往来的干扰和对易腐产品的影响。"

1. 查验

对贸易中规定的货物进行查验是有害生物风险管理的重要手段，也是世界范围内用于确定是否存在有害生物和/或是否符合输入植物检疫要求的最常用的植物检疫程序和要求。查验人员依据对有害生物和应检物的感观查验、文件核查以及货物本身完整性查验，确定其是否符合植物检疫要求。查验可以作为风险管理程序，"植物检疫查验只能由国家植物保护组织或在其授权下进行"。ISPM 第 23 号《查验准则》对查验的要求进行了明确的规定。

ISPM 第 20 号《植物检疫进境管理系统准则》指出，"查验可以在入境口岸、转运点、目的地进行，在保证货物的植物检疫完整性，保证可以采取适当的植物检疫程序的情况下，也可以在其他可识别进境货物的地点（如重要市场）进行。根据双边协议或安排，查验也可以作为预核准程序的一部分，与输出国 NPPO 合作在原产国进行。"

"植物检疫查验应当是技术上合理的，可以适用于所有货物，以之作为入境的一个条件；作为进境监测计划的一部分，根据预计的风险确定监测水平（即查验的货物数量）。"

"查验和取样可以按一般程序进行，或者为达到预定目标而按特殊程序进行。"

（1）查验的步骤及内容

根据 ISPM 第 23 号《查验准则》第 2 条规定，"对查验的要求包括 3 个明确的步骤：核实货物的相关文件；验证货物及其完整性；对有害生物和其他植物检疫要求进行感观查验（例如不得带有土壤）。"

"查验内容可因目的不同而异，例如进境查验，核实风险或风险管理等。"

审核进境货物相关文件（ISPM 第 23 号《查验准则》第 2.1 项）是为了确保

“完整性、一致性、准确性、有效且不是伪造的”（ISPM 第 12 号《植物检疫证书准则》第 1.4 项）。“涉及进出境证书的相关文件有：植物检疫证书/转口植物检疫证书；装货清单（包括提单、发票）；进境许可证；处理文件/证书、标识（如 ISPM 第 15 号《国际贸易中木质包装材料管理准则》所提供的标志）或其他处理标记；原产地证书；田间查验证书/报告；生产商/包装记录；认证项目文件（如种用马铃薯认证项目，有害生物非疫区文件）；查验报告；商业发票；实验室检测报告。”ISPM 第 23 号标准明确指出如在审核文件时发现疑问，在采取行动前应首先与文件提供方进行调查核实。

“对货物本身及其完整性查验，是为了确保货物与文件描述相一致。对货物的查验，可以核实这些植物、植物产品的种类或品种与收到或签署的植物检疫证书是否一致。对货物完整性查验，可以确认货物的标识是否清楚，货物的数量和状态与收到或签发的植物检疫证书是否一致。为了核实货物本身及其完整性，需要进行感观查验，包括铅封、安全状况和其他植物检疫关注的运输问题。应依据问题的程度和性质来采取相应的措施”（ISPM 第 23 号第 2.2 项）。

“感官查验包括用于检测有害生物的各种方法的使用和对植物检疫要求的符合性验证”（ISPM 第 23 号第 2.3 项）。

植物检疫要求的符合性查验内容包括：“处理；加工程度；无污染物（例如叶片、土壤）；是否是规定的生长期、品种、色度、成熟期等；是否是经过许可的植物、植物产品及其他管制物品；货物包装和运输要求；货物的原产地；入境口岸”（ISPM 第 23 号第 2.3.2 项）。

（2）查验的方法

查验可以在入境口岸、转运点、目的地进行，在保证货物的植物检疫完整性，并可以采取适当的植物检疫措施的情况下，也可以在其他可识别进境货物的地点（如重要市场）进行。监控检查的最佳地点是进境口岸或目的地，苗圃及农场、加工厂、清洗与分级环节、包装与分销点，以及营销市场。

检查时，首先要对货物做整体检查，以便发现潜在问题，例如，检查植物或植物产品是否生长矮小、不匀称，外形瘦弱、形态异常，货物不均匀不一致。如果发现这种情形，就要对可疑目标材料进行详细检查。如果没有发现问题，就按预定比例随机取样检查。如果条件适宜，应该在显微镜下，对有害生物标本、病变、腐烂、为害状及其他症状进行认真检查。若发现检疫性有害生物、未经确认的有害生物或禁止进境物、可疑物品，就必须采取行动，并保存好标本，以待进一步鉴定确认。

ISPM 第 23 号《查验准则》第 2.4 项规定，“查验方法应当旨在检测商品中具体指明的管制性有害生物，或者用于对尚未确定其植物检疫风险的生物一般查验。查验员对所有的抽样样品进行感观查验，直到发现有目标有害生物或其他有害生物或者所有样品单元全部查验完毕为止。这时，查验可以结束。但如果 NPPO 需要收集关于有害生物和商品的更多情况，即使未发现有害生物但发现病症或虫害症状时，还应加抽样品进行查验。在查验过程中，查验人员也可使用其他非感观工具进行查验。”

查验时，“采集的样品应尽可能有代表性，应及时对采后的样品进行查验；依据技术应用的经验和新技术的发展，对技术进行审查；对每批货物，应确保实施程序的独立性、完整性、可追溯性和样品的安全性；对查验结果做好记录。”“查验程序应尽量符合有害生物风险分析，在应用上保持前后一致。”

“根据查验结果，判定货物是否满足植物检疫要求。如果满足了植物检疫要求，……对进境货物应予以放行。如果不能满足植物检疫要求，应对货物采取进一步措施。”（ISPM 第 23 号第 2.4 项）。

2. 抽样

ISPM 第 20 号《植物检疫进境管理系统准则》规定，“为进行植物检疫查验，或为随后进行实验室检测，或为用作参照，可以从货物中抽取样本。”ISPM 第 23 号《查验准则》在“要求概述”中指出，“国家植物保护组织可确定查验时的抽样比例。抽样方法应依据不同的查验对象而确定。”

ISPM 第 31 号《货物抽样方法》指出“要对整批货物进行查验通常是不现实的，因此植物检疫的查验主要针对从货物中抽取的样本进行。”“对植物、植物产品和其他应检物的抽样可在出境前、进境口岸或国家植物保护组织指定的其他地点进行。”“由于抽样查验结果可能导致拒签植物检疫证书、拒绝应检物入境或对应检物处理、对应检物全部或部分进行销毁，因此国家植物保护组织应对建立和使用的抽样程序文件化并做到公开透明，同时考虑贸易影响最小原则。”ISPM 第 31 号《货物抽样方法》特别对重新抽样作出了明确的规范，要求“一旦抽样方法选定并正确实施后，为了得到不同的结果而重新抽样是不允许的。除非出于技术上的原因（如怀疑不正确地使用了抽样方法等）必须如此，否则不应重复抽样”。

（1）货物抽样的目的

ISPM 第 31 号《货物抽样方法》在“背景”部分指出，抽样是为了“发现管制

的有害生物；确保货物中管制性有害生物或受侵染单位的数量没有超过该有害生物的特定允许水平；确定货物的一般植物检疫状况；发现植物检疫风险未知的生物；优化特定有害生物发现概率的方案；最大限度地利用现有的抽样手段；收集信息，如有害生物传入途径的监控信息；验证符合植物检疫要求；确定货物受侵染的比例。”

（2）货物抽样的方法

作为ISPM第20号《植物检疫进境管理系统准则》和ISPM第23号《查验准则》的补充，ISPM第31号《货物抽样方法》提出了多种植物检疫抽样方法。“国家植物保护组织使用的抽样方法取决于抽样目的”，“如果抽样的唯一目的是为了提高发现某种有害生物的概率，选择性或有针对性的抽样同样有效”。“大多数情况下，选择适宜的抽样方法，必须取决于所掌握的有害生物在每批/批次货物中的发生率和分布信息，以及所要考虑的查验情况相关的参数”，“多数情况最终选择的抽样方法应具有可操作性，最适合实现抽样目的，使用的抽样方法应该文件化并对外公开”。采用的抽样方法应以透明的技术和业务标准为基础，在应用上要保持前后一致。

抽样方法有统计学方法和非统计学方法，基于统计学或有针对性的抽样方法的目的是为了提高对货物每批/批次中管制性有害生物的检出能力。统计学抽样方法有简单随机抽样、系统抽样、分层抽样、序贯抽样、整群抽样和固定比例抽样。非统计学抽样方法有便利抽样、偶遇抽样、选择性或有针对性抽样。

统计学抽样方法就是在特定的置信水平内能够检测到某个有害生物的侵染比例或百分率，需要输入国NPPO确定可接受量、检出限、置信水平、检出效果和样本容量等参数。使用基于统计学的方法只能产生具有一定置信水平的结果，但不能确保货物中没有某种有害生物。

使用非统计学抽样方法可获得定性结果，只能确定是否存在关注的有害生物。同样，即使抽样未发现有害生物也不能确保货物中没有关注的有害生物。

因此，在使用抽样方法时，国家植物保护组织应接受一定程度的未能发现违规货物的风险。

3. 包括实验室检测在内的有害生物检测

ISPM第20号《植物检疫进境管理系统准则》指出，“许多情况下，应将发现的有害生物或危害症状送实验室做进一步鉴定、专项分析或专家判定，根据结果确定货物的植物检疫状态”。需要进行检测的情况包括：“识别肉眼发现的有害生物；

鉴定肉眼发现的有害生物；核查是否符合有关侵染的要求，这种侵染是无法通过查验发现；核查处于潜伏期的感染；检查或监测；用作参照，尤其在违规情况下；验证申报的产品”；“应由在有关程序方面富有经验的人员进行检测，并尽可能遵循国际商定的规程。”

正确鉴定有害生物至关重要，“国家植物保护组织最终采用的方法将取决于具体生物和普遍接受并可行的鉴定方法”（ISPM 第 9 号《有害生物根除计划准则》第 2.2 项）。对于实验室检测有害生物，《管制性有害生物诊断规程》（ISPM 第 27 号）描述了对与国际贸易有关的管制性有害生物进行官方诊断的程序和方法，提供了对管制性有害生物进行可靠诊断的最低要求。有害生物的鉴定“采用的主要方法包括以形态特征和形态测量特征为基础的方法、基于有害生物毒性或寄主范围的方法，以及基于生物化学和分子学特性的方法”。

4. 进境检疫时的管理要求

对植物、植物产品及其他应检物采取的常用的管理要求包括：（植物）材料不得带有相应症状；只能从非疫区进境（ISPM 第 4 号《建立非疫区的要求》）；只在一年中的某些季节进境，这时有害生物症状表现明显或没有易感生物；只限于经官方检查或检验，并证明该作物没有携带有害生物；该植物材料在生长期间或出境前经过处理（如热处理、冷冻处理、熏蒸或杀虫处理）；对该植物材料中容易滋生有害生物的部分或器官做去除处理（如原木去皮）；对植物父代或祖代繁殖材料进行检验并留存；对陆生植物材料进行检验并证明未发现相关有害生物，或在某段时间不带有相关有害生物；不得带有土壤或有机残体；代表性样品（如种子）经过检验并证明未发现相关有害生物；植物是经栽培的而非从野外采集来的。上述要求及措施应该在出境前实施，并由输出国家或地区官方植物保护组织在签发植物检疫证书时确认。

（七）隔离检疫

隔离检疫是一种在隔离的环境条件下，对入境后的货物实施的检疫措施。隔离检疫是利用具有阻止有害生物移动特性的天然屏障，防止有害生物污染或再次感染的风险管理措施，一般列入系统方法。

隔离检疫是实施入境后检疫的一个重要环节，ISPM 第 36 号《种植用植物综合管理措施》明确将此作为有效的风险管理措施。隔离检疫在国际上已得到足够的重视，不少国家和地区，如美国、英国、日本、澳大利亚、尼日利亚、印度、加拿

大、意大利、土耳其、肯尼亚、坦桑尼亚、乌干达、匈牙利等都先后建立了各种不同类型的隔离检疫圃，并积累了一套成功的隔离检疫经验，在保护本国的农业生产上发挥了巨大的作用。

国外将进境种苗划分成高、中、低风险，并确定了限制进境的植物名单。首次进境或可能传带危险性有害生物的种苗列为高风险的，一般不允许大量进口，凡需进口的，在进境条件、数量、种植场地等均有明确的规定。比如，加拿大进口法国葡萄苗，须确定合格的进口商和生产商，对进口的种苗进行预检和产地考察，提前1年少量引种进行隔离检查，同意进境后实施装运前检查，到达加拿大后，在指定场地隔离种植，并抽取部分样品进行检测，随后还要进行生长期有害生物检测和监管。美国专门制定了植物隔离检疫计划（PEQP），颁布了植物隔离检疫手册，将种苗进口的商业行为纳入严格的国家检疫监管之下，从而有效地控制了有害生物的传入。

ISPM第34号《入境后植物检疫站的设计和操作》对隔离检疫进行了重点描述。一是对入境后检疫站的要求。入境后检疫站的一般要求包括：应考虑植物生物学、检疫性有害生物的生物学和可能携带检疫性有害生物的任何媒介的生物学，尤其是其传播和扩散方式。隔离检疫中成功扣押植物货物，需要防止任何相关的检疫性有害生物逃逸，并防止检疫站以外地区的生物进入检疫站或将检疫性有害生物传播到检疫站以外。入境后检疫站的具体要求包括：检疫站可由以下一个或几个设施构成：大田、网室、玻璃温室、实验室等。检疫站所用设施应根据输入植物的种类及其可能携带的检疫性有害生物决定。国家植物保护组织在确定检疫站的要求时应考虑所有相关事项（如地点、物理和操作要求、废物处理设施、有无对检疫性有害生物进行检测、诊断和处理的适当系统）。国家植物保护组织应当确保通过检查和审核维持适当程度的隔离。该标准的附录1提供了有关根据不同种类的检疫性有害生物的生物学确定的入境后检疫站要求的指导。该标准还对检疫站的地点、硬件要求、操作要求（人员要求、技术和操作程序、记录保持）、检疫性有害生物或媒介的诊断和去除、检疫站的审核等进行了具体的规定。二是对入境后检疫的规定：首先，植物货物仅在发现无检疫性有害生物时，才能从检疫站放行；其次，如在植物中发现检疫性有害生物，应加以处理或去除有害生物或销毁。销毁方式应防止该有害生物从检疫站逃逸的可能性（如化学销毁、焚化、高压蒸汽灭活后销毁）；再次，在特殊情形下，受感染或可能受感染的植物可以采取以下措施：运送到另一个检疫站进一步检查、检测或处理；退回启运国，或如果符合接收国植物检疫输入要求，或经对应的国家植物保护组织同意，按有约束安全的条件调运到另一个国家；在检疫隔离中保存作为技术或科学工作的参照材料。入境后检疫过程结束后，国家植物保护组织应出具证明文件。

（八）违规和紧急行动

紧急行动是国际植物检疫的操作原则。根据ISPM第5号《植物检疫术语》的定义，紧急行动是指“在遇到新的或未预料的植物检疫情况时，迅速采取的植物检疫行动”。

IPPC公约第Ⅶ条第6款规定，“本条不得妨碍任何缔约方在检测到对其领土造成潜在威胁的有害生物时采取适当的紧急行动或报告这一检测结果。应尽快对任何这类行动做出评价以确保是否有理由继续采取这类行动。所采取的行动应立即报告各有关缔约方、秘书及其所属的任何区域植物保护组织。”

ISPM第1号《国际贸易中植物保护和植物检疫措施应用的植物检疫原则》第2.11条规定，“当查明有新的或者未预计到的植物检疫风险时，各缔约方可以采用和/或执行紧急行动，包括紧急措施。紧急措施的执行应当是临时性的。应尽快通过有害生物风险分析或其他类似审查来评价是否继续采取这些措施，从而确保有技术理由继续采取这些措施。”

有关违规和紧急行动的详细资料见ISPM第13号《违规和紧急行动通知准则》。明显违规事件包括：“未遵守植物检疫要求；检出管制性有害生物；不符合文件要求，没有植物检疫证书、无法核准植物检疫证书上的修改和涂抹、植物检疫证书信息严重缺失、伪造植物检疫证书；禁止进境的货物；货物中带有禁止进境物（如土壤）；无按规定进行处理的证据；多次发生旅客携带或邮寄少量非商业性禁止进境物。”“输入货物明显违反植物检疫要求的事件应通知输出国，不论货物是否需要植物检疫证书。”

ISPM第13号《违规和紧急行动通知准则》第4.1项规定，“在输入货物中发现以下情况可采取紧急行动：发现未列入与输出国该批商品有关的管制性有害生物；发现构成潜在植物检疫威胁的生物。”

1. 出现违规情况时需采取的行动

根据ISPM第20号第5.1.6.1项规定，“在发现下列违反进境条例的事例时，采取植物检疫行动可视为合理：在管制货物中发现列入名单的检疫性有害生物；在进境的种植用植物中发现列入名单的管制的非检疫性有害生物，并且该管制的非检疫性有害生物超过此类植物的允许水平；有证据表明不符合规定的要求（包括双边协定或协议、或者进境许可条件），如现场查验、实验室检测、生产企业和/或设施注册登记方面的要求，未开展有害生物监测或监控；截获属于违反进境条例的货物，如由于发现未申报商品、土壤或其他一些违禁物，或有证据表明未进行专门的处理；植物检疫证书或其他要求提供的文件无效或遗失；违禁货物或物品；未能遵照'过境'措施。"

"采取何种行动因情况而异，应当是与所识别的风险相称的、所需采取的最小行动。行政失误，如植物检疫证书不完整，可以通过与输出国国家植物保护组织联络予以解决。"

对于其他违规情况，可以采取扣留、处理、销毁、转运等行动。根据ISPM第20号《植物检疫进境管理系统准则》第4.4条，"进境管理系统应包括对违规情况采取措施的规定，或采取紧急行动的规定，决定采取措施或紧急行动时应考虑到最小影响的原则。""进境货物或其他应检物不符合法规或一开始就被拒绝入境时，可以采取下列行动：处理；分类或重新整理；对应检物（包括设备、场地、储存区、运输工具）进行消毒；指定特定的最终用途，如加工等；转运；销毁（如焚化）。""发现违规情况或需要采取紧急行动的事件的最终结果可能是修订法规，或者撤销或暂停进境授权。"

ISPM第15号《国际贸易中木质包装材料管理准则》第4.6项规定，"当木质包装材料不带所要求的标识或查验有害生物的结果证明处理无效时，国家植物保护组织应做出反应，必要时可采取紧急行动。首先扣留，然后酌情采取剔除违规的木质包装材料、处理、销毁（或用其他安全的处置方法）或退运等措施。"

根据ISPM第20号《植物检疫进境管理系统准则》第5.1.6.1项规定，"如属涉及管制的非检疫性有害生物的违规，所采取的行动应与国内措施保持一致，并限于（在可行的情况下）使货物中的有害生物水平降至所要求的容许水平，例如在条件允许的情况下，通过处理、降级、重新分类，使相关货物中有害生物达到国内供加工或受管制的同等原材料的有害生物容许水平。"

"国家植物保护组织负责颁布必要的指导手册，并核查执行情况。对违规情况采取行动通常被认为是国家植物保护组织的一项职能，但也可授权其他机构予以协助。"

"对某一管制的有害生物，或在无技术理由对违规情况采取行动的特定情况下，比如没有定殖或扩散风险（如将原定用途由消费改为加工，或有害生物处于其生活史中不可能定殖或扩散的阶段)，或由于一些其他原因，国家植物保护组织可以决定不采取植物检疫行动。”

2. 紧急行动

根据ISPM第20号《植物检疫进境管理系统准则》第5.1.6.2项规定，“在发生新的或未预计的植物检疫状况时，如在下列情况下发现检疫性有害生物或潜在检疫性有害生物时，可以采取紧急行动：在未规定植物检疫措施的货物中；在未预计会存在上述有害生物且未规定采取措施的管制货物或其他应检物中；运输工具、储存场所或涉及进口商品的其他场所的污染物中。”

“在上述情况下也可采取类似违规情况下的行动。这类行动可能导致改变现行植物检疫措施，或在审查和提供充分技术评定前采取临时措施。”

经常遇到的需要采取紧急行动的情况包括：

“**以前未评估的有害生物。**由于之前未进行过评估，对未列入名单的生物可能需要采取紧急植物检疫行动。在截获时，它们可能被初步归类为管制的有害生物，原因是国家植物保护组织有理由相信这些有害生物有植物检疫方面的威胁。在这种情况下，国家植物保护组织的职责是能够提供合理的技术依据。如果确定了临时措施，国家植物保护组织应积极收集更多信息并完成有害生物风险分析，适当时输出国植物保护机构也可参加上述信息收集活动，以便及时确定有害生物属于管制的还是非管制的状况。”

“**针对特殊途径属非管制的有害生物。**可对针对特殊途径属非管制的有害生物采取植物检疫紧急行动。尽管对这些有害生物实施管制，但由于在出台名单、措施时未预期到相关来源、商品类别或某些情况下会存在此类有害生物，它们可能未被列入名单或特别规定采取检疫措施。如果确定可以预计这类有害生物今后在相同或类似情况下会出现，那么这类有害生物应列入适当的名单或规定对其采取其他措施。”

“**未能准确鉴定。**在某些情况下，由于对某种有害生物无法准确鉴定或在分类学上无法准确描述，因此有理由对其采取植物检疫行动。无法准确鉴定或分类的原因可能是尚无有关的样本的描述（属于未知类别)，样本状况无法进行鉴定，或被鉴定样本所处的生活史阶段无法鉴定到所要求的分类水平。在无法鉴定时，国家植物保护组织所采取的植物检疫行动应有合理的技术依据。”

“如果经常发现以不能准确鉴定的形式出现的有害生物（如卵、幼虫、不完整形态等)，应做出一切努力收集足够样本以便能够进行鉴定。与输出国联系可有助

于鉴定或做出鉴定推测。对处于这种状态的有害生物可临时视为需要采取植物检疫措施。一旦得出鉴定结果，而且如果根据有害生物风险分析证实有理由对这类有害生物采取植物检疫行动，国家植物保护组织应将这些有害生物补充到管制的有害生物名单中，通报鉴定的问题和需要采取行动的依据。应通知有关缔约方，如果以后发现这类形式的有害生物，将以推测的鉴定结果为依据而采取行动。但是，这种行动只能针对那些自己确定有有害生物风险的产地，以及进境货物中不能排除检疫性有害生物存在可能性的情况。”

3. 违规情况和紧急行动的通报

根据 ISPM 第 13 号《违规和紧急行动通知准则》（要求概要及要求），“IPPC 公约规定缔约方要报告输入货物明显违反植物检疫要求的事件，包括有关文件违规事件，或报告在输入货物中查出构成潜在植物检疫威胁的生物而采取的适当紧急行动事件。输入缔约方要尽快向输出缔约方通报有关明显违规事件和对输入货物采取的紧急行动。通知应说明违规的性质，使输出缔约方可以进行调查并做出必要的纠正。输入缔约方可要求输出缔约方报告这类调查的结果。”

“输入国向输出国发出通知，说明输入货物严重违反植物检疫要求，或报告因检出构成潜在威胁的有害生物所采取的紧急行动。通知的目的只应是促进国际合作，预防管制性有害生物的输入和/或扩散（IPPC 公约第Ⅰ和第Ⅷ条）。针对违规事件，通知的目的是帮助调查违规事件原因，防止违规事件的再次发生。”

“通知的必要信息包括参照号、通知日期、输入国和输出国国家植物保护组织的名称、货物名称和首次行动日期、采取行动的理由、关于违规和紧急行动性质的信息和采用的植物检疫措施。通知应当及时，遵照统一的模式。”

“输入国在采取紧急行动时，应调查可能出现的任何新的或意外植物检疫情况，以便确定采取的行动是否需要调整，是否需要改变植物检疫要求。输出国应当对明显违规事件进行调查，以确定可能的起因。涉及再输出的明显违规事件或紧急行动的通知应发给再输出国家。涉及过境货物的通知应当发给输出国。”

根据 ISPM 第 20 号《植物检疫进境管理系统准则》第 5.1.6.3 项规定，“在截获有害生物、发现违规事件和采取紧急行动时进行通报是 IPPC 缔约方的一项义务。这是为了便于输出国了解在输入国进口其产品时采取植物检疫行动的依据，并且促进校正出境系统。需要制定规章制度来收集和传播此类信息。”

4. 法规的撤销或修改

根据 ISPM 第 13 号《违规和紧急行动通知准则》第 5.1.6.4 项规定，“如果反复出现违规，或出现需采取紧急行动的重大违规或截获情况，进境缔约方的国家植物保护组织可以撤销允许进境的授权（如许可证），修改该法规，或制定与修订后的进境程序或禁令配套的紧急或临时措施，并应立即将这种变动及变动理由通知输出国。”

（九）监测调查

监测是国际植物检疫的一项具体操作措施，也是国家植物保护组织的一项法定职责。监测制度是一种有效的预防机制，IPPC 鼓励政府对有害生物定期进行监测。

通过监测获得的经过核实的信息可用于确定某一区域、寄主或商品中是否具有、分布或不存在有害生物。为开展风险分析、制定并遵守进境条例、建立并维持有害生物非疫区，所有输入国、输出国都需要有害生物现状方面的信息。因此，根据植物检疫法律的规定，一些人员或部门应负责收集和分析数据，以确定并告知该国及其各个区域有害生物现状。

植物检疫措施是否技术上合理部分取决于采取该措施的国家其国内管制的有害生物状况。有害生物状况可能发生变化，一旦变化就有必要修改其进境条例。因此，需要对输入国的栽培植物和非栽培植物进行监督，以保证有害生物情况的信息充分（ISPM 第 6 号《监测准则》）。一个调查结果可以立即表明某种有害生物已经定殖，也经常成为下一个调查的前提，或者成为是否对调整方案进行修正的依据，有害生物风险分析和有害生物名单也可能需要此类监测的支持。

根据 IPPC 公约第Ⅳ条第 2 款 b 项规定，“国家植物保护组织的责任应包括：……监测生长的植物，包括栽培地区（特别是大田、种植园、苗圃、园地、温室和实验室）和野生植物以及储存或运输中的植物和植物产品，尤其要达到报告有害生物的发生、暴发和扩散以及防治这些有害生物的目的……”。IPPC 公约第Ⅶ条第 2 款 j 项还规定，“各缔约方应尽力对有害生物进行监测，收集并保存关于有害生物状况的足够资料，用于协助有害生物的分类，以及制定适合的植物检疫措施。这类资料应根据要求向缔约方提供”。

ISPM 第 1 号《国际贸易中植物保护和植物检疫措施应用的植物检疫原则》第 2.6 项规定，“各缔约方应当收集、记录支持植物检疫出证的关于有害生物存在和不存在的资料，以及有关其植物检疫措施技术上合理的资料。”

ISPM 第 17 号《有害生物报告》在“要求概要”中要求，“国家植物保护组织有责任通过监测和核实有害生物记录收集有害生物的信息。凡是（根据观察、原有

经验或有害生物风险分析）已知具有当前或潜在危险的有害生物的发生、暴发或扩散，应向其他国家报告，尤其是向邻国和贸易伙伴报告。”

ISPM 第 6 号《监测准则》还介绍了以有害生物检查和有害生物风险分析提供信息为目的的有害生物调查和监测制度的要素。“监测主要有两大类：一般性监测和特定调查。”“一般性监测是从存在的许多来源中收集与一个地区有关的特定有害生物的信息，并提供给国家植物保护组织使用的过程。特定调查是在一定时期内，国家植物保护组织为获取一个地区的特定地点有关的有害生物信息而采取的行动。”“已经获得并经证实的信息可以用于确定一个地区、寄主或商品中有害生物的存在或分布情况，或（在建立和保持非疫区时）一个地区不存在这些有害生物。”

特定调查“可以是检查、定界或监视性调查，这些都是官方的调查，应当按照国家植物保护组织批准的计划进行（ISPM 第 6 号第 2 条）。”特定调查包括有害生物调查、商品或寄主调查、针对性抽样和随机抽样三类内容。

国家植物保护组织可以通过官方检查、调查以及种植者或贸易商对问题的咨询中了解到重大有害生物的情况。有害生物发生及扩散的信息可以来源于各种不同渠道，国家植物保护组织应加强与政府机构，其他涉及农业、植物有害生物和植物科学相关组织和个人，包括大学、研究所、贸易组织或延伸机构的成员及顾问的联系，以获得有害生物的相关信息。有害生物可以在进境货物中检查或监测（检测）时被发现，也可能在对国际（国内）贸易的监控期间发现。对有害生物的通报可能来源于种植者对某种异常症状的咨询，也可能通过种植者报告、进口商通知或公众通告信息编制而得到。对有害生物的具体监测调查，可以提供有害生物发生的可靠信息。通过对监测和其他信息的追溯，可以发现有害生物的暴发情况。

调查工作也可能采用其他有限的或目标性强的方法，从而使得监测结果更加可靠，费用更加节省。例如调查工作只限于某种气候、地理或行政区，或仅限于植物的某个生长时间或生长期，如开花期，因为花是有害生物喜欢侵染的器官，且其危害症状在此时也表现得最为明显。

要对采取行动后所取得的进展和效果进行评估，就必须对有害生物暴发情况进行监控（ISPM 第 9 号《有害生物根除计划准则》）。监控工作，通常采取定期调查或检查的方法，将目标紧紧盯住暴发地、作物、地区、贸易路径、栽培习惯等与暴发相关的环节。当然，还要结合对受侵染作物或贸易货物的统计数据，进行评估分析。凡是涉及有害生物可能扩散到新区情况的，应该在首次监测工作开展之前，进行有害生物调查。常规及日常调查工作，可以是年度的，也可以是不定期的。为了密切监控有害生物在某个地区或作物上的发生或扩散情况，必须开展常规调查。

在必须实施植物卫生措施时，应履行通报义务，这是植物检疫的法定要求。

ISPM 第 8 号《确定某地有害生物状况》还对进行有害生物记录的方法进行了详细说明，有害生物记录为用于确定某一区域某种有害生物现状的信息的必要组成部分。

（十）过境货物植物检疫

根据 ISPM 第 5 号《植物检疫术语表》，过境货物不是进境货物，而是“不输入一个国家但经过该国，可能需要采用植物检疫措施的货物。”但是，可将进境植物检疫的一些相关管理要求扩展到过境货物，并制定技术上合理的措施，以防止有害生物的传入和/或扩散（IPPC 公约第Ⅶ 条第 4 款）。可制定措施来跟踪货物，验证其完整性，和/或确认它们是否离开过境的国家。NPPO 可以指定过境货物的入境口岸、国内路线、运输条件以及允许在其境内的时限。

根据 ISPM 第 12 号《植物检疫证书准则》第 3.3 项规定，“如果货物没有输入，而是从一个国家过境或中转但未遭受有害生物的侵染或污染，国家植物保护组织不需要签发植物检疫证书或转口植物检疫证书。然而，如果货物遭受有害生物的侵染或污染，国家植物保护组织应当签发植物检疫证书。如果货物被分装、同其他货物拼装或重新包装，国家植物保护组织应当签发转口植物检疫证书。”

根据 ISPM 第 13 号《违规和紧急行动准则》第 10 项规定，“对于过境货物，任何明显违反过境国家要求的事件或所采取的紧急行动应通知输出国。若过境国家有理由相信违规或新的或意外的植物检疫情况可能对目的地国家造成影响，过境国可向目的地国家发出通知。目的地国家可将通知传送给有关过境国。”

ISPM 第 15 号《国际贸易中木质包装材料管理准则》第 4.4 项规定，“如果过境货物使用的木质包装不符合本标准规定要求，过境国的国家植物保护组织应要求采取措施至少保证木质包装不存在不可接受的风险。”

ISPM 第 25 号《过境货物》为过境国国家植物保护组织决定需要对哪些货物的运输进行干预和是否需要采取植物检疫措施以及采用何种植物检疫措施提供了指南，并对有关过境体系各方的职责和要素，以及进行合作与交流、非歧视、审查及文件记录等的必要性予以说明。

根据 ISPM 第 25 号标准第 1.3 项规定，基于风险评估，对过境货物可能采取两大类风险管理措施：

1. 不需要进一步采取植物检疫措施的过境

国家植物保护组织通过有害生物风险评估，不需要采取任何植物检疫措施。

2. 需要进一步采取植物检疫措施的过境

通过对过境货物的有害生物风险评估，确定需要采取特定植物检疫措施。这些植物检疫措施可包括："核查货物及其完整性（具体要求见 ISPM 第 23 号《查验准则》）；植物检疫运输文件（如过境许可）；植物检疫证书（表明过境要求）；指定的出入境口岸；货物的出境核查；运输方式和指定的过境路线；对外形改变（如拼装、分装、重新包装）的管理；使用国家植物保护组织规定的设备或设施；得到国家植物保护组织认可的海关设施；植物检疫处理（如发货前处理，对货物完整性有怀疑时处理）；在过境时对货物跟踪；硬件条件（如冷藏、防有害生物的包装和/或防货物溢出的运输工具）；对运输工具或货物采用国家植物保护组织的特定封印；特定运输工具的紧急管理计划；过境时间或季节限制；除海关要求文件之外的其他文件；国家植物保护组织查验货物；包装；废物处理。"

"仅应对过境国的管制的有害生物或该国正在采取紧急行动的那些有害生物采用上述植物检疫措施"。

3. 其他植物检疫措施

"当对过境货物没有或者无法采用适当的植物检疫措施时，国家植物保护组织可以要求对这种货物采用同输入一样的要求，可能包括禁止措施。""如果过境货物的储存或重新包装会带来某种植物检疫风险，国家植物保护组织可以决定这些货物应达到输入要求或者对这些货物采用其他适当的植物检疫措施。"

（十一）文件记录

1. 程序

根据 ISPM 第 20 号《植物检疫进境管理系统准则》第 6.1 项规定，"国家植物保护组织应保存有关进境管理系统运作各方面的指导性文件、程序和工作指令。应编入文件的程序包括：有害生物名单的编制；有害生物风险分析；酌情建立有害生物非疫区、有害生物低度流行区、非疫产地或非疫生产点以及官方控制计划；查验、取样和检测方法（包括保持样本完整性的方法）；对违规情况采取的行动，包括处理；违规通报；紧急行动通报。"

2. 记录

根据 ISPM 第 20 号《植物检疫进境管理系统准则》第 6.2 项规定，"对所有与进境管理有关的行动、结果和决定都应保留记录，酌情遵照国际植物检疫措施标准的相关章节，包括：有害生物风险分析文件的编写（ISPM 第 11 号《检疫性有害生物风险分析》）；已经建立的有害生物非疫区、有害生物低度流行区以及官方控制计划的文件（包括有害生物分布和为保持有害生物非疫区或低度流行区所采用措施方面的信息）的编写；查验、取样和检测记录；违规情况和紧急行动（ISPM 第 13 号《违规和紧急行动通知准则》）。”

“在适当的情况下，可保留以下记录：有关指定最终用途的进境货物的记录；有关需采取入境后检疫或处理措施的进境货物的记录；有关根据有害生物风险需采取后续行动（包括追溯）的进境货物的记录，或有关有必要运行进境管理系统进境货物的记录。”

（十二）信息交流

信息交流是落实透明度原则的重要措施，也是 IPPC 公约的重要内容。根据 ISPM 第 1 号《国际贸易中植物保护和植物检疫措施应用的植物检疫原则》第 2.16 项规定，IPPC 各缔约方应按照 IPPC 公约酌情提供以下信息：官方联络点（IPPC 公约第Ⅷ条第 2 款）；介绍国家植物保护组织和植物保护组织安排（IPPC 公约第Ⅳ条第 4 款）；植物检疫要求、限制和禁止措施（IPPC 公约第Ⅶ条第 2 款 b 项）（包括指定输入口岸，IPPC 公约第Ⅶ条第 2 款 d 项）及其理由（IPPC 公约第Ⅶ条第 2 款 c 项）；管制的有害生物清单（IPPC 公约第Ⅶ条第 2 款 i 项）；报告有害生物，包括有害生物的发生、暴发和扩散（IPPC 公约第Ⅳ条第 2 款 b 项和第Ⅷ条第 1 款 a 项）；紧急行动（IPPC 公约第Ⅶ条第 6 款）和违规情况（IPPC 公约第Ⅶ条第 2 款 f 项）；有害生物状况（IPPC 公约第Ⅶ条第 2 款 j 项）；（尽可能）提供有害生物风险分析所必需的技术和生物信息（IPPC 公约第Ⅷ条第 1 款 c 项）。”这些要求在涉及相关的国际植物检疫措施标准时，对信息交流的内容和要求都做了相应的规定。例如，根据 ISPM 第 20 号第 7 项，“国家植物保护组织应确保具有交流程序，以便与以下各方联系：进境方及合适的行业代表；输出国的国家植物保护组织；IPPC 秘书处；身为 IPPC 成员的区域植物保护组织的秘书处。”

此外，国家植物保护组织应尽可能编制并公布国外进境植物检疫法规概要，通过对每个贸易伙伴进境情况的掌握，逐步建立案例处理历史档案，从而做出更加详尽的权威解释。

（十三）审查机制

1. 系统审查

缔约方应定期对其输入管理系统进行审查。这种审查可包括监测植物检疫措施的有效性，检查国家植物保护组织、获得授权的组织或人员的活动以及根据要求修改或撤销植物检疫法律、法规和程序。

2. 事故审查

国家植物保护组织应制定程序，审查违规情况和紧急行动。这种审查可导致通过或修改植物检疫措施。

除此以外，可能需要制定规章制度的其他事项包括：违规通报；有害生物报告；指定官方联络点；公布和传播管理信息；国际合作；修改法规和文件；承认等效性；指定入境口岸；通报官方文件等。

第二节　主要贸易国家进境植物检疫程序和要求

一、欧盟植物检疫程序及要求

1976～1992年，为改变成员国各自为政的状况，欧盟（欧盟的前身为欧洲共同体）进行了一系列的工作，制定了一个统一的植物健康制度，即关于防止植物和植物产品有害生物传入各成员国的措施指令（77/93/EEC），历经数次修订，从而规范了穿越国境的植物检疫行为，对检疫要求进行标准化，建立起较完善的欧盟植物健康制度，并专门成立植物健康委员会，负责欧盟的植物健康工作。

植物健康部门采取一些新的策略，区别欧盟产品与第三国产品，制定产地检疫原则，制定植物健康通行证，确立保护区，实行生产商及进口商的注册登记等，同时为了这些新策略的正常运行，还制定了一些辅助措施，在财政、技术上提供支持。

欧盟负责植物健康的组织机构是植物健康常务委员会。该常务委员会由来自所有成员国的代表组成，定期由主席召集会议。正常情况下每月一次，如果有必要会增加会议次数。该委员会负责检查和提供欧盟对草拟植物健康措施的意见，并讨论有关植物健康的一些事宜、条例、建议，提交该委员会对该草案提出意见，然后交欧盟理事会审议批准，如在规定的时间内未给答复，则该草案自动生效。

每个成员国指派一个单独的中心协调人与当局（大多数情况下是国家植物保护组织）联系，负责执行欧盟制定的法律。

根据欧盟的有关法律，欧盟统一筹措防治有害生物的资金，对新传入的有害生物采取根除、限制扩散等措施，成员国根据具体情况分摊防治或根除费用。

欧盟作为一个独立的统一市场，建立统一的外部边界，实施统一的对外政策，共同的进出境管理制度，统一的对外植物检疫和卫生措施。原则上各成员国名单（禁止入境物名单、需施植物检疫的商品名单、有害生物名单、特殊检疫要求等）保持一致；缩减原产欧盟的禁止进口商品名单；取消对欧盟内部贸易时在边境开展的植物检疫；同时欧盟对各成员国关于违规和保护条款采取的措施实行监督；逐步用进境时检疫替代商品目的地检疫。

（一）注册登记

欧盟通过对生产者或进出口商进行注册登记，促使生产者或进出口商对植物健康的重视，能在发现问题后，迅速查出疫情的原产地或哪些进出口商应对此负责，并对植物有害生物进行防除。如 1997 年始，欧盟对花木进境实施了更加苛刻的检疫要求，对输入欧盟花木园的设施、品种和介质等提出了一系列要求，并规定必须按要求通过审核，才能获得对欧盟出口注册。

以中国输欧盟的生产者或出口商注册为例，经国家质检总局官方注册的生产者或出口商应承担如下相应的义务：①应保存植物、植物产品或其他物品的生长、生产、存放或使用的最新计划；②应保存植物、植物产品或其他物品的记录；③应任命一个在植物生产和有关的植物健康问题方面有实践经验的负责人，以便与植保部门联络；④必要时要进行肉眼观察，并接受官方机构指导；⑤应保证官方机构人员行动的权力，特别是在适当的地方检查、抽样和查询相关记录和有关文件；⑥应与官方机构合作。

（二）产地检疫

为了减少口岸检疫对自由贸易的影响，并且降低自由贸易传带植物有害生物的危险性，欧盟法令也确立了对高风险植物材料特别是繁殖材料在生产地点进行检疫的原则（产中检疫），并强化产地检疫和注册登记制度。欧盟将口岸系统查验改为在植物生长季节在产地检查，提高生产地的植物健康水平，从而降低货物在欧盟内自由贸易传带植物有害生物的危险性。除产自欧盟内部的植物、植物产品和其他产

品在欧盟内运输前需在产地进行检查外，产自欧盟以外的植物、植物产品和其他产品在被允许进入欧盟前必需在原产地国或输出国进行植物保护检查。

为了便于非成员国的植物产品进入欧盟领土，经事先商定，进口商可到原产地进行检疫。

实施产地检疫的产品包括两类：与整个欧盟有关的潜在携带有有害生物的植物、植物产品和其他产品；与某些保护区有关的潜在携带有有害生物的植物、植物产品和其他产品。为了做好产地检疫，欧盟制定了欧盟理事会指令 2000/29/EC，规定了需在产地进行检查的植物名录，详细规定了进行产地检疫的作物和产品种类。

欧盟实行产地检疫的原因主要是：①当某成员国进口植物，大多数情况下是在其边界进行植物检疫，尽管不像从前那样严格，但对欧盟内部的自由流动终究是一种障碍；②这种技术性强的检疫有时很难进行，比如对车厢内包装完好的产品就难以实施检疫；③在生长期内监督官方规定的一些特殊检疫要求有时也是困难的，因为不可能事先就了解出境的目的地。因此，如果在产地、在生长期和刚刚收获之后检查是否符合条件和标准，比进境时检疫更为有效。

为了使产地检疫制度有效运转，所有生产商均应向官方机构登记注册，这有利于植物产品在欧盟内部的流通。当发现某种有害生物时，也可追根溯源。不仅是生产商，进口商也同样要登记注册。在 2000/29/EC 号指令中，鉴于第 26 条规定：“原产地是进行植物健康检疫最适宜的地点。因此，对于欧盟产品而言，这类检验必须在原产地强制进行，并扩大到所有相关植物和植物产品生长、使用或存放的场所。为便于该检疫体制的有效运转，所有生产者都必须注册。”

为实施产地检疫并扩大检疫队伍，欧盟除了成员国的植物保护官方机构人员外，号召管理部门人员也参加此项工作。依照国家立法，这些机构可以监督和委派给法人一些任务。这些法人根据官方通过的章程，负责执行有公共利益的专项任务，但这些法人及其成员采取措施并获取结果时，不得谋取个人利益。在欧盟，产地检疫可以由地方植物保护部门（SRPV，即植物保护处）在生长期内进行检疫，也可以委托某些机关，如全国葡萄酒业协会（ONIVINS）或官方检疫机关来进行。此外，欧盟通过对生产者或进出口商进行注册登记的措施可以促使生产者或进出口商对植物健康的重视，并且能在发现问题后，迅速查出疫情的原产地或哪些进出口商应对此负责，并对植物有害生物进行防除。

（三）植物检疫证书

根据IPPC公约的要求，植物检疫证书是输出国对植物或植物产品符合输入国检疫要求和其中是否存在有害生物的证明，其中包括清楚说明有关货物的足够信息。输入欧盟的植物、植物产品等根据货物的不同，由植物检疫机构签发植物检疫证书，标注进境物的一般信息并注明不带欧盟规定的检疫性有害生物，以此证明进境物符合欧盟的检疫要求。

（四）植物通行证

为了减少植物检疫对贸易的影响，欧盟在内部实行“植物通行证”的凭证系统，取代以前在口岸进行检疫和现行的“植物检疫证书”。

植物通行证是官方的标签，贴在植物、包装或装载工具上，是已经顺利通过欧盟检查系统的凭证，如证书、标签、标识、贴花或图章。植物进境检查将在欧盟外部边境进行，如无欧盟关注的有害生物，并有官方签发的植物检疫证书，在货物入境地对进入欧盟的货物进行仔细检查，如货物符合欧盟检疫要求，则颁发植物通行证。带有“植物通行证”的货物在欧盟成员国间流通时，不需要特殊的检疫要求、检查程序、检查或其他正式手续，可同欧盟内带有植物通行证的货物一样在欧盟内自由流通。不符合必要的健康要求的植物不能在欧盟成员国内或国家之间流通。以前的植物检疫证书被“植物通行证”取代。植物进境检查在欧盟外部边境进行。在欧盟内部，对于没有传带有害生物危险的植物，特别是那些食用蔬菜、水果、大多数大田作物种子和切花，可以无须植物通行证而自由通行。随着技术的发展，欧盟在2002/89/EC指令中明确，IPPC成员签发的“植物检疫证书”及“转口植物检疫证书”或其电子文件具备“同等性”。

植物通行证包括以下内容：①标明是欧盟的植物通行证；②欧盟成员国的代码；③签发植物通行证的官方机构代码；④注册号码；⑤批次号；⑥植物学名；⑦数量；⑧对保护区有效的识别标志“保护区”（ZP）；⑨重新出具的识别标志“新出具”（RP）；⑩标明货物运往的国家。

（五）现场检疫

1. 欧盟对第三国产品检疫的一般做法

欧盟的进境检疫有两种类型：一是其成员国之间货物的流通；二是非成员国

（第三国）货物进入欧盟的过程。

欧盟法令规定，非成员国产的植物产品进入欧盟时必须进行检疫。检疫的两种结果，一种是经检疫发现疫情而使植物产品退货，另一种是符合要求而进入欧盟内自由流通。这些产品是否需要植物通行证，由该产品是否具有潜在危险而定。经检疫合格且需植物通行证时，用产地检疫证换取标明进口商的登记注册号码的植物通行证。

输入第三国产品时，原则上在进入整个欧盟的第一个入境口岸（或者外部边界）进行植物健康查验，以防止外来有害生物的传入，这一政策同以前的成员国检疫政策没有区别，但对第三国产品的要求会更严格。因为，现在成员国不仅要保护本国的农作物不受第三国有害生物的危害，而且要保护整个欧盟作物不受第三国有害生物危害。因此，无论是欧盟制定的检疫名录与以前某个成员国的名录相比，还是所采取的措施都要比以前更重视对第三国产品的检疫。

对第三国产品一般采取两种检查措施，一是在货物出口到欧盟之前，与第三国协调，包括欧盟检疫人员在内的检查人员进行现场检查，这与美国现行的做法相同；在这种情况下，边境检查仅检查证书、货证是否一致，只偶尔对货物进行检查；二是对进入欧盟的货物进行全面检查。原则上这种检查由货物入境地成员国的检查人员进行。入境地成员国是代表欧盟进行检查，欧盟委员会监督和委派代表进行检查，其他成员国和欧盟在必要时给予适当的支持（财政支持、欧盟派遣检查人员或其他成员国派遣检查人员）。

检疫的内容包括检查第三国官方签发的植物检疫证书，对货物进行适当的抽查，看货物是否感染欧盟关注的有害生物，如发现疫情，则采取非常严厉的措施，禁止货物在欧盟内流通。来自第三国的产品通过欧盟检疫后可获取植物健康通行证，然后就遵循欧盟内部产品的销售制度进行流通。某些第三国可以和欧盟委员会商签协议，确认在第三国进行产地检疫，在这种情况下，欧盟边界的检疫只限于检查证书。

2. 检查场所

欧盟理事会第2000/29/EC号指令目的部分第31项规定：来自第三国的产品原则上应在进入欧盟的第一个入境口岸进行植物健康检查。特殊情况下，只要提供了植物、植物产品和其他物品的特别保证，植物健康检查也可在目的地进行。

3. 检查内容

综合欧盟及其成员国现行法规的相关规定，其检查内容主要体现于三个方面：

一是核对证书，输入植物、植物产品和其他物品需附有输出国法律或法规授权的机构签发的植物检疫证书；二是核对货证相符性，检查所提供的证明文件与货物实际是否相符，同时检查是否有禁止入境的或禁止进入保护区的植物、植物产品和其他物品；三是对这些植物、植物产品和其他物品及其包装的全部或有代表性的样品进行细致的官方检查，如有必要，也对其运输工具尽量进行细致的官方检查，以尽量确保它们未受禁止传入的有害生物污染、未被“如果下列有害生物存在于某些植物或植物产品上，禁止它们传入所有成员并在其内扩散”中列明的有害生物污染。

4. 结果处理

欧盟理事会第 2000/29/EC 号指令第 10 条第 1 款规定，经过检查，符合检疫要求的，签发一份植物通行证。经过检查，不符合检疫要求的，所采取的措施主要有消毒处理、销毁、退运等。

（六）隔离检疫

由于繁殖材料传带检疫性有害生物风险最大，欧盟特别重视引进繁殖材料的隔离检疫工作，将其作为防止疫情传入的最重要措施之一，投入大量资金建设隔离检疫设施，并对国外引种隔离检疫做出严格规定，配备专门人员，实施隔离检疫。

1. 法律规定

欧盟对繁殖材料进境十分慎重，明确任何作物都不允许大规模生产性引种。生产试验和为科研、育种目的少量引进禁止进境植物必须接受严格的隔离检疫。如马铃薯种薯，一个品种最多只能引进 5 块，种薯入境后必须直接运到植物检疫隔离场，进行种植和整个生长期检疫，证明不带检疫性有害生物后进行组织培养，只有健康的一代组培苗才能提供给引种单位使用。

2. 隔离设施

为严防外来检疫性有害生物传入，欧盟各国投入大量资金建设检疫隔离场。如英国农业部在约克建立了 2000m^2 的大型检疫隔离设施，专门进行进境繁殖材料隔离检疫和危险性有害生物研究。其中检疫隔离温室耗资 300 万英镑，选用高质量材料保证温室的密封性，通过调节进出气流实现正负压差，用水采用封闭循环，温度、光照、湿度均采用计算机自动控制。隔离检疫操作程序严格，人员进出严格管理，隔离检疫废弃物如实验材料、栽培介质等均要经过高温消毒或焚化处理，确保隔离效果。

3. 配套措施

为满足隔离检疫的高技术要求，英国农业部植物检疫隔离设施包括与之配套的综合性实验室，设立了专门的植物检疫部，下设昆虫、细菌、真菌、病毒及杂草等专业技术组，有60多位专家，年运行经费200万英镑。综合实验室装备先进，包括透射电子显微镜、扫描电子显微镜、PCR仪、高速冷冻离心机等，可开展PCR鉴定、血清学检测、核酸杂交等检测工作。英国苏格兰作物研究院、国际园艺中心等很多研究机构也建立了高水准的检疫隔离温室。这些机构从事危险性有害生物或转基因研究时，都要求在隔离温室中进行。

（七）保护区

保护区是通过对欧盟境内不同地区进行风险分析，提出为预防某些潜在危险性有害生物而建立的具有保护性的特殊区域，并由欧盟认可。通过保护区的植物、植物产品必须符合的条件：

1. 无有效植物护照的植物及其产品等通过保护区必须符合以下条件：

①包装容器或运输工具、植物、植物产品或其他物品在通过保护区时应当清洁并不带有与保护区相关的植物有害生物，以保证没有传播那些植物有害生物的危险。

②包装容器或运输工具、植物、植物产品或其他物品应当根据严格的植物健康标准采取安全措施并使检疫员满意，以保证在相应的保护区没有传播植物有害生物的危险和在运输通过相应的保护区期间保持安全。包装和运输工具上的识别特征应当保持不变。

③正常用于贸易的植物、植物产品或其他物品应附有文件，并证明来自相应保护区以外的地区和到达保护区以外的地区。

2. 植物及植物产品等不符合上述（1）部分条件时，可能采取的措施：

①应在包装上贴封条。

②在检疫员的监管下，植物、植物产品或其他物品应转移到相应保护区以外的目的地。

（八）检疫名录

检疫名录相当于《中华人民共和国进境植物检疫性有害生物名录》和《中华人民共和国进境植物禁止进境物名录》，成员国必须共同遵守。

1. 欧盟成员国禁止进境的有害生物名录分3种情况：

①欧盟尚未发生的名录A1。该名录包括110多种（属）有害生物。

②欧盟局部地区已存在，成员国需禁止其传入的名录A2。该名录包括19种（属）有害生物。

③有些保护区需禁止传入的有害生物名单，即B类。该名单只有5种（属）有害生物，列出了相应保护区名单。

2. 欧盟成员国必须禁止某些植物、植物产品上的某些有害生物传入和在成员国内扩散的名录分3种情况，即：

①欧盟未发生的有害生物名录，包括69种（属）有害生物及其有关的寄主植物。

②欧盟已发生的有害生物名录，包括46种（属）有害生物及其有关的寄主植物。

③欧盟保护区禁止传入的有害生物名录，包括19种（属）有害生物及其有关的寄主植物和保护区名录。

二、美国进境植物检疫程序及要求

（一）美国进境植物检疫程序

美国的植物检疫在国际上处于领先地位，为防止检疫性有害生物随植物、植物产品及其他应检物传入美国，建立了比较完善的进境植物检疫程序，包括繁殖材料和非繁殖材料两个部分。

1. 繁殖材料检疫程序

美国高度重视繁殖材料的检疫，制定了包括境外预检（或产地认可）、实验室检测、隔离检疫在内的检疫程序，其入境时的现场查验包括以下8个方面：

①确定种子进境条件：确定进境种子是否属于管制进境物、是否符合进境许可证等条件；濒危物种法（ESA）中管制的濒危植物和无“栽培原产地（Cultivated Origin）字样标识、即将濒危的植物种子，以及进口濒危野生动植物物种国际贸易公约（CITES）附录Ⅰ中的种子、附录Ⅱ中除苏铁科种子以外的种子和附录Ⅲ中的种子，应从指定口岸进境；

②确定是否取样；

③评价进境种子标签或装货清单内容的完整性；

④确定取样量；

⑤确定随机取样的方式、取样次数和数量；

⑥用取样器取样；

⑦检查装载种子的集装箱等运输工具及取样后的种子样本；

⑧需要时再取样。

2. 非繁殖材料检疫程序

非繁殖材料包括对水果蔬菜、花卉、未经加工种子和植物加工品及其他物品。

（1）水果和蔬菜检疫程序

贸易性水果和蔬菜按下述8个步骤依次进行，非贸易性水果和蔬菜的检疫程序按照有星号（*）的步骤进行。

①确定是否已经预检、冷藏处理以及国际邮件内是否有水果和蔬菜；

预检是植物保护和检疫处（PPQ）人员在国外装运地进行的检疫，检疫结果填写PPQ-Form203或PPQ-Form540；若对国际邮件中的水果和蔬菜无检疫要求且水果和蔬菜保存完好，检查放行；若国际邮件中的水果已经腐烂，或者不能完好的保存至到达目的地，填写PPQ-Form207随邮件退回，禁止进境；

② *确定水果和蔬菜的进境条件及进境的特别条件（例如：要求处理或要求一些特殊的检查程序等），确定其是否符合进境具体检疫规定，如对进境许可证、植物检疫证书的要求等；

③检查许可证；

④检查货物并核实其是否与有关文件描述一致；

⑤抽样；

⑥ *检查，水果和蔬菜中是否存在有害生物；

⑦ *采取检疫措施，如禁止进境、扣留并进行处理、监管运输、检查放行等；

⑧备案，把采取的检疫措施按规定格式记录，存档备查。

（2）花卉检疫程序

按照下述6个步骤进行。

①确定是否允许进境、限制进境或禁止进境；在允许进境花卉中发现混有禁止进境物的，扣留并对所有货物进行检查；

②确定是否需经检查或监管运输；

③确定有害生物的危险程度；

④取样；

⑤检查；

⑥采取检查放行、禁止进境、扣留并进行处理等检疫措施。

（3）未经加工种子检疫程序

按下述6个步骤进行：

①确定是否允许进境、限制进境或禁止进境；

②确定是否需要取样；

③计算取样量等；

④取样；

⑤检查是否存在有害生物（昆虫、病原菌、线虫、有害杂草种子、软体动物、土壤和肥料等污染物），包括对未经加工种子及装盛未经加工种子容器、包装物的检查；

⑥采取检查放行、扣留并进行处理、禁止进境等检疫措施。

（4）植物加工品及其他物品检疫程序

按下述2个步骤进行。下列物品须遵照特殊检疫程序：稻草、麦秆及芦苇的手工纺织品、精白米、高粱杆、麻袋装载的货物、树皮、干制草本植物标本和植物装饰材料、藤制品（如藤制花圈或花篮）、家用物品、原木和木材及木板和衬板、海运集装箱（包括冷藏船）、用过的包装袋和包装材料及遮盖物、交通工具。

①确定货物的组成，进行检查准备及确定包装物种类；

②确定货物是否具有传播有害生物的危险性，货物的特点，货物中有无有害生物及确定是否允许货物进境、限制其进境或禁止其进境并采取适当的检疫措施。

3. 隔离检疫

美国具有严格的隔离检疫制度和先进的隔离检疫设施。其关于隔离检疫的法律包括《联邦法典》319章37节、《植物检疫法》、《植物组织法》、《联邦植物有害生物法》和《联邦种子法》。

美国有两个机构与隔离检疫有关：植物种质资源检疫办公室（PGQO）和国家植物种质资源检疫中心（NPGQC）。PGQO和NPGQC均位于马里兰州的贝尔茨维尔，NPGQC属于美国农业部动植物健康检疫局（APHIS）下属科研机构，PGQO属于美国农业部农业研究局（USDA-ARS）下属科研机构。他们共同承担进境马铃薯、甘薯、甘蔗、除柑橘外所有果树、装饰用草皮以及禾谷类作物种质资源隔离检疫工作，但侧重点有所不同。PGQO主要负责易随上述种质资源传入的危险性有害生物的检测工作，主要关注美国没有分布的植物病原细菌、病毒和类病毒，其主要

方法为嫁接法、指示植物接种法和分子生物学方法等；NPGQC 主要负责上述种质资源的隔离试种检疫工作，对引进作物种质资源本身的安全性做出评估。

美国十分重视引种隔离检疫设施建设。农业部在马里兰州建有装备现代化的 NPGQC，专门负责有害生物风险分析、各地抽样送检样品的病害分析和杂草检疫、禁止进境种用植物的隔离检疫等。此外，APHIS 还指定 5 所州立大学承担隔离检疫试种任务，其中加州州立大学负责柑橘，纽约州、密苏里州和加州州立大学负责葡萄，华盛顿州立大学负责其他果树的隔离检疫任务。对于特殊有害生物，APHIS 还委托其他州立大学进行隔离检疫。

PGQO 和 NPGQC 拥有生物安全 I 级实验室、2 栋具有严格防疫条件的隔离温室和十余栋普通温室。实验室设备先进，能够开展严格的隔离试种、接种鉴定、PCR 鉴定、血清学检测、核酸杂交等。

在硬件上，其先进检测设备、现代化检疫隔离试种设施和与隔离检疫工作相配套的信息系统，使检疫机构可以及时准确地发现繁殖材料携带的有害生物，并采取相应措施，保证了检疫措施的有效性。对高风险繁殖材料实施的多生长期隔离试种制度也在一定程度上确保了繁殖材料本身的生物安全性。

除 PGQO 和 NPGQC 外的隔离检疫中心和检疫辅助机构作为阻止外来有害生物传入美国的第一道屏障，承担了大部分进境繁殖材料的隔离检疫工作，有效阻止了外来有害生物的传入。

很多活植物或繁殖材料在口岸检查站单凭肉眼观察或镜检很难判断其有无携带有害生物。这时就要对它们实行隔离检疫以便观察它们在种植期间是否表现出某种症状。在做完例行三项（验证、镜检、处理）工作之后，隔离试种地点由植物检疫站指定，管理工作及费用由进口商承担。试种期限为半年到两年，在此期间由州或联邦植物检疫人员定期进行观察。如未发现检疫性有害生物，该批植物才能发还。

美国检疫机构对进境繁殖材料按风险高低实施分类管理。按照联邦法律要求，风险较大的，如大多数果树苗木和小部分繁殖用种子，一般禁止进境。如作为种质资源必须进境，则必须经过检疫机构严格、系统的病原菌检测和隔离试种，才允许少量进境。一些风险中等的种苗，经过检疫未发现危险性有害生物，引进后可以种植在经 APHIS 认可的隔离地点隔离试种。还有一些风险小的蔬菜种子，则经口岸检疫合格后可直接用于生产。

进境繁殖材料的一般检疫要求：①进境前须取得进境许可证。②包装和铺垫材料：可以为泥炭、苔藓、干燥的可可壳和锯木屑等，但不得用甘蔗或者棉花；如果使用塑料纸包裹或浸泡在溶液中而不便于检查，则该批货物可能将被拒绝入境。③不得带有土壤和除植株外的腐败植物组织。④年龄和大小：进境植株必须在发芽后2年或者从母株上分离1年后进境；仙人掌切块（无根茎）直径不超过0.15米（6英寸），高度不超过1.22米（4英尺）；铁树等木本植物植株根部以上高度不得超过0.46米（18英寸）；茎切株直径不得超过0.13米（5英寸）。⑤标签：必须在邮包或者货物外表上标明邮寄植物或货物的科、属、种学名，如未标明将延后处理。⑥植物检疫证书：每一批必须带有输出国官方植物检疫证书。

属于特别限制的进境种质资源的检疫程序：进口商申请进口特别限制的种质资源时，需向当地植物检疫机构提交有关资料，获得引进许可后方可进口。在进境之前，进口商需与PGQO的专家联系，以确定检测方案并事先准备检测条件。这些进境种质资源要进行系统的针对多种病毒、类病毒和细菌的检测。检测方法包括：田间和室内的生物测试，包括指示作物接种和嫁接法检测、血清学检测、分子生物学检测。果树类种质资源的检疫和隔离试种过程约3～5年，马铃薯块茎的检疫及隔离试种过程约一年半。对于风险较低的繁殖材料，经过初步的病毒、类病毒和细菌检测后未发现危险性有害生物就可以临时性释放，但仍然要对其进行跟踪，一旦发现危险性有害生物将立即启动紧急防疫措施予以铲除。经过严格隔离试种和田间测试后未发现问题的，进境繁殖材料将予以无条件放行。

4. 有害生物监测控制

为了有效监测国内植物有害生物，美国农业部设有“农业有害生物调查、监测项目”，由联邦与各州植物保护和植物检疫人员共同实施“农业有害生物调查合作方案”，并将有害生物调查信息汇编成全国性数据库即全国农业有害生物信息系统，为国内外农产品贸易提供科学依据，并有效地开展重要有害生物的封锁、控制和扑灭。

APHIS植物保护和检疫处（PPQ）拥有一支快速反应部队，负责处理外来（国外新传入和国内新发现）植物有害生物。其多次参与加利福尼亚州和佛罗里达州封锁、控制、根除地中海实蝇，参与佛罗里达州柑橘园新发现毁灭性柑橘溃疡病/A0菌株的封锁、根除，参与亚利桑那州小麦腥黑穗病的封锁、控制和根除。

（二）美国进境植物检疫相关要求

1. 有害生物风险分析（PRA）

美国的有害生物风险分析工作基本是按照ISPM第2号《有害生物风险分析框

架》的步骤和要求进行的，具体包括：①文件记载进行分析的原因；②确定商品植物成为杂草的可能性；③了解以前评估情况和目前进境及截获情况；④列出潜在的检疫性有害生物；⑤确定检疫性有害生物；⑥确定检疫性有害生物随传播途径传播的可能性；⑦传入后的后果分析；⑧传入可能性分析；⑨检疫措施分析及结论。

美国的 PRA 分为常规分析方法（定性方法）和非常规分析方法（定量方法）。两种方法都需要先确定检疫性有害生物、评估传入后果和传入可能性，并采用定性方法表示。

PRA 由动植物检疫局植物保护和检疫处负责。由于 PRA 任务较重，动植物检疫局也支持科研教学单位参与或单独开展 PRA，动植物检疫局在技术上给予必要的协助，但 PRA 的过程和结果必须接受动植物检疫局的监督和认可。

2. 进境许可证（IP）

美国植物检疫法（PQA）及联邦植物有害生物法（FPPA）对进境植物及植物产品要求 IP，IP 是允许进境的官方许可证。

需要检疫许可的植物和植物产品主要分为 5 大类：植物、种子和繁殖材料，水果和蔬菜，原木和木材，特殊批准的小麦和法规禁止的水稻、土壤、棉花、切花、玉米等。植物和植物产品开始起运到美国之前，进口商必须取得进境检疫许可。

进境许可证的目的、内容主要体现在：①提请 PPQ 与进口商加强联系，促进双方的相互了解，使进口商了解检疫官员将对进境货物采用何种控制措施，使检疫官员了解进口商有何进口意图。②通知进口商应注意的事项，如检疫官员对进境货物的要求，包括对货物进行处理的要求、货物从指定口岸入境的要求等。③提高检疫官员拒绝禁止进境物进境和防止植物有害生物传入的能力。

进境植物及植物产品的许可形式有口头许可（Oral Permit）、书面许可（Written Permit）和特许审批（Department Permit）3 种：

①口头许可：对于允许进境且用于个人消费的少量非贸易性植物及植物产品，采取口头许可方式；采取检疫措施时，“检查放行”即表明植物及植物产品符合进境要求，经口头许可即可放行。

②书面许可：进口限制进境物品时要出具书面许可证。一般由马里兰州口岸管理委员会（Port Operation）的许可证工作组（或称许可证办公室）签发书面许可证。但进境植物及植物产品符合下列条件时，所有口岸有权自行签发书面许可证：到达入境港口时无书面许可证；不超过一种；进境后无须隔离种植。

签发书面许可证使用的表格有多种：①由许可证工作组签发的书面许可证，即

PPQ-Form597；各港口也可使用进境许可证申请表签发一次性许可证。②对CITES管制的植物签发PPQ-Form622。③由生物学评估委员会（Biological Assessment Support Staff）签发的针对活植物、有害生物及有害杂草的PPQ-Form520；此许可证也适用于《进口联邦有害杂草法》（FNWA）管制的植物和受联邦法典第七章319.76条（以下简称7 CFR319.76）法规进口控制的物品。

书面许可证使用的编号就是该进境物品进境时所要遵照的法律依据的编号，如进口番茄要遵照7 CFR319.56，那么进口番茄书面许可证的编号即为56；又如进口稻草制品和榻榻米时要遵照7CFR319.55，那么进境榻榻米书面许可证的编号即为55。同时还可在上述基本数字后加上其他数字构成三位或更多位数的编号。

在执行检疫措施时，"要求书面IP"的含义是进境物品必须随附书面许可证。"要求IP"字样表明可由各口岸决定是要求书面许可证还是口头许可。一旦发现过期、失效及无书面许可证时的处理办法如下：如果进境物品不要求书面IP，检查放行；如果要求书面许可证，让进口商填写许可证申请表。若进口商两年内不再进口，签发一次性许可证，检查放行；若进口商两年内还要进口，则须填写PPQ-Form587一式三份，检查放行，并在其上加盖放行章，进口商、许可证工作组及存档备查各一份。

③特许审批：美国农业部、联邦、州以及私立的研究和教育机构确因研究需要由国外进口禁止进境物时，由许可证工作组签发特许审批，并在其上注明检疫或处理措施；除许可证工作组之外其他各口岸无权签发禁止进境物的特许审批。

一旦发现无特许审批的禁止进境物进境，则：①核实禁止进境物是否属研究或教育机构进口。若是，则与许可证工作组联系，如发现有害生物且情况紧急，要求其转口或作销毁处理；若不是，则要求其转口或作销毁处理；研究者携带的禁止进境物符合特许审批要求的放行，否则请示许可证工作组。②若禁止进境物为邮包，须送至PGQC检疫。

与书面许可不同，特许审批表格虽为PPQ-Form597，但编号是在PPQ-Form597第一栏内填工作组联系字样，并在其后附一个5位数字；书面许可证PPQ-Form597，则是在第一栏内填上进境物应遵照的法律依据号码。

3. 植物检疫证书（PC）

植物检疫证书是输出国对植物或植物产品符合输入国检疫要求和其中是否存在有害生物的声明。植物检疫证书的目的是：①便于鉴别进境物的类型。②便于鉴别进境物的种植地区。③便于鉴别进境物在产地国是否已经处理以及采用的处理方法等。④便于确定进境物是否符合检疫要求（如对生长季的要求、对预检的要求等）。

⑤便于证实进境物符合具体的证书要求。⑥便于确定需检查的货物量。

4. 限制和禁止进境物名单

美国制定了限制进境物名单和禁止进境物名单，包括一些植物及其种子；美国有害杂草名单中的植物及其种子；濒危物种法管制的不能进行贸易的濒危植物；濒危物种法管制的即将濒危的植物，该类植物的种子若有“栽培原产地”字样标识则可以进行贸易；CITES附录Ⅰ的植物及其种子；CITES附录Ⅱ的植物及其种子（其中苏铁科植物种子的贸易不受限制）；CITES附录Ⅲ的植物及其种子。

5. 包装要求

在进境或准备进境到美国时，不应使用植物性包装材料。植物应仅在装运前进行包装，包装材料应不含沙、土（下列指定的沙子除外），且未曾使用或未曾与其他已获批准的包装物混杂过。可以使用的包装材料如下：①荞麦壳。②珊瑚砂（来自百慕大）。③细刨花。④片状蛭石。⑤软木。⑥泥炭。⑦再生胶粉。⑧珍珠岩。⑨聚合物稳定纤维素。⑩沙砾。⑪锯木屑。⑫刨花。⑬泥炭藓。⑭蔬菜纤维（无果肉），包括椰子纤维和紫萁纤维，不包括甘蔗纤维和棉纤维。⑮火山岩。

6. 标签要求

除邮寄外，任何植物及其产品，在进境或准备进境到美国时，在集装箱外面（如以集装箱装运）或货物本身（如不以集装箱运）须标明下列信息：①货物名称和数量。②种植地所在国家或地区。③发货人、货主或承运人的名称和地址。④收货人的名称和地址。⑤发货人的识别标记和号码。⑥如有进境许可证应注明许可证的号码。

邮寄进境的植物及其产品，应写明地址并邮寄至指明的入境口岸植物保护及检疫办公室，并另外附单注明收货人的名称、地址和电话号码。还应在包装外注明下列信息：①货物名称和数量。②种植地所在国家和地区。③发货人、货主或承运人的名称和地址。④如有进境许可证，应注明许可证的号码。⑤任何限制货物在进境（邮寄或非邮寄）到美国时，须带有装货清单或包装名单，以表明装载的内容。

7. 野生植物和濒危物种保护要求

《莱西法案》（Lacy Act）是美国最古老的野生动植物保护法令。该法案的目的是打击野生动植物、鱼类、植物的“非法”贩卖。该项法令于1900年生效，1981年有重要修改；2008年5月22日，经过再次修订，将更多植物和植物产品列入其保护范围。2008年5月22日，美国重新修订了该法案并于2008年12月15日正式实施。美国《莱西法案》修订前，有关植物的条款规定很窄，仅限于美国本土植物并列入《濒危物种国际贸易公约》或美国州法律的物种。《莱西法案》修订后，保护范围延伸到违反美国及其他木材采伐国法律而采伐或运输的木材及植物制成品。《莱西法案》修正案要求进口申报的木制品范围广泛，包括纸张、家具、木材、地板、胶合板，乃至对相框产品的生产商及进口商都产生影响。《莱西法案》针对一些产品基本信息透明度的要求于2010年4月1日生效，适用范围延伸到家具行业。

《莱西法案》修正案要求美国进口木材的进口商和使用方要确保木材来源合法，一旦在检查中发现文件不全或造假，进口木材就会被立即查扣。修订后的法案主要有以下几项变动：①范围由“濒临灭绝的动植物管理”扩展到“整个野生植物及其产品”；②要求2008年12月15日后进入美国的野生植物及其产品，需要进口商填报“植物及其产品申报”单，否则不得入境；③建立起违反该法案的处罚制度，包括对违法植物产品要采取扣押、罚款、没收等措施，对虚假信息、错误标识等行为也要采取处罚措施。《莱西法案》目前可适用的进口木制品与物种远远超过《濒危物种国际贸易公约》列出的物种，覆盖范围包括原木、锯材、家具、地板、纸及其他下游木材产品。该法案规定美国法院可以执行的国外木材法律，如俄罗斯、印度尼西亚、加蓬或秘鲁等生产国的森林管理法律法规。该法案还延伸了国外法律法规的管辖范围，规定买卖以违反国外法律采伐、运输或销售的木材制成的产品均为违反美国法律的行为。该法案还提出了新的进口申报要求。从2008年年底开始，美国要求进口商提供申报产品中所用木材的学名、进口货值以及木制品数量、木材来源国家等。例如，某家越南椅类产品的美国进口商需要告知政府，其椅子木框架材料为泰国产柚木（*Tectona grandis*）；而某台球设备的进口商也需要声明其用来制作台球棒的黄檀产地为尼加拉瓜。

美国将大叶桃花心木列为濒危物种，要求从热带地区的国家（墨西哥、中美洲、南美洲和加勒比地区）进口含有大叶桃花心木的货物时，必须附有由出口国濒危物种进出口管理局颁发的出口许可证原件。企业在美国进口、出口或再出口大叶桃花心木板时必须持有从事进口、出口或再经营出口陆生植物（PPQ622）的有效普通许可证。

三、新西兰进境植物检疫程序及要求

（一）进境许可

新西兰只允许实施了PRA的植物入境；对于附有条件进境的植物，输出国要

明确是否落实了附有条件的有关内容。

进境植物是否需要进境许可，不同国家、不同植物而有不同的要求。原则上，用于栽培的植物（组培苗除外）需要进境许可。

进境许可原则上要在植物进境前办理，特殊情况也可在进境时办理。

申请进境许可，须填写“进境许可申请表”。该表格可从许可证管理办公室或者初级产业部（Ministry for Primary Industries，简称 MPI）官网上下载。填写好的表格应该返回给许可证管理办公室以确保在签发进境许可前符合入境后检疫的要求。

（二）出境前要求

1. 植物检疫证书

入境货物必须有植物检疫证书，证明植物已经按照出口国官方程序进行检疫，并且符合新西兰当前的进境要求。

以进境水果出口前检疫要求为例，对于输往新西兰的水果，输出国对有害生物管控必须满足以下要求才能签发植物检疫证书。

①对一级风险有害生物的措施：采用适当的官方程序进行检疫，外观检查是否不带有新西兰申明的管制性有害生物；或者来自非疫区，该非疫区应由官方进行调查确认；

②对二级风险有害生物的措施：开展适当有效的有害生物控制措施；或者来自非疫区；

③对三级风险有害生物的措施：采取被证明对三级风险有害生物有效的措施。

2. 出境前检疫

出境前检疫要求包括：

①输出国国家植物保护组织应进行取样和外观检查，以确定不带有新西兰提出的管制性有害生物。如果发现有活的管制性有害生物，必须经过有效处理后方可签发植物检疫证书。

②如果肉眼发现的有害生物并不在进境安全标准的名单上，负责签发证书的国家植物保护组织必须在其签发证书前制定相关的管理法规。例如：新鲜水果和蔬菜在输往新西兰前，如果肉眼检查不带有管制性有害生物，那么一般不需要进行检测。

（三）入境检疫

入境检疫一般程序包括：证单核查；货证核查；检疫及抽样；不合格情况及处理；隔离检疫；资料归档。

1. 证单核查

货物到岸后，检疫官将对与进境相关的文件进行检查以确保符合要求。

①确认该货物是否需要进境许可证，及有无进境许可证；

②检查植物检疫证书，核对有关内容；

③对于种植用种子，还需检查标签。

2. 货证核查

以新鲜水果为例。

为了确认实际进境货物植物检疫证书的内容（如包装数量、货物组成）真实性，将进行三个层级的符合性检查，这种检查适用于每个进口商：

①对连续10批货物进行符合性检查；

②对10％的货物进行随机符合性检查；

③对5％的货物进行随机符合性检查。

本层级符合性检查结果良好，检查比例降低到下一层级进行随机检查；反之上升到上一层级进行随机检查。

3. 货物有害生物最大允许量与抽样

（1）有害生物最大允许量与抽样量

在口岸进行查验时，肉眼检查发现的管制的有害生物不能超过“有害生物最大允许量”，目前该限量为0.5％。当置信度水平达到95％，若要求不超过“有害生物最大允许量”，那么随机抽取的600个样品则不能检出有害生物。

例如种苗：一批货物到岸时，每一种植物随机抽取600株进行检疫。如果一批货物不足600株，则每株都须进行检疫。

例如水果：新鲜水果肉眼检查发现管制性有害生物的最大允许量为置信度为95％时，检出管制性有害生物的货物不能超过0.5％，即抽取的600个果实中不能检出管制性有害生物。

例如栽培用种子：每个品种需抽取5 g样品；对于密封包装的种子，每个品种都要随机取样检测。

（2）抽样

以新鲜水果为例：从一批货物的各个部位抽取样品，样品应覆盖来自不同地区的包装箱。为确保抽样具有代表性，取样时应考虑选取不同种植场、不同托盘、不同品牌以及不同位置的货物。如果一批货物的学名是一样的，但是产品具有不同的物理性状，那么抽样时每个品种都应抽取相同的数量。

4. 现场检疫

（1）检疫场所

进境植物须在指定的临时场所进行检疫。

对于不能立即检查的新鲜水果和蔬菜（如在抵达新西兰 4h～6h 内），将被放置在临时的场所直到接受检查。对于不符合或者疑似不符合相应标准要求的新鲜水果和蔬菜，将被置于临时存放场所，直到货物被检查和/或被处理、退回或者销毁。

（2）检疫项目

检疫官将对每一个样品连同装载的包装容器一并进行检查，检查是否带有害虫、杂草、病害症状、土壤以及任何其他不符合安全标准的物质。

以新鲜水果为例：

①包装：水果的包装物必须清洁、没有土壤和其他污染物。

②有害生物检测：如果货物没有发现肉眼可见的管制性有害生物，对于新鲜水果和蔬菜一般不要求进行检测。

5. 不合格情况及处理

（1）证书不符合要求

①如果发现应办进境许可证而未办理的，作退回或销毁处理；

②植物检疫证书不符合要求的，货物将被存放在临时存放场所，直到提供符合要求的证书。如果在 48h 内无法提供符合要求的证书，那么便会向 MPI 生物安全局提交货物不合格报告。

（2）发现有害生物

①处理原则：发现管制的有害生物，且其数量超过了可接受限量的，视情况作退回、销毁或除害处理，处理后合格的准予进境；发现非管制的有害生物的，准予进境。

②处理场所及方法：所有处理必须在 MPI 认可的场所进行，不同国家、不同产品的处理要求有具体相关标准。例如，经过处理后才能获得生物安全官方许可的新鲜水果/蔬菜，只能采用一种经过证明对截获有害生物有效的处理方法，而且该

处理方法是经过认可并且发表了文献的。如果检疫官没有现成的处理参考资料，那么进口商有义务向检疫官提供能够证明其建议处理方法的有效证据。

③处理执行及费用：货物的处理是在检疫官的监管下由进口商或者其代理人执行，处理风险及费用由进口商承担。对于文件或者货物的整体信息不一致，如电脑的拼写错误，将会对货物采取官方许可程序。若证明技术性不符合情况与文件有关，如缺少附加声明，货物将被扣留，不符合情况性质将会向 MPI 生物安全局植物进境部门的顾问进行报告，征求对不合格货物放行或处理的意见。

（3）发现土壤和叶片污染

夹带土壤的货物，每单位不超过 25 g（或者是相同的比例，如 1200 个单位不超过 50 g）的将会被清洗掉土壤，或者被退回，或者经进口商同意被销毁且支付相关费用。

每 50 个单位货物夹带的叶片数量多于 1 片，被叶片污染的货物会做出退回或者销毁的处理。

处理情况将由检疫官通过重新抽样、重新检测以判断是否符合标准。

（4）新鲜产品被杂草籽污染

对于携带管制性杂草籽，且其含量超过了取样计划对有害生物限量的货物将被扣留。检疫官（或者是该检疫官的监督员）将与 MPI 生物安全局植物进境部门的高级顾问联系，并且上报不合格的详细情况（包括样品中截获的每种杂草籽的数量）。

对被污染的货物，根据进口商的意见作退回或者销毁处理，并由其支付相关费用。

处理情况将由检疫官通过重新抽样、重新检测以判断是否符合杂草籽可接受水平。

6. 入境后隔离检疫

（1）需要隔离检疫的植物

包括栽培植物（包括植物繁殖材料及用于繁殖的蔬菜，消费用的蔬菜、鲜果、种子、粮谷及休眠状态的观赏用球茎、块茎、根茎等除外）、水生植物、部分种子。

（2）隔离场所及隔离时间

入境后隔离检疫将在经注册的符合新西兰生物安全标准要求的临时场所进行，不同植物隔离时间要求不同。如部分种子要求种植隔离一段时间，而种苗则有明确的规定。

除特殊情况外，种苗隔离检疫时间至少 3 个月。整个隔离期，种苗必须是活的。如果种苗长得慢、发现有有害生物或者需要进行处理，那么隔离期可能被延长。MPI 检疫官全权负责决定种苗何时可以获得生物安全的官方许可。MPI 认可的隔离苗圃名单可在 MPI 官网上查询。

7. **资料归档**

证书要求：具有植物检疫证书的商业进境货物，与其相关的所有检验、有害生物鉴定、处理以及放行等环节的详细信息将录入 MPI 的相关检疫数据库。

复印件信息要求：与每份植物检疫证书相关的官方许可（如有害生物鉴定记录、处理记录以及其他许可文件），要么与植物检疫证书原件一起保存，要么单独存放，但必须可以清楚溯源查找。

（四）生物安全

新西兰早在 1993 年就通过的世界上第一部有关生物安全方面的专门立法《生物安全法》，该法旨在防止侵袭性物种的无意引入以及它们在国内的传播。它为所有可能带来生物安全威胁的引入活动制定标准、通过边境监控来控制物品穿越边境的通道以及要求入境后检疫。对于已经在新西兰栖居的侵袭性物种，《生物安全法》提议要么清除该物种，要么通过在地区和国家两级实施有害物管理战略来对该物种进行持续管理。该法包括五个主要部分：设定进口标准；控制货物的入境通道；设立入境后检疫措施（边境控制的延伸）；一直保持对本地动植物数量的监控；监视对已经移植或引入新西兰的侵袭性物种的清除和控制。该法要求入境的任何进口植物或者植物产品都要符合相应的健康标准，携带外来生物或者外来物种产品入境的必须申报，违者要处以罚款或 5 年劳役，对外来物种及产品的处置费用由携带者承担。1996 年新西兰发布的《危险物质和新型生物体法》主要是规定外来物种的有意引入。它规范个人和组织把新型生物体（包括转基因生物 GMOs）带入新西兰的有意识的活动及相关责任。该法的主旨是通过防止或管理有害物质和新型生物的不利影响来保护环境以及公众的生命安全。该法于 2003 年修订，确立了原农林部（MPI 前身）代表环境风险管理局在新型生物体实施方面的领导作用，补充了原农林部在《生物安全法》中规定的管理有害物与有害生物体的责任。

其他立法中也涉及生物安全，包括《野生动植物法》（1953）、《濒危物种贸易法》（1989）和《资源管理法》（1991）等。

2002 年新西兰又制定了新的生物安全计划，于 2003 年 4 月开始实施，将入侵物种纳入管理范围。该计划对采取何种行动确保及时发布生物安全监督计划，确定新生物入侵和当地固有生物扩散的内在运动方面的信息都作了明确的回答，以确保未来新西兰在一般的生产、自然环境中被适当的保护，不受有害生物及疾病的影响。

根据《生物安全法》第26章规定，如果植物符合该标准要求，那么就可给予生物安全许可。在第27和28章，对颁发生物安全许可有其他的限制要求，如不能确保符合进境安全标准或者进境许可要求的，则不能颁发生物安全许可。

根据《生物安全法》第27章规定，如果检疫官认为植物被有害生物侵染、或者有被侵染的症状，或者检疫官认为情况有变化，或者根据所了解的情况认为不应该颁发生物安全许可，则不颁发生物安全许可。

例如，检疫官将对每批进境到新西兰的新鲜水果和蔬菜签发书面生物安全官方许可。

（五）对评估用途贸易样品的检疫

以新鲜水果为例：

评估用途的贸易样品（小于30 kg）可以进境，但须符合以下条件：货物必须附带由新西兰生物安全标准小组的一位高级顾问签发的批准信函；在货物入境前至少48h要书面通知入境口岸检疫官员。

贸易样品用于感官评估（如味道、外观），而且所有货物以及包装将在入境后48h内进行销毁。

货物须100%检查，凡是带有有害生物危害或感染症状的货物将被清除或销毁。

MPI检疫后即可开展感官评估，评估工作须在一名MPI检疫官员的监督下在MPI管辖的临时场所进行。

所有与贸易样品相关的检查、疫情截获、不符合情况以及销毁等信息将输入到MPI生物安全数据库。

（六）对退运货物的检疫

以种苗为例：

原产新西兰的被退运种苗被看做是从国外入境的种苗，必须符合进境安全标准要求，除以下情况外，种苗须被退回或销毁：

1. 种苗在境外未被打开（货物装载在原来防虫的集装箱中，而且原封识完整，如果在入境时经过检查确认为新西兰产的，则允许入境）。

2. 种苗在境外被打开。种苗在境外被打开检查，因为某种原因被拒入境，如果通过以下程序，则允许入境：

①确认种苗在检验后立即放回原来的防虫集装箱并重新封装，或者在重新出境前存放在防虫的场所；

②货物按照第一种情况的方式运回新西兰；

③根据规定在货物抵达新西兰时进行检验，并获得官方许可；

④根据标准第 2.2.1.6 条或 2.2.1.7 条要求，用一般杀虫剂和杀螨剂处理过。

四、加拿大进境植物检疫程序及要求

（一）检疫许可

根据《加拿大进出境许可法》，加拿大实施进口商品许可目录制度。进口目录内商品需申请进境许可证。农产品进境还应符合《农产品市场管理法》要求。

根据《植物保护法中进口许可证的应用、程序、签发和使用》（D－97－04），进境许可证申请人必须具备以下条件之一方可提出进境许可证申请：加拿大公民或永久居民；获得在加拿大 6 个月以上居留权的进口商；加拿大本地公司的负责人。此外，大学和/或研究机构的在任负责人可以代表本机构申请许可，但加拿大食品检验局（Canadian Food Inspection Agency，简称 CFIA）不接受代理人的许可证申请。

申请进境许可证需要提供的信息包括：申请人姓名和地址，加拿大居民身份证明，进口商不是申请人本人的还应提供进口商姓名和地址，出口商姓名和地址，原产国产品信息，产品贸易国信息，加拿大入境海关部门所在地，商品入境日期，商品描述、数重量以及其他需要补充的信息。

据《植物保护条例》第 32 节和 43 节，加拿大进境许可证分为一般进境许可证和特殊进境许可证两种：

①一般进境许可证：针对非禁止进境，但需要在原产地实施检疫处理、附带植物检疫证书或原产地证书等文件的植物及植物产品。

②特殊进境许可证：针对因科研、教育、展览等特殊需要进境的有害生物（如昆虫、植物病菌、植物线虫等）、禁止进境物、易传播检疫性有害生物或不能满足加拿大进境植物检疫要求的其他产品。

进境许可证有效期通常为3年。如果进口商未能达到进境许可证所列检疫要求，或检疫官确认该批货物在原产地已受到有害生物侵染时，进境许可证自动失效。

据《植物保护条例》第29节要求，进口商进口植物及其产品，如林业产品（树木、原木、木材等）、田间农作物（如谷物、豆类、油菜籽及草料等）、种子、园艺作物及产品（如新鲜水果和蔬菜、温室苗木、马铃薯等）时，至少需要在商品进境前6周向CFIA申请进境许可证。许可证将列明进境植物和植物产品输往加拿大的条件（包括在原产地实施检疫处理、证书附加声明等要求）。

（二）检疫准入

依据加拿大《植物保护法》和《植物保护条例》，CFIA可根据进境植物和植物产品的检疫风险、产品用途、原产地疫情状况以及检疫除害处理措施的有效性，结合加拿大本国有害生物的发生情况开展风险评估，确定植物和植物产品的进境要求。

CFIA主管部门或检疫官认为某种产品可能引发疫情危害或引发生物安全危机时，无论因该植物或植物产品本身是有害生物，或是在风险评估期内，官方都有权对该产品实施检疫准入，提出必要的检疫要求和准入期限。

通过生物技术、常规育种技术得到的植物新品种要引入加拿大，必须经过CFIA和加拿大健康委员会的安全评估程序的评估。

加拿大禁止进境产品有：有害生物；可能被有害生物侵染或引起加拿大生物安全危机的产品；没有原产国植物检疫证书或转口植物检疫证书的产品；会导致有害生物传入的产品；官方书面通知禁止入境或进境许可证列明禁止入境的其他产品。

上述产品经检疫处理或加工后，在原产地评估不会再有疫情传播风险或者达到检疫要求的，可以进境。

制定进口要求主要考虑下列因素：产品相关风险、产品用途、产品生产国以及关注有害生物在该国的发生情况、一些有害生物在本国的发生情况、风险降低措施的有效性如热处理/熏蒸处理及其有效性。

（三）现场检疫和放行

进口商必须在货物到达时向加拿大口岸服务局和/或CFIA进境服务局提交有效的进境许可证以及植物检疫证书等必要证明材料，未获得进境许可证的货物将被直接扣留。

检疫许可目录内的商品全部实施现场检疫，目录外的商品需实施现场检疫时，检疫官应书面通知货主。

检疫官可以在其指定地点对货物实施检疫。现场检疫时，检疫官有权将列明检疫通知单号或进境许可证号的检疫标识加贴在货物或货物包装上。

加贴检疫标识的货物，除非检疫官授权，任何人不得移运。

（四）实验室检疫检测

以加拿大马铃薯检验程序为例，CFIA 根据国家认可程序对检验实验室实施认可制度，并只对法检项目实施认可。

（五）隔离检疫

当现场检疫可能影响到人或生物的安全时，检疫官可以要求货主将货物调离到指定地点实施检疫，货主必须要遵从检疫官的要求。

（六）结果评定与出证

经现场检疫，检疫官确认以下情况时：货物或货物的一部分不是有害生物或没有被有害生物侵染；货物或货物的部分不会或不太可能影响加拿大有害生物控制；有害生物已从货物或货物的部分完成去除。

检疫官应对货物放行，签发检疫放行通知单并书面通知货主。

产品经检疫不合格时将予以扣留，加贴检疫标识并书面通知货主。

检疫不合格植物或植物产品扣留期一般不超过 180 天。但是，如果检疫官认为需要评估其携带的有害生物（如病毒、类病毒、植原体类微生物）是否在加拿大发生或可能发生时，或者检疫官认为需要确认该植物是否已经在加拿大培养、田间栽培、加工或者为转基因产品时，则扣留期可以从 180 天延长至 3 年。

（七）检疫处理

检疫不合格产品，CFIA 主管部门将作销毁、退运、除害处理或追加罚款处理。进口商须承担一切费用，否则货物将被没收或强制处理。此外，对持输出国官方检疫证书的货物检出不合格的，CFIA 将另行向输出国进行信息通报，要求输出国加强类似货物的检疫。

CFIA 或检疫官确认某货物为有害生物或某地发生疫情污染或导致加拿大生物安全危机时，可以要求对该货物或该地点实施检疫处理或加工处理。检疫处理或加工措施可以由检疫官实施或由检疫官委托他人实施，也可以书面通知货主，要求货主实施或货主委托他人实施。

检疫官认定某货物为有害生物或被有害生物污染或可能引发生物安全危机时，也可在特定时间、特定条件下，以书面形式要求采取包括检测、销毁或防止有害生物传播的任何措施。

（八）检疫监管

根据《植物保护法》第 26 节，检疫官认为必要时，可对任何可能被有害生物污染的地区或货物实施检疫监测。

根据监测结果，CFIA 或检疫官确认某地或某货物已经发生有害生物或发生有害生物控制危机时，CFIA 或检疫官应立即向公众或政府报告，并尽可能通知可能受到危害的人群。

（九）信息交流

加拿大相关法律法规、进出境许可目录等均在 CFIA 网站上予以公布。CFIA 还研发了“进境货物信息自动查询系统网站”（AIRS），以便进口商随时了解相关商品的进境要求。

现场检疫发现持输出国官方证书的货物检出不合格的，CFIA 将向输出国进行信息通报。

第三节　中国进境植物检疫一般程序和要求

中国进境植物检疫的一般程序包括境外企业注册登记、检疫许可、报检、现场查验、实验室检测、隔离检疫、结果评定与出证、检疫处理、检疫监管和信息报送等 10 个主要环节。过境应检物是一类特殊的物品，过境检疫程序相对简单，但总体原则要求和进境植物检疫相似，相关程序与要求在进境植物检疫的相关程序中一并阐述。

一、境外企业注册登记

对企业实施注册登记，是从源头降低植物疫情风险、提高农产品质量安全水平的有力措施。对出境方企业实施注册登记是公认的降低有害生物传入风险的国际植物检疫措施（ISPM 第 20 号《植物检疫进境管理体系准则》），也是世界各国通行的做法。中国依法对高风险植物及其产品的境外生产加工企业实施注册登记制度。目前，中国对包括水果果园和加工包装厂，部分植物繁殖材料（如葡萄苗、种用观赏植物鳞球茎等）种植场（圃），栽培介质生产、加工、存放单位等实施境外企业注册，对境外粮食仓储企业的注册登记制度也正在积极推进之中。

境外生产加工企业应当符合输出国家或地区法律法规和标准的相关要求，并达到与中国有关法律法规和标准的等效要求，经输出国家或地区主管部门审核合格后向国家质检总局推荐。国家质检总局对输出国家或地区官方提交的推荐材料进行审查，审查合格的，经与输出国家或地区主管部门协商后，派出专家到输出国家或地区对其检疫监管体系进行现场考察，并抽查申请注册登记的企业。如检查中发现输出国家或地区植物检疫监管体系不完善或不能有效运作的，不予以注册登记；对检查不符合要求的企业，但不影响输出国家或地区植物检疫监管体系有效运作的，对这些企业不予注册登记；对不符合要求的，应将原因通过国家质检总局向输出国家或地区主管部门通报；对抽查符合要求的及未被抽查的其他推荐企业，予以注册登记，并在国家质检总局官方网站上公布。

对已获准向中国出口相应产品的国家/地区及其获得注册登记资格的企业，国家质检总局将视情况派出专家到输出国家或地区对其检疫监管体系进行回顾性审查，并对申请延期的境外生产企业进行抽查，对抽查符合要求的及未被抽查的其他境外生产企业，延长注册登记有效期。

二、检疫许可

为进一步规范进境植物检疫准入制度，根据《中华人民共和国进出境动植物检疫法》及其实施条例的有关规定，国家质检总局陆续出台了一系列检疫准入相关部门规章。检疫许可包括检疫准入、检疫审批和产地检疫三项内容。

1. 检疫准入

《进境植物和植物产品风险分析管理规定》（国家质检总局令第 41 号）规定，

首次向中国输出某种植物及其产品和其他应检物或者向中国提出解除禁止进境物申请的国家或地区，应当由其植物检疫主管部门向国家质检总局提出书面申请，并提供开展风险分析的必要技术资料。国家质检总局收到申请后，根据 IPPC 组织制定的国际植物检疫措施标准、准则和建议，遵循以科学为依据、透明、公开、非歧视以及对贸易影响最小等原则，组织专家执行或者参考 ISPM 第 2 号《有害生物风险分析框架》、第 11 号《检疫性有害生物风险分析》、第 21 号《管制的非检疫性有害生物风险分析》等国际标准，开展有害生物风险分析。

通过书面问卷调查或实地考察方式，详细了解拟输出国家或地区植物检疫机构组织形式及其职能、检疫监管体系及其运行状况、检疫技术水平等情况，了解拟输出产品名称、种类、用途、进口商、出口商等信息。采用定性、定量或者两者结合的方法，对有害生物进入、定殖和扩散的可能性和有关潜在经济影响进行评估。根据风险评估的结果和与输出国植物检疫主管部门进行充分的风险交流后，确定检疫性有害生物名单，提出与中国适当保护水平相一致的、有效可行的风险管理措施。

在风险分析的基础上，中国与输出国家或地区就植物及其产品的检疫要求进行协商，签署检疫议定书、或制定工作计划、或确认检疫证书格式和内容，作为开展进境植物检疫工作的依据。国家质检总局也将向各直属检验检疫局通报检疫准入信息，包括允许进境该农产品的议定书、检疫要求、证书模板、印章印模等，有的还通报国外签证官的签字笔迹。

2. 检疫审批

检疫审批是中国植物检疫的法定程序之一，是植物及其部分产品和其他应检物在入境之前实施的一种预防性植物检疫控制措施。为了降低有害生物随进境植物及其产品传入的风险，世界各国普遍采取该项措施。

国家质检总局 2002 年颁布了《进境动植物检疫审批管理办法》，建设推广应用了“进境动植物检疫许可证管理系统”，实行电子审批程序，提高了行政审批工作效率，增强了检疫审批的透明度。

（1）审批机构和审批物名录

目前中国涉及植物检疫审批的部门有国家质检总局、农业部和国家林业局及其省级部门，其中农、林业部门负责禁止进境物以外的植物繁殖材料的检疫审批和《农业转基因生物安全管理条例》规定转基因产品的生物安全审批。

国家质检总局根据法律法规的有关规定，在风险分析的基础上，对植物及其产

品按照有害生物风险等级实施分类管理，制定、调整并发布需要检疫审批的植物及其产品名录。目前国家质检总局的植物检疫审批名录包括：果蔬类（来自地中海实蝇非疫区或已解禁的新鲜水果、番茄、茄子、辣椒果实）、烟草类（来自烟草霜霉病菌非疫区或已解禁的烟叶及烟草薄片）、粮谷类（小麦、玉米、稻谷、大麦、黑麦、燕麦、高粱等及其加工产品，如大米、麦芽、面粉等）、豆类（大豆、绿豆、豌豆、赤豆、蚕豆、鹰嘴豆等）、薯类（马铃薯、木薯、甘薯等及其加工产品）、饲料类（麦麸、豆饼、豆粕等粮食、油料经加工后的副产品）、其他类（植物栽培介质）。国家质检总局对以上产品签发《中华人民共和国进境动植物检疫许可证》。

国家质检总局植物检疫特许审批的名录包括：引进禁止进境的植物病原体（包括菌种、毒种等）、害虫及其他有害生物、土壤、植物有害生物流行的国家和地区的有关植物、植物产品和其他应检物。国家质检总局对以上物品签发《中华人民共和国进境动植物检疫许可证》。

农业、林业部门植物检疫审批《中华人民共和国进境植物检疫禁止进境物名录》以外的种子、苗木和其他繁殖材料，在风险分析的基础上分别签发《引进种子、苗木和其他繁殖材料检疫审批单》和《引进林木种子、苗木及其他繁殖材料检疫审批单》。

因科研教学等特殊需要，邮寄进境《中华人民共和国进境植物检疫禁止进境物名录》所列进境物的，必须事先向国家质检总局办理检疫审批手续。邮寄进境的植物种子、苗木及其他繁殖材料，收件人须事先向国家农、林业主管部门办理检疫审批单，因特殊情况无法事先办理的，应当在口岸补办检疫审批手续。邮寄进境植物产品需要办理检疫审批手续的，收件人须事先向国家质检总局或授权的进境口岸所在地直属检验检疫机构办理检疫审批手续。旅客携带植物种子、种苗或繁殖材料入境，因特殊情况无法事先办理植物检疫审批手续的，应当在抵达口岸时到直属检验检疫局办理植物检疫审批手续。

（2）工作程序

输入需要检疫审批的植物及其产品或其他应检物时，货主或其代理人应在签订贸易合同或赠送协议前，事先申办《中华人民共和国进境动植物检疫许可证》（以下简称《检疫许可证》），《引进种子、苗木和其他繁殖材料检疫审批单》或《引进林木种子、苗木及其他繁殖材料检疫审批单》（以下简称《检疫审批单》）。申请单位在“中华人民共和国进境动植物检疫许可证管理系统”（电子审批系统）上申请办理《检疫许可证》，或填写《中华人民共和国进境动植物检疫许可证申请表》，同时提交相关材料，按产品种类由进境口岸或使用地直属检验检疫机构初审合格后，上报国家质检总局审核。国家质检总局根据直属检验检疫机构初审意见、输出国植物疫情状况等审核检疫许可申请，决定是否签发《检疫许可证》。

3. 产地检疫

产地检疫也称境外预检。中国与部分输出国签订的植物检疫协议中明确规定，对高风险的进境植物及其产品如烟叶、苗木、水果、粮食等视情况实施境外预检。

在国外执行植物产地检疫任务时，预检人员对外代表中国检验检疫机构，按照双边或多边检疫协议的要求，配合输出国家或地区政府植物检疫机构执行双边检疫协议，落实议定书规定的检验检疫要求，确保向中国输出的植物及其产品符合检疫协议的规定。在境外预检工作期间，预检人员与输出国官方主管部门联系，商定检疫计划，了解输出国家或地区，尤其是输出植物及其产品所在地和农场的植物疫情及相关防疫措施的落实情况，掌握实验室检测能力，落实运输路线、运输要求，对预检过程中发现的问题按照检疫协议的规定及时与输出国有关方面协商解决，最后确认出境检疫证书内容，全面反映协议规定要求。

产地预检内容主要有三项：一是确认拟输华的植物或植物产品是否来自国家质检总局确认的有害生物非疫区和非疫产地；二是确认输出国家或地区官方建立有害生物非疫区和建立有害生物非疫产地的官方措施的落实情况；三是查看输出国家或地区官方在植物生长期间，是否针对中方关注的检疫性有害生物进行疫情调查。

产地预检时，重点关注以下事项：输出国针对中方关注的检疫性有害生物采取的植物检疫措施体系是否有效运作；已完成加工、包装的待出口植物、植物产品不带有土壤、活虫和植物根、茎、叶等残体，不带有双方列明的检疫性有害生物；包装上标明的官方标签和相关信息符合议定书规定。

预检人员应及时向国家质检总局汇报工作进展。在发生以下情况且预检人员不能协商解决的，立即向国家质检总局请示解决方案，必要时，由国家质检总局与输出国家或地区政府植物检疫机构直接协商解决，确保检疫协议条款和要求全面落实，保障进境植物及其产品符合检疫要求。预检结束时应出具预检报告。产地检疫实例见图 3－1～图 3－3。

图3－1　美国苜蓿草产地检疫监管体系考察

图3－2　日本罗汉松产地检疫

图3－3　水果产地检疫

三、报检

1. 货主或其代理人报检时提供的单证资料

货主或其代理人报检时需要提供入境货物报检单、《检疫许可证》或农林业部门《检疫审批单》（视需要）、输出国家或地区官方植物检疫证书、贸易合同或信用证及发票、提单或装箱单、中国农业部颁发的《农业转基因生物安全证书》和转基因产品标识文件（适用于《农业转基因生物标识管理办法》和《农业转基因生物进口安全管理办法》规定的转基因产品）等单证资料。

对于过境应检物，过境应检物到达入境口岸时，由承运人或押运人向入境口岸检验检疫机构报检。报检时，提供的单证资料包括：货运单、输出国家或地区官方出具的植物检疫证书、过境转基因产品批准文件（转基因植物产品）以及其他相关证明文件或资料。

2. 受理报检评审

对报检单证资料进行完整性、有效性和一致性审核，符合规定的，受理报检。

否则，不予受理报检。

四、现场查验

根据货物种类和口岸类型（陆路口岸、海港口岸、空港口岸），现场查验形式略有差异，主要内容包括以下 2 个方面：

1. 核查货证是否相符

核查所提供的单证材料与货物是否相符，核对集装箱号与封识与所附单证是否一致，核对单证与货物的名称、数重量、产地、包装、唛头标志是否相符。水果冷处理核查实例见图 3－4。

2. 现场检疫查验

对进境植物及其产品和其他应检物，以及其包装的全部或有代表性的样品进行现场检查。主要内容包括：①检查运输工具及集装箱底板、内壁及货物外包装有无有害生物，发现有害生物并有扩散可能的应及时对该批货物、运输工具和装卸现场采取必要的检疫处理措施，并拍照或录像。②检查植物性包装材料、铺垫材料是否符合中国进境植物检疫要求。③检查货物有无水湿、霉变、腐烂、异味、杂草籽、虫蛀、活虫、菌核、病症、土壤等，情况严重的，应对现场进行拍照或录像。④按规定抽取样品，需进一步进行实验室检测的，填写送样单并及时将样品连同现场发现的可疑有害生物一并送实验室检测。

图 3－4　水果冷处理核查

对过境应检物的现场查验，主要从三方面进行：一是对原装运输工具过境的，查验运输工具或包装、装载容器的外表有无破损、撒漏，是否附着土壤、害虫及杂草籽等有害生物。二是更换运输工具的，全面查验原运输工具上有无过境应检物的残留物及植物性铺垫物，应检物的装载容器、包装物有无破损、撒漏或感染害虫等有害生物。三是对现场查验中截获的害虫、杂草籽等有害生物交送实验室进行检疫鉴定，及时出具检验检疫结果报告单。现场查验发现有害生物并有扩散可能时，及时对该批货物、运输工具和装卸现场采取必要的防疫措施。现场检疫实例见图 3－5～图 3－6。

图 3-5 进境大豆现场检疫

图 3-6 进境原木现场检疫

五、实验室检测

实验室检测是植物检疫必不可少的组成部分，IPPC 公约和相关的 ISPM 标准均有详细的论述（详见第五章）。现场查验发现的有害生物、带有可疑症状的货物或其部分以及按照规定抽样方法抽取的样品，应送实验室进行有害生物鉴定或检测。有害生物鉴定和检测应按相关标准和程序进行。对于转基因大豆、玉米、油菜籽、马铃薯、饲料等转基因产品依据有关国家标准或国家认可的其他检测方法进行转基因项目检测。实验室检测实例见图 3-7～图 3-9。

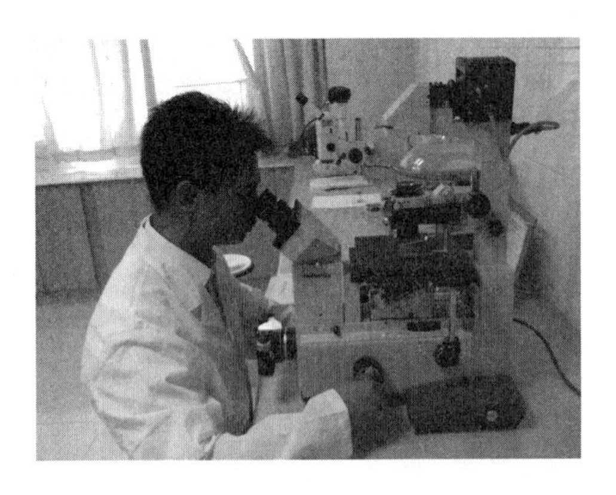

图3-7 实验室检疫鉴定

图3-8 实验室培养检查

图3-9 植物检疫标本室

六、隔离检疫

《进出境动植物检疫法》规定，“输入动植物，需隔离检疫的，在口岸动植物检疫机关指定的隔离场所检疫”。《进境植物繁殖材料检疫管理办法》（国家质检总局令第10号）第13条规定“属于高、中风险的，经检疫未发现检疫性有害生物，管制的非检疫性有害生物未超过有关规定的，运往指定的隔离检疫圃隔离检疫。”因此，所有进境的中、高风险的种子、苗木、鳞球块茎、试管苗等植物繁殖材料必须在检验检疫机构指定的隔离检疫圃进行隔离检疫。根据《进境植物繁殖材料检疫隔离管理办法》（国家质检总局令第11号）的规定，“隔离检疫圃须严格按照所在地检验检疫机构核准的隔离检疫方案按期完成隔离检疫工作，并定期向所在地检验检疫机构报告隔离检疫情况，接受检疫监督。”

隔离检疫圃所在地检验检疫机构凭指定隔离检疫圃出具的同意接受函和经检验检疫机构核准的隔离检疫方案办理调离检疫手续。需要调离入境口岸所在地直属检

验检疫机构辖区进行隔离检疫的，入境口岸检验检疫机构凭隔离检疫所在地直属检验检疫机构出具的同意调入函予以调离。高风险的必须在国家隔离检疫圃实施隔离检疫；因承担科研、教学等需要引进高风险的植物繁殖材料，经报国家质检总局批准后，可在专业隔离检疫圃实施隔离检疫。

隔离种植期限按检疫审批要求执行。检疫审批不明确的，按以下要求执行：一年生的隔离种植一个生长周期；多年生的隔离种植 2～3 年。因特殊原因，在规定时间内未得出检疫结果的，可适当延长隔离种植期直至获得检疫结果。

同一隔离场地内不得同时隔离两批（含两批）以上的相同的植物繁殖材料，不得将无关的植物种植在隔离场地内。检验检疫机构对隔离检疫实施检疫监督，督促落实事先拟定的防疫措施，负责隔离期间有害生物的监测与调查，及时将样品、染疫植物或疑似染疫植物送实验室进一步检测。未经检验检疫机构同意，任何单位或个人不得擅自调离、处理或使用隔离中的植物繁殖材料。隔离检疫圃负责对进境隔离应检物的日常管理，做好疫情记录，发现重要疫情立即报告所在地检验检疫机构。隔离检疫结束后，隔离检疫圃出具隔离检疫结果和报告；在地方隔离检疫圃隔离检疫的，由具体负责隔离检疫的检验检疫机构出具结果和报告。

隔离检疫圃所在地检验检疫机构根据隔离结果和报告，结合入境检疫结果作如下评定：未发现进境植物检疫性有害生物、政府及政府主管部门间签订的双边植物检疫协定、协议、备忘录和议定书中确定的有害生物、其他有检疫意义的有害生物的，予以放行，出具《入境货物检验检疫证明》并在证明中注明“经隔离种植检疫，未发现检疫性有害生物，予以放行”。发现上述有害生物的，整批作销毁处理，出具《检验检疫处理通知书》；需对外索赔的，出具《植物检疫证书》。

七、结果评定与出证

检疫合格的，出具《入境货物检验检疫证明》。检疫不合格，发现列入我国禁止进境植物检疫性有害生物名单的有害生物、关注的有害生物、政府及其主管部门间双边植物检疫协定、协议和备忘录中订明的有害生物、其他有检疫意义的有害生物的，出具《检验检疫处理通知书》，在检疫机构监督下实施检疫处理，处理合格后方可同意入境；无有效处理方法的作退运或销毁处理。报检人或进口商要求或需对外索赔的，出具《植物检疫证书》。

有分港卸货的，先期卸货港检验检疫机构只对本港所卸货物进行检疫，并将检疫结果以书面形式及时通知下一卸货港所在地检验检疫机构，需统一对外出证的，由卸毕港检验检疫机构汇总后出证。

对于过境应检物，经检疫未发现检疫性有害生物及其他有检疫意义的有害生物，装载过境应检物的运输工具或包装物、装载容器完好无损、不撒漏的，出具《植物转口检疫证书》，准予过境，出境口岸检验检疫机构不再检疫。发现检疫性有害生物的过境应检物，有有效除害处理方法的，出具《检验检疫处理通知书》，除害处理合格后，出具《植物转口检疫证书》，准予过境；无有效除害处理方法的，不准过境。

八、检疫处理

输入植物、植物产品和其他应检物，经检疫发现有检疫性有害生物及其他需要关注的有害生物的，有有效处理方法的，在检疫机构的监督下作除害处理；经除害处理合格的，准予进境。有关检疫处理详见第七章。

九、检疫监管

检验检疫机构根据需要，可对入境的植物、植物产品及其他应检物依法实施监督管理。同时，为加强进境植物及其产品的后续监管，国家质检总局还就进境植物及其产品的境内生产加工企业提出了明确的检疫备案要求，进境粮食、中药材等产品只能在符合检疫防疫要求、经备案的企业生产、加工、存放。检疫监管主要包括四方面：

1. 植物及其产品装卸、运输和生产加工过程检疫监管

国家质检总局和检验检疫机构对进境植物、植物产品的生产、加工、存放过程实行检疫监督制度。装卸、运输、储存、加工单位在入境口岸检验检疫机构管辖区内的，由入境口岸检验检疫机构负责监管，并做好监管记录。运往入境口岸检验检疫机构管辖区以外的，由指运地检验检疫机构负责对其进行监管，入境口岸检验检疫机构应及时通知指运地检验检疫机构。在检疫监管过程中，可以对运载进出境植物、植物产品和其他应检物的运输工具、装载容器加施检疫封识或者标志；未经检验检疫机构许可，不得开拆或者损毁检疫封识、标志。

过境货物过境期间，未经检验检疫机构批准，不得开拆包装或卸离运输工具。过境应检物到达出境口岸时，由出境口岸检验检疫机构核查装载过境应检物的运输工具或包装物、装载容器破损、撒漏情况以及过境应检物的数量，符合检疫要求的，准予过境；不符合检疫要求的，经检验检疫机构调查没有产生严重后果并采取补救措施后，准予过境。否则，不准过境。

2. 隔离检疫监管

需要隔离种植的进境植物种子、种苗及其他繁殖材料在隔离期间，隔离圃所在地检验检疫机构应对隔离检疫圃实施检疫监督。

3. 检疫处理监管

从事进出境植物检疫熏蒸、消毒等除害处理业务的单位和人员，必须经检验检疫机构考核合格。承担除害处理的单位应事先提交检疫处理计划，在监督机构确认后实施并接受相关机构的检疫处理过程监管。

4. 植物疫情监测

中国已初步形成了检疫监测监管体系。该体系主要由国家质检总局、口岸检验检疫机构及其相关实验室组成。国家质检总局统一组织开展的植物疫情监测项目包括检疫性实蝇、舞毒蛾、马铃薯甲虫、苹果蠹蛾、外来杂草、林木害虫等。

中国设立了专项资金，在重要口岸、进境货物集散地、出境基地等及其附近区域、运输线路沿途等场所，对外来的有害生物及突发疫情进行长期监测。国家质检总局组织研究制定监测对象选择范围标准，提出需要进行监测的特定有害生物名单，及需要具体实施的口岸；通过引进或研究开发等多种途径，组织解决特定有害生物监测中需要的技术、方法、器械设备和其他物品等问题；组织制定、宣传贯彻并督导实施特定的有害生物的监测技术规范或标准；统计、分析特定有害生物的监测数据，研究出现问题，并向相关部门或机构提出相关建议。各相关检验检疫机构负责工作具体的疫情监测，各地检验检疫机构也可根据所在地的实际情况开展针对性的疫情监测。

开展疫情监测时，有关单位应当配合。未经口岸检验检疫机构许可，不得移动或者损坏植物疫情监测器具。外来生物监测实例见图 3－10～图 3－11。

图 3－10　外来杂草监测

图 3－11　外来林木害虫监测

十、信息报送

在现场查验、实验室检测、检疫监督（包括隔离检疫）、监测过程中，如果发现重大疫情，检验检疫机构应及时逐级上报。

第四节　进境植物检疫措施比较分析与展望

一、进境植物检疫措施比较分析

（一）进境植物检疫审批政策比较

在进境植物检疫审批中国与一些国家的做法有较大差异。

1. 审批机构

几乎所有国家均由进境植物检疫主管部门负责审批，而中国引种检疫审批则存在多头管理。中国引进植物种子、苗木及其他繁殖材料按照职能分工由农业部、国家林业局及其下属省级单位和国家质检总局分别负责。多部门审批存在一些不利因素：一是不利监管。三大部门职能各异，从而导致职责交叉，责权不清，难以发挥集中优势，不利于有效监管。二是农林部门引种审批范围没有明确界定，实际运作中常常造成农业、林业两个部门检疫审批项目互相重复交叉；一些繁殖材料种类，引种单位可同时在两个部门办到检疫审批单。三是检疫要求没有统一数据库，导致审批时常带有一些盲目性和随意性。四是增加负担。由于种苗和栽培介质的检疫审批分属两个部门，引进带栽培介质种苗要分别到两个部门办理审批手续，人为加大了引种单位负担。

2. 审批范围

新西兰只允许实施了 PRA 的植物入境，原则上用于栽培的植物（组培苗除外）需要进境许可。加拿大根据《加拿大进出境许可法》，实施进口商品许可目录制度，进境目录内的商品需申请进境许可证。美国需要检疫许可的植物和植物产品分为 5 大类：植物、种子和繁殖材料，水果和蔬菜，原木和木材，特殊批准的小麦和法规禁止的水稻、土壤、棉花、切花、玉米等。欧盟则不要求检疫审批，但规定首次向欧盟引进相关植物及其产品或其他物品的进口商必须进行官方注册。俄罗斯等国进境农产品也不需要检疫审批。中国需要检疫审批的产品种类有植物繁殖材料类、

果蔬类、烟草类、粮谷类、豆类、饲料类、薯类、植物栽培介质等，以及需要特许审批的禁止进境物，如植物病原体（包括菌种、毒种等）、害虫及其他有害生物、土壤、植物有害生物流行的国家和地区的有关植物、植物产品和其他应检物。需要指出的，中国的审批范围中还包括了部分 ISPM 第 32 号《基于有害生物风险的商品分类》中归类为类别 1 或类别 2 的产品即经过热处理等加工过程的一些产品如木薯产品、豆粕、谷物和油籽加工后产生的饼粕类产品等。

3. 进境许可证有效期

加拿大进境许可证有效期通常为 3 年，进口商至少需要在商品进境前 6 周向 CFIA 申请。美国进境许可形式有口头许可、书面许可和特许审批 3 种，书面许可证有一次有效或多次有效两种，其中在 2 年内有多次进境需要的，则可申请多次有效的进境许可证，即有效期达 2 年。中国的进境许可证有效期相对较短，质检总局签发的为半年，而农林业部门签发的植物繁殖材料检疫审批单有效期以前为 2 个月，现在多为半年。

（二）进境植物产地检疫政策比较

赴输出国家或地区实施产地检疫是通行的降低有害生物传入风险的一种植物检疫措施，多个国际植物检疫措施标准对此均有论述。

美国、日本、澳大利亚、欧盟等国家和地区对高风险的植物、植物产品均采用产地检疫措施，但实施方式各不相同。如日本对中国输出的稻草，派出检疫官员驻中国各稻草处理场所实施全程监督，但对新西兰等输日的百合种球则在种植期派出检疫官员赴产地进行针对性的病毒调查与检测。美国对中国出口的天竺葵种苗则每年派检疫官员实地验证生产场所是否符合美国的要求及防控茄青枯菌 3 号小种2 号生物型各项措施落实情况，以确保每个生产环节包括生产、取样和检测等都符合良好农业规范（BMP）的要求。符合后即发放许可证，同意输出。

欧盟的产地检疫政策实际上主要侧重于欧盟内部不同国家之间进行。如果把欧盟作为一个主体对待，则可以把各成员国看作类似于中国的各个省份，欧盟的共同外部边界作为进出欧盟的“国境”。在欧盟成员国之间的产地检疫要求中，与中国对内植物检疫要求最大的不同在于欧盟要求所有生产商和进口商均应向官方机构登记注册，而中国则没有明确的注册要求。欧盟对欧盟之外国家的产地检疫政策，则和中国的做法基本相同。

中国的境外产地检疫目前由检验检疫机构实施。目前对境外预检较多的是水果、烟叶、粮食、饲料、葡萄苗等，对其他植物和植物产品多数采取口岸检疫的做法。总体而言，中国尚未建立完善的境外预检制度，急需制定需要实施境外预检的清单及相应的境外预检工作手册，以规范和指导境外预检工作。

（三）指定入境口岸政策比较

ISPM 第 20 号《植物检疫进境管理体系准则》规定，输入国可以对进境货物指定进境口岸。欧盟不但规定了入境口岸的人员条件、设施设备条件，还规定了各个口岸允许入境的货物种类，甚至准备规定各口岸每类允许入境货物种类的年允许量。日本在其《植物保护法实施条例》中对木材、粮谷、稻草等植物、植物产品的入境地点进行了明确的规定。如船运的饲用植物和稻草只能从唐津港入境；船运粮食只能从 Fukuyama、Mitajiri-Nakanoseki、Marugame 及 Uwajima 港入境。

中国有关指定入境口岸的做法符合国际规则要求。对于需要检疫审批的货物种类，一直通过检疫审批单或进境许可证来规定入境口岸；而对于不需要检疫审批的货物种类，则没有入境口岸限制。近年来，国家质检总局先后规范了进境植物种苗、粮食、水果、未处理带皮原木的入境口岸条件，提高了检疫的工作质量，有效提升了指定口岸的硬件条件和处置能力。

（四）生物入侵检疫防范比较

由于各国相关法律法规、管理机构、遭受生物入侵的情况、自身重视程度以及经济发展水平等方面有所不同，当前世界上各国生物入侵管理所处的发展阶段和发展水平并不相同。主要的一些发达国家或地区，包括美国、加拿大、日本、澳大利亚、新西兰等，由于外来入侵物种的数量多、危害大，其管理意识形成较早，当前生物入侵管理体系无论是政策法律，还是管理部门或具体行动计划建立得都比较成熟与完备。另外一些发达地区如欧洲，由于对防范外来入侵物种的意识形成较晚，造成法律法规建设相对滞后，更多的精力主要集中在具体的外来入侵物种防除措施上，因此其一系列的外来入侵物种的研究、预防和控制措施开展较为有效。

例如，作为世界上遭受外来生物入侵最严重的国家之一，美国采取了一系列法律措施加以应对。早在 1900 年，就制定了著名的《莱西法案》（Lacy Act）。经过百余年的发展，美国相继颁布了许多控制外来生物入侵的法律法规，如《植物检疫法》、《联邦植物有害生物法》、《国家环境政策法》、《濒危物种保护法》和《联邦杂草防治法》等，逐步形成了一个以联邦立法为主、州立法和相关国际法规为辅的比

较完整的立法体系，为应对生物入侵所带来的严峻挑战奠定了坚实的法制基础。

在中国，目前没有专门的生物安全立法，也没有专门的管理部门，但随着外来生物防控形势日趋严峻，以及对外来生物入侵的问题认识不断深入，国家质检总局以及农业、林业、环保等涉及外来入侵生物管理的职能部门相继成立了一些临时或常设的管理机构，并出台了一系列管理措施。目前，农业部牵头负责 IPPC、OIE 国际组织履约，环保部牵头负责生物多样性公约（CBD）履约，林业部主要负责进出口濒危物种、林木种子、苗木及其他繁殖材料的审批管理，国家质检总局牵头负责外来有害生物检疫防范管理，各部门均相继出台了一些外来生物预防和治理的措施，对防控外来生物入侵管理发挥了积极作用。

目前中国与生物安全管理相关的法律主要包括《进出境动植物检疫法》《农业法》《种子法》《环境保护法》和《森林法》等，部分法律还配套建立了相应的行政法规。中国外来生物入侵预防和治理的有关规定散落在不同法律法规之中，导致这些规定均不够明确，也不具体，更没有形成综合防控治理体系。多年来，虽然各部门都采取了一些防控管理措施，在防控外来生物方面做出了积极努力，但由于没有上位法的支持、规范和统一调整，总体上难以全面、有效地发挥预防和控制外来物种入侵的作用。

（五）转基因生物安全管理比较

目前已有 36 个国家和地区出台了转基因产品的法律法规。由于对转基因产品的安全性问题一直存在着争论，这些国家对转基因产品所持的态度也不尽相同，具体可分为 3 大类别：

第一类是以美国和加拿大为代表的采取自愿标识原则，即转基因产品一旦经过安全评估并被批准进入市场流通后，生产者可以自愿对含有转基因成分的产品进行标识，政府不采取强制性加施标识措施。

第二类以欧盟为代表，欧盟对转基因产品的管理最为严格，政府和公众对转基因产品的生态安全性和使用安全性一直都持十分谨慎的态度。多数欧盟成员国对转基因产品持反对态度，欧盟发布了一系列有关转基因生物的法律法规，例如，2004 年 4 月 18 日起，欧盟关于在市场上出售转基因成分超过一定比例的产品必须贴上标签的新规定开始生效，致使美国、加拿大和阿根廷等转基因产品输出大国对欧盟出口受到限制。可以说欧盟的管理法规是标识政策的典型代表。

第三类以韩国、日本等为代表，这些国家态度较为折中，虽然制定了各自的转基因产品管理法规，但是对待转基因产品的管理不如欧盟严格，但也不采取美国的自愿标识措施，要求对转基因成分含量超过规定值的商品进行强制性标识。

二、进境植物检疫展望

（一）完善进境植物检疫审批，服务国家和民众

一是推动引种审批单位统一到一个部门或明确划分审批范围，着力解决同一种类多部门审批且检疫要求不一的问题。二是建立进境检疫要求数据库，既服务于检疫审批，又便于进口商查询。三是适时调整检疫审批范围。减少审批种类。对于低风险的、已公布明确进境植物检疫要求的种类或品种，可按照 ISPM 第 20 号《植物检疫进境管理体系准则》和第 32 号《基于风险分析的商品分类》的要求不再实施审批。四是延长许可证有效期和增加许可量。将许可证有效期适当延长，同时增加每份许可证的许可量。这样既可减少检疫审批工作量，又可减轻企业负担。

（二）加强进境产品产地检疫，降低疫情传入风险

一是积极与输出国协商，推进产地检疫全面开展。要加强与国外主管部门磋商，明确准入产品进境检疫要求，尤其是推进贸易性植物繁殖材料的产地检疫措施的落实。加强与官方协商沟通，在对等、自愿原则下，全面开展准入前考察、试进境和进境前联合调查、产地检疫。也可通过其他机构或采取其他形式，例如协会或者出口商邀请等，开展相关考察、产地检疫。通过加强对有害生物传入风险较大产品境外预检工作，降低检疫性有害生物传入的风险。二是开展产地检疫技术培训，建立产地检疫人才库。产地检疫针对性、专业性强，涉及对外政策法规、相关植物检疫法规要求、有害生物鉴定与检测等检疫专业知识等，多数检疫人员只对其中一部分较为熟悉了解，需要开展相关检疫技术培训，并建立产地检疫人才库，为全面开展产地检疫做好人才储备。三是产地检疫与口岸检疫相结合。通过产地检疫，发现进境货物的主要潜在风险，在入境时加强对潜在风险的针对性检疫，将提高检疫性有害生物的检出率，增强防范有害生物的传入为害的有效性。四是对已实施产地预检的入境植物、植物产品，适当简化入境查验的频次及流程，加快口岸通检速度，便利国际贸易。

（三）统筹协调指定入境口岸条件

在现有开放口岸验收所需一般条件的基础上，研究进境植物检疫的特殊需求以

及各类植物产品的特殊需要，总结种苗、粮食指定入境口岸的实行经验，统筹制定有关专业人员、设施设备、管理制度等指定入境口岸条件。

（四）加强植物检疫检测资源整合和利用

一是系统内资源。中国的植物检疫检测机构分布在各直属局、分支机构，甚至在入境口岸的查验点，方便了有害生物检测鉴定，极大地提高了通关效率。但同时，这也导致人员、资源配置不平衡、浪费严重，权威实验室、权威专家不多，一些重点实验室或区域实验室长期没有或只有很少外来送检样品，一些有害生物类别没有权威鉴定专家，许多检疫鉴定结果停留的科、属等大类的水平。在国家质检总局和直属局层面应加强规划，集中有限资源，加强资金支持，增加区域实验室配置，力求大部分样品在区域实验室完成；加强对截获有害生物的分析分类，对每类检疫相关有害生物和每种检疫性有害生物指定权威鉴定专家。二是系统外资源。中国目前还没有建立授权系统外实验室从事有害生物检疫鉴定的机制，对于一些系统内无法鉴定或需要复核鉴定的种类，一些单位自行选择系统外专家鉴定，这既是一种无序运作，也受经费使用的制约，难以有效利用系统外的丰富检疫鉴定资源。可考虑建立授权机制，推进系统外科研机构、大专院校等单位专业实验室从事有害生物检疫鉴定业务，利用全国之力，防范有害生物传入。

（五）统一规范进境植物检疫违规处理

一是制定违规处置规范。中国目前的进境植物检疫违规（不合格）处理要求散见于各种规定、规程、手册等，有的违规处理在不同规定中掌握尺度不一，有的违规事项无明确的检疫处理方案。可考虑全面收集各种进境植物检疫违规事项，针对各种违规情况制定相应、统一的处理原则和处理方式方法，进一步规范违规处理。比如检疫性有害生物、种植用植物管制的非检疫性有害生物、活的非检疫性有害生物等的处理原则；土壤的允许限量（一些国家规定了允许量，如日本规定播种用种子土壤允许量为货物重量的0.02%）及其处理原则等。二是加强截获疫情数据综合分析和利用。中国的违规信息已建立了统一的上报系统，但日常对外通报的信息还主要依赖于直属局报送，较少对系统中数据统计分析而形成的通报，对某国、某产品的违规情况变化了解不多、原因不明，因而能采取的措施不多、针对性不强、效果不显著。可考虑加强植物疫情上报系统数据的综合分析和利用，加强对文件不符、截获禁止进境物等违规的通报，从源头减少违规的发生（含旅客携带或邮寄）。

（六）加强进境植物检疫透明度

中国目前的进境植物检疫要求不够透明，大多数检疫要求只是通过系统内部发文传达，公众、进出口商能从大众媒体了解的检疫要求信息极其有限，进出口商不了解检疫要求信息也是违规情况居高不下的主要原因。可考虑在国家质检总局层面建立中国进境植物检疫要求数据库免费供公众查询（欧盟、美国、澳大利亚、加拿大、新西兰、日本等国均有类似数据库）；制定并公布允许入境植物及产品/国家或地区名单，并根据准入情况动态调整该名单；相应制定每类/每种允许入境植物及产品进境植物检疫要求；制定并公布免于提供植物检疫证书和需要办理进境许可证的入境植物及产品名单等。

（七）调整进境植物隔离检疫思路

一是明确隔离检疫监管职责。目前农林主管部门和检验检疫机构均对进境植物负有监管责任，但监管职责不明确，造成实际上的流于形式。有必要尽快明确职责，确定监管部门，监管分工。二是调整缩减隔离检疫范围。目前的规定明确对高、中风险的植物繁殖材料实施隔离检疫，但相关的清单一直没有公布，导致几乎所有活的植物材料（鲜切花、切叶等除外）均要求隔离检疫，而不论具体植物种类的检疫风险高低。现有的隔离设施条件、贸易性引种的需要等现状均使全面隔离检疫无法实现。因此，可考虑在对现有进境种类风险评估和实际检疫截获的基础上，确定无需隔离检疫种类/国家名单，缩减隔离检疫范围，尽早对贸易性大量进口的繁殖材料实施产地检疫并在此基础上不再要求隔离种植。三是加强隔离检疫设施规划建设。落实隔离检疫必须有具备相应条件的隔离设施。现有的隔离检疫绝大多数是在企业自有的种植场进行，而一旦严格实施隔离检疫，现有的官方隔离检疫设施将远不能满足需要。有必要根据实际隔离检疫需求，按区域规划建设官方隔离检疫设施。四是引进定点种植监管、抽样隔离检疫等做法，丰富隔离检疫实践。现有的隔离检疫就是全批货物的检疫，而这与目前的绝大多数是贸易进境实际不相适应。可考虑对一些长期进境、风险较低的种类，采取抽样隔离检疫结合田间监管的措施，或不需隔离检疫，但对种植主要种植地区实施疫情监测的方式进行监管，控制有害生物传入风险。

（八）加强外来生物入侵检疫防范

从外来生物入侵防控管理的现状来看，各有关部门出台的政策措施既严重交叉重复，又存在管理真空，尤其是“防治结合”、“防治并重”的管理理念没有得到全面、有效地落实，存在重预防、轻治理的倾向。各部门在明确责任、协同管理方面有待进一步加强。对此，一是要制定国家外来入侵物种管理策略。结合相关国际公约，在国家层面上制定“国家外来入侵物种管理策略”，对相关的立法和管理现状进行评审，梳理它们之间的关系并着手全面开展外来入侵物种威胁的管理工作。二是制定防范外来生物入侵的部门法。汲取美国、澳大利亚等发达国家的管理经验，制定专门的入侵物种管理法或生物安全法，做好中国生物安全管理顶层设计与规划，清晰界定各职能主管部门的职责，防止政出多门、监管真空和推诿扯皮，防止外来生物入侵管理出现交叉重复或空白缺失，切实落实外来生物入侵防控管理法律责任。三是成立高级别的外来物种防控工作协调机构。借鉴美国等发达国家的做法，成立一个高层次、高级别的专门负责外来物种防控工作的协调机构，并且通过法律赋予其在外来物种入侵管理方面较高的法律地位，有效协调各部门之间的关系，统筹协调中央和地方的管理，使各部门在防治外来生物入侵的活动、管辖范围等方面的关系得以协调统一，明确各部门责任，使各职能部门之间的职权得到合理配置。同时，通过成立特别工作小组，建立质检、农业、林业、渔业和环保等部门间的部际合作机制，明确管辖范围，合理配置部门权利，最大限度的统一执法主体。四是整合外来入侵生物名录，理顺检疫审批工作。在加强科学研究和风险分析评估的基础上，对质检、农业、林业、渔业和环保部门出台的各种名录进行修改和整合，制定统一的外来入侵种控制与管理名录，建立及时动态更新维护机制，并研究制定配套防控措施，统一执法标准和尺度，切实发挥名录对外来入侵物种防治工作的指导作用。五是加强引进外来物种后续检疫监管。加强质检、农业、林业、渔业、环保等部门及地方政府等的联防联控，强化风险评估、跟踪监测、应急处理和责任追究，共筑外来生物入侵安全防线；建立完善统一的引种许可备案制度，加强新引进物种的流向管理，防止随意扩散传播。六是建立健全早期预警制度。加快推进外来生物入侵预警体系建设，实现网络健全、早期预警、快速响应、及时控制、综合治理的工作目标。七是加强外来入侵物种的治理。认真做好外来入侵物种的情况调查，制定外来入侵物种防治计划，加强对外来入侵物种预防、控制和清除的资金支持力度，不断加强和完善外来入侵物种防治的基础设施和技术手段的能力建设，有组织、有目的、有计划开展根除和治理工作，采取生物防治、低污染化学防治、物理防治、生态替代、合理利用等综合防除措施予以清除。对于暂时无法清除的外来入侵物种，采取措施将其控制在一定的范围内，防止其传播和蔓延。

（九）加强转基因生物安全查验及管理

一是进一步提高转基因生物安全意识。加强对转基因生物安全的研究和宣传，在看到转基因产品开发带来经济利益的同时，提高对转基因生物可能对生物多样性、生态环境和人体健康构成的风险与危害及经济损失的认识。二是进一步完善环境安全法律。加快研究制定有关应用生物技术的法律，在法律制度层面加强对使用非遗传工程生物技术及非转基因生物的管理及监控。三是进一步建立完善转基因生物安全评价、检测与监测体系。重点发展转基因生物环境风险分析以及食用、饲料用安全性评价技术；发展转基因生物抽样技术、高通量检测技术，研制相关标准、检测仪器设备和产品，研究全程溯源技术；开发转基因生物环境释放、生产应用、进出口安全监测与风险管理技术、标准，以及风险预警和安全处理技术；建设转基因生物安全评价中心，逐步建立转基因生物安全检测及监测体系，实施实时跟踪监测；积极参与生物安全相关领域国际谈判；建立第三方技术评价机构。四是加强转基因检测技术研究工作。着重加强农业转基因生物安全的基础研究，如转基因作物害虫抗性治理、除草剂抗性和病毒重组、异源包装等的安全性跟踪评估，转基因食品的毒性分析和过敏性分析，农业转基因生物安全性数据库的建设等。建立专门从事转基因安全风险评估和检测监控的机构，对转基因生物的环境安全问题开展长期、系统的监测和研究，为转基因生物安全性的正确评价和有效管理提供科学依据。

第四章 出境植物检疫

第一节 出境植物检疫国际规则

为促进本国植物、植物产品及其他应检物的出口，输出国国家植物保护组织（NPPO）应该严格按照和应用相关的国际标准和规则，通过开展有害生物监测，建立非疫区、非疫产地和非疫生产点，有效管理有害生物风险等项工作，使本国生产相关产品能够符合输入国或地区的植物检疫要求，促进对外贸易的发展。

国际上与出境植物检疫相关的要求主要体现在 IPPC 公约及 ISPM 第 1 号《国际贸易中植物保护和植物检疫措施应用的植物检疫原则》、ISPM 第 2 号《有害生物风险分析框架》，ISPM 第 4 号《建立非疫区的要求》，ISPM 第 6 号《有害生物监测准则》、ISPM 第 7 号《植物检疫出证体系》、ISPM 第 8 号《某一地区有害生物状况的确定》、ISPM 第 9 号《有害生物根除计划准则》、ISPM 第 10 号《建立非疫产地和非疫生产点的要求》、ISPM12 号《植物检疫证书准则》、ISPM 第 14 号《采用系统综合措施进行有害生物风险管理》、ISPM 第 17 号《有害生物报告》、ISPM 第 22 号《建立有害生物低度流行区》和 ISPM 第 36 号《种植用植物综合措施》等标准中。

一、有害生物状况与有害生物报告

确定某种有害生物在本国一地区的发生状况，提供精确可靠的有害生物记录，是SPS协定、IPPC公约与ISPM第1号《国际贸易中植物保护和植物检疫措施应用的植物检疫原则》及由此制定的ISPMs所涵盖的若干标准的关键内容，也是满足其他国家对其领土内有害生物设定的植物检疫措施要求的基础。

按照SPS协定、ISPM第1号《国际贸易中植物保护和植物检疫措施应用的植物检疫原则》，输入国需要根据有害生物风险分析的结果来证明其植物检疫措施的合理性。有害生物在输出国是否存在及发生状况，可以通过调查证实有害生物记录，也可以利用已有的资料来获得。因此，输出国为了证明有害生物的状况，需要开展有害生物的调查和监测，有效保存有害生物记录，这是国家植物保护组织为证实检疫性有害生物不存在或未广泛分布所采取的必不可少的步骤和措施。NPPO应依据ISPM第6号《有害生物监测准则》、第8号《某一地区有害生物状况的确定》和第17号《有害生物报告》等要求开展有害生物监测、状况确定并将有害生物记录通报相关的国家和组织。

（一）有害生物记录

有害生物记录是一种记载的证据，用来简要说明某一地区，通常是输出国在所描述环境下，在某一特定地点和某一时期，某种特定有害生物存在或不存在的档案。

1. 有害生物记录的目的

ISPM第8号《某一地区有害生物状况的确定》明确有害生物记录与其他信息一起可以被用于确定某一地区特定有害生物状况。所有输入国和输出国均需要该类信息作为PRA，建立和维持非疫区、非疫产区（生产点）以及制定植物检疫措施的依据。利用有关各地区、各国及各区域有害生物状况的信息可以确定有害生物的全球分布情况。

2. 有害生物记录的内容

ISPM第6号《监测准则》列出了作为一般监测和特定调查产生的有害生物记录应涵盖的内容，一般而言有害生物记录应包括有害生物名称，生活史阶段或状态，类别，鉴定方法与记录的时间、地点，危害寄主的学名与寄主受害状况，参考文献等基础信息。这些信息来源广泛，其可靠程度依来源的差异有所不同，往往需要 NPPO 的专家按照 ISPM 第 8 号《某一地区有害生物状况的确定》提供的信息可靠性判断准则进行评估。综合考虑有害生物采集者/鉴定者、技术鉴定手段、记录的地点和日期、记录的记载/公布等资料来判断有害生物记录的可靠性与一致性。

3. 有害生物记录的保存

NPPO 应当保存一般性监测和特定调查获得的有害生物记录。保存的资料应当符合预定目的，如协助特定的 PRA、建立非疫区和编制有害生物清单。必要时应保存证明的样品。

（二）有害生物监测

有害生物监测是确定有害生物状况的基础，监测所得到的基本信息即形成的有害生物记录，能够向国外证实某种特定的有害生物不存在或仅有限分布，证明一个国家植物检疫措施的合理性，是开展有害生物风险分析（PRA）的重要依据。

ISPM 第 6 号《有害生物监测准则》将有害生物监测制度分为一般性监测和特定调查两大类。一般性监测是广泛收集本国或其辖区内某一特定地区有害生物状况的资料并提供给 NPPO 使用的过程。特定调查是在某规定时期内，NPPO 针对某地区某种特定的有害生物开展的专门调查。

1. 一般性监测

有害生物信息来源众多，包括 NPPO、其他国家机构和当地政府机构，研究所、大学、科学性社团（包括业余专家），生产者、咨询人员，博物馆、科普期刊、学术期刊和贸易杂志、未公布的资料和实地观察。另外，NPPO 也可从联合国粮农组织（FAO）、区域性植物保护组织等国际来源得到信息。

为了有效利用这些来源的有害生物资料，ISPM 第 6 号《有害生物监测准则》建议 NPPO 应该建立一个信息收集系统用于有害生物信息的收集、甄别和汇编有关的特定有害生物的相关信息。这个系统应包括 NPPO 或其指定的机构作为国家植物有害生物记录的保管单位，建立记录保存和检索系统，资料核实程序，以及把甄别后的信息传输到 NPPO 的联系渠道。

通过一般性监测收集的信息经常可用于证实国家植物保护组织无有害生物的声明，有助于及早发现新的有害生物，汇编寄主和商品有害生物清单和分布记录及向区域性植物保护组织、FAO 等组织报告。

2. 特定调查

特定调查可以是检查、定界或监视性调查。这些官方的调查根据 ISPM 第 6 号

《有害生物监测准则》的要求，应当按照国家植物保护组织事先批准的计划进行。调查计划包括：一是明确目的（如及早发现特定的有害生物、维持非疫区状态、获取商品有害生物清单）和规定要达到的植物检疫要求；二要确定目标有害生物；三要确定范围（地区、生产系统、季节）；四应确定时间与调查频次（日期、次数、期限）；五在有商品有害生物清单时，确定目标商品；六要说明统计依据（如可信度、抽样数、地点的选择和数量、抽样次数、假定条件）；七应说明调查方法和质量控制措施，其中应说明抽样程序（如引诱剂捕捉、植物全株抽样、目测检查、样本收集和实验室检测），如对按有害生物生物学和/或调查目的而定的，还要注明实验室检测程序和报告程序。

有害生物特定调查获得的信息主要用于证实国家植物保护组织无特定有害生物的声明，也有助于及早发现新的有害生物和向区域性植物保护组织和联合国粮农组织等其他组织报告。调查可以选择以前报告过有特定有害生物发生和分布的地点，也可选择该特定有害生物寄主植物分布的地点，尤其是寄主植物的商业性产区及气候又适合有害生物发生的地区。

可以根据有害生物的生活周期，有害生物及其寄主的生物气候学，有害生物防治计划的时间，易发现该有害生物的作物生长期或收获期来组织实施调查。

对于那些可能最近传入的有害生物，选择适宜的调查地点时还需考虑那些可能的进入点、可能的扩散途径、进口商品的销售地点和进口商品用作种植材料的地点。调查方法可以按可辨明有害生物的迹象或症状种类、检测有害生物所用技术的准确性或敏感性而定。

汇编使用特定栽培方法生产的商品有害生物清单时，针对特定商品或寄主的调查可提供有用的信息。在缺乏一般性监测资料时，可以通过特定调查编制寄主有害生物清单。调查地点可以按照产区的地理分布和/或面积、有害生物防治计划（商业和非商业地点）、现有栽培品种、收获后商品集中点等因素来选择。调查的时间根据作物收获时间而定，并取决于选择适合收获后商品种类的抽样技术。

调查的设计通常应有助于调查有关有害生物。但是，调查计划还应当包括一些随机抽样以发现未预料到的情况。

3. 监测人员

根据 ISPM 第 6 号《有害生物监测准则》的要求，参与一般性监测的人员应当在植物保护和数据统计分析等领域接受过很好的培训；参与特定调查的人员应当在抽样方法、鉴别用的样品保存和运输、与样本有关的记录保存方面接受过很好的培

训并通过专门的考核，确保使用并保持足够数量的合适设备和用品，使用的方法在技术上应当是有效的。

4. 诊断服务的技术要求

根据 ISPM 第 6 号《有害生物监测准则》的要求，NPPO 应当在一般性监测和特定调查中提供适宜的诊断服务，或确保保证监测人员能够得到这类服务。诊断服务包括提供鉴别有害生物（和寄主）的专业力量，诊断所需的足够的设施和设备，必要时能够得到专家复核验证，监测记录保存设施，处理和保存证明样品的设施。诊断结果如果得到其他公认的权威机构（专家）的确认，将增加调查结果的可信度。

（三）某地区有害生物状况的确定

根据 ISPM 第 6 号《有害生物监测准则》的要求，确定有害生物的状况需要专家综合有害生物记录和其他来源的信息，利用当前和历史的有害生物记录来对某一地区有害生物当前的分布情况作出判断。

有害生物状况可按以下几类予以说明：

1. 存在有害生物

如果有害生物记录表明有害生物是当地的或已经传入的，则有害生物存在。如果有害生物存在并有足够的可靠记录，即可以描述其分布特性如有害生物存在于该地区所有地方、仅在某些地区存在、除指定的非疫区外都存在、存在于寄主作物种植地区的所有地方、仅在有种植寄主作物的某些地区存在、仅在受保护耕作区存在、仅季节性存在、有有害生物存在但已经得到治理、有有害生物存在但须进行官方防治、有有害生物存在正在根除或有害生物低度流行等。

2. 无分布

如果某一地区一般性监测资料中没有特定有害生物存在的记录，有理由得出有害生物不存在或一直不存在的结论。可以用不存在的具体记录支持这一结论。

即使原有的有害生物记录表明存在特定的有害生物，但如果通过特定调查证实该有害生物不存在（ISPM 第 6 号《有害生物监测准则》），也可以得出不存在该有害生物的结论，这种情况下应加上“经特定调查证实”的说明。同样，如 NPPO 已按照 ISPM 第 4 号《建立非疫区的要求》要求建立了非疫区或者按照 ISPM 第 9 号《有害生物根除计划准则》采取植物检疫措施已根除，也可以认为该地区不存在特定的有害生物，但应注明“已宣布为非疫区”。

如果由于有害生物分类的改变，或者经核实原来的鉴定结果或记录有误（包括鉴定或判断的标准已过时、记录不可靠），或者仅仅是在进口产品中截获但经监测未发现其定殖的，即使在原来的有害生物记录中表明该地区有分布，根据 ISPM 第 6 号《有害生物监测准则》的规定，NPPO 也可以重新声明该地区无该特定有害生物的分布。

3. 暂时存在

按照 ISPM 第 6 号《有害生物监测准则》的要求，如果仅发现单个有害生物或为孤立的种群但（经适生性分析）预计该有害生物不能存活，或者即使能短暂存活但 NPPO 已采取适当的植物检疫措施进行官方控制，或者即使存在适合其定殖的条件但 NPPO 已采取根除措施，那么 NPPO 可以作出“暂时存在”的声明。

因此，有害生物状况的确定是由 NPPO 基于各种对某一地区有害生物状况最适当的描述信息作出的确切判断。这类信息包括：特定有害生物记录、调查得到的有害生物记录、有害生物不存在的记录或其他说明、一般监测结果、科学出版物和数据库提供的信息、用于防止传入或扩散的植物检疫措施和与评估有害生物不存在或存在有关的其他信息。

（四）有害生物报告

IPPC 第Ⅳ条第 2 款 b 项要求各国植物保护组织有义务报告有害生物的发生、暴发和扩散情况。凡是（根据观察、原有经验或有害生物风险分析）涉及已知构成当前或潜在危险的有害生物的发生、暴发或扩散方面以及成功根除、建立非疫区或其他需要报告的，相关 NPPO 应向其他国家报告，尤其是向邻国和贸易伙伴报告。ISPM 第 17 号《有害生物报告》对报告内容、途径与业务等进行了详尽的规范。

1. 有害生物报告的意义

有害生物报告是 IPPC 缔约方履行防止有害生物跨境传播，减少对贸易影响国际义务的具体体现。有害生物报告的主要目的是通报当前的或潜在的危险以及该国内部对特定有害生物采取检疫措施后有害生物的状况。所谓“当前的或潜在的危险”是指该国发现某种检疫性有害生物或发现对邻国和贸易伙伴来说是一种检疫性有害生物的发生、暴发或扩散。

提供精确而迅速的有害生物报告体现了该国内部监测和报告系统运作的有效性。有害生物报告为植物检疫系统的运作提供了有价值的当前信息和历史性信息，各国根据有害生物报告可以对其植物检疫要求和行动按风险的变化作出及时必要的调整，便于提出技术合理的检疫措施，有助于尽量减少对贸易产生的不合理影响。

2. **有害生物报告的内容与途径**

有害生物发生、暴发、扩散或成功根除有害生物时，或出现任何其他新的或预料之外的有害生物状况时，NPPO均应履行有害生物的报告义务。有害生物报告应包括有害生物的学名（如有可能应根据已知和相关信息鉴定至种和种以下分类单元）、报告日期、寄主或关注物品、有害生物的状况、有害生物的地理分布、当前或潜在危险的性质或报告的其他理由，报告也可表明已采取的或需要采取的植物检疫措施。假如尚未获得有关该有害生物状况的所有信息，则应提出初步报告，并在获得进一步的信息时予以增补。

某地区发现构成当前的和潜在的某种检疫性有害生物后，通常会采取植物检疫行动或紧急行动，该国NPPO应及时报告。当在进口货物中检测到的有害生物时，输入国应按照ISPM第13号《违规和紧急行动准则》的要求报告。

当某地区发现某种对其本身无危险的特定有害生物的发生、暴发和扩散可能给其他国家带来当前的或潜在的危险时，应及时向这些国家报告这一危险。这涉及贸易伙伴（有关途径）和不经过贸易该有害生物就可能扩散到的邻国。当新确定存在一种有害生物，并且邻国或贸易伙伴视为管制的有害生物（有关途径），通常应报告发现该有害生物。当有害生物暴发时应报告，当该有害生物可能在近期内存活但预计不会定殖时也应当报告。当某种定殖的有害生物扩大其地理分布范围，导致报告国、邻国或贸易伙伴的风险大大增加，应当报告有害生物的扩散。

各国还可报告构成“当前的或潜在的危险”即某地有害生物状态已发生变化或已消除此危险（尤其包括不存在此有害生物）的情形。假如原来的报告表明“当前的或潜在的危险”，但此后发现原来报告有误或情形发生变化以致风险已经改变或者消失的，相关国家的NPPO应当及时报告这种变化。各国也可报告其全部或部分领土已按照ISPM第4号《建立非疫区的要求》建立非疫区的情形，或报告已按照ISPM第9号《有害生物根除计划准则》成功根除有害生物，或者报告按照ISPM第8号《某一地区有害生物状况的确定》报告有害生物寄主范围或某种有害生物的状况发生的变化。

各国应当遵循ISPM第8号《某一地区有害生物状况的确定》中规定的“良好的报告方法”。NPPO应当制定规定，确保收集、核实和分析国内有害生物状况，以便于报告。有害生物报告依赖于按照IPPC公约第Ⅳ条第2款b项要求，在各国内部建立对官方和其他来源提供的国内有害生物报告（包括其他国家提请其注意的那些报告）进行核实的系统。各国应当按照 ISPM 第 6 号要求建立国家监测系统以确保 NPPO 可以发布或收集有害生物信息，建立的监测和信息采集系统的运作应有持续性和及时性。这项工作应按照 ISPM 第 8 号《某一地区有害生物状况的确定》的要求，通过对有关有害生物的鉴定，初步确定其地理分布，确定该国的“有害生物状况”。国家植物保护机构还应当建立有害生物风险分析系统，以确定新的或预料之外的有害生物状况是否对其国家（即报告国）构成当前的或潜在的危险，以及需要采取的植物检疫措施。有害生物风险分析也可用于确定所报告的状况是否可能与其他国家有关。

考虑到国家监测和报告系统的运行，特别是核实和分析过程需要一定时间，但这种延误 NPPO 应降低至最低限度。获得新的和更加全面的信息后也应更新报告。

NPPO 可以使用以下途径进行报告：一是通过官方联络点直接联络（邮件、传真或电子邮件），可以广泛迅速传播信息；二是在国家官方互联网站上发表（此类网站可指定为官方联络点的一个部分）；三是通过国际植物检疫门户网站（International Phytosanitary Portal，IPP）。各国也可通过双边商定的报告系统，有关国家可接受的任何其他方式向区域性植物保护组织、私营组织提供有害生物报告。无论使用何种报告系统，NPPO 应对其报告的精确性负责。

二、有害生物风险管理

国家植物保护组织应根据 ISPM 第 14 号《采用系统综合措施进行有害生物风险管理》，第 4 号《建立非疫区的要求》，第 10 号《建立非疫产地和非疫生产点的要求》，第 22 号《建立有害生物低度流行区》和第 9 号《有害生物根除计划准则》等要求开展有害生物风险管理。

有害生物风险分析标准为风险管理措施提供了总的指导，根据风险的大小，采取不同的综合管理措施。

（一）综合系统管理

系统方法综合治理有害生物风险措施，即为满足进口国的“适当保护水平”可以采取几种或单一的植物检疫措施。系统方法可由输入国或输出国制定，理想的情况是通过两国的合作来确定，在系统方法的发展过程中，也可与行业、科学界、贸易伙伴进行磋商。系统方法的目标和接受取决于输入国，但输入国应遵循要考虑技术理由、最小影响、透明度、非歧视性、等同性和可操作性等原则。提供等同效能的其他检疫措施但对贸易限制程度较小的备选方案是应用综合系统管理的目的。系统方法酌情提供如灭菌处理等同效能措施来替代诸如禁令等限制性更强的措施。其实现考虑了不同情况和程序的综合效果。系统方法为选择有效治理有害生物风险的收获前后的程序提供机会。至关重要的是要在备选的风险治理方案中考虑系统方法，因为综合措施要比其他风险治理方案（特别是采用禁令方案时）对贸易的限制更少。

1. 系统方法的特点

系统方法要求相互独立的两种或更多的措施，可以包括相互依赖的任何措施。系统方法的优点是能够通过调整措施的数量和力度来处理可变因素和不确定因素，以保持适当植物检疫保护程度和信心。系统方法中采用的措施只要国家植物保护组织有能力监测和确保遵照官方植物检疫程序时，则可以在收获前后应用。因此系统方法可以包括在生产地、收获后、在包装库、或在商品运输和分发过程中采用的措施。

栽培方法、田间处理、收获后杀菌、检查和其他程序可以综合在一种系统方法中。旨在防止污染或再次感染的风险管理措施一般列入系统方法（如保持批次的完整性、要求防有害生物的包装、使用网屏隔离包装区等）。同样诸如有害生物监测，捕捉和取样等程序也可以成为系统方法的成分。不杀灭有害生物或减少其存在、但可减少其进入或定殖可能性的措施可以列为系统方法。例如指定的收获或装运期限、对商品的成熟程度、颜色、硬度或其他状况的限制、使用具有抗性的寄主和限制分发或限制在目的地应用。

2. 系统方法实施的条件

根据ISPM第14号《采用系统综合措施进行有害生物风险管理》，系统综合措施的最低要求为界定明确、有效、官方要求（强制性）、可由负责的NPPO进行监测和控制。系统方法应由可在输出国执行的各项植物检疫措施构成。然而，当输出国提出应在输入国领土上执行的措施并且输入国也同意时，可以采取系统方法在输入国实施这些综合措施。

3. 系统综合措施方法

系统综合措施常用的方法有5类。一是在种植前利用具有抗性或不易感染的健壮的栽培品种，建立有害生物的非疫区、非疫产地或非疫生产点，实施生产者登记并对其进行有效培训；二是在收获前进行田间验证/管理（如检查、收获前处理、农药、生物防治等），应用温室、果实套袋等措施实施保护，破坏有害生物交配，栽培控制（如田间卫生/杂草防治），维持有害生物的低发生率和检测率；三是在收获时进行筛选去除受感染产品，去除污染物等；四是在收获后应用熏蒸、辐照、冷藏、控制空气、冲洗、洗涮、蜡封、浸渍、加热等处理方法杀灭、消除有害生物或使其失去繁育能力，检查和分级，取样和检测等；五是通过运输过程中的处理，抵达时的处理，对最终用途、分发和输入港的限制，因原产地与目的地之间季节差异而对输入期的限制，包装方法，输入后的检疫，检查和/或检测等。

系统方法也可依据经验和获得的额外信息对现有的检疫措施进行修订，以弥补其不足或增加其强度。

系统方法的复杂程度和严密程度差异很大，从简单的综合利用已知有效的独立措施的系统，到更复杂更精确的系统，如关键控制点系统。

4. 措施效果的评价

可从定量和定性方面或综合考虑这两个方面来制定和评价系统方法。在可提供适当资料时，定量方法可能更为适宜，如与衡量处理效果通常有关的资料。当根据专家判断估计效率时，定性方法应视为更为适当。

由于缺乏资料空白、可变性或在应用程序方面缺乏经验，实施综合风险管理措施时常存在不确定性。为满足输入国适当的植物保护水平，在评价系统方法时，评价是否满足“适当的保护水平”要求时应考虑几个因素：一要考虑现有系统方法对其他类似商品或相同有害生物的相关性；二要考虑对同类产品的其他有害生物的系统方法相关性；三要评价提供有关的信息如措施效率，监测和截获、取样数据（有害生物发生率），有害生物与寄主之间的关系，作物管理方法，核实程序，对贸易的影响和费用等；四是要根据理想置信水平考虑有关数据，酌情考虑弥补不确定性的方案。

可能的评价结果：包括确定系统方法是可接受或不可接受，不可接受包括有效但不可行、效果不好（需要增加措施的数量或力度）、不必要的限制（需要减少措施的数量或力度）、由于资料不足或不确定性高得难以接受而无法进行评价。当发现系统方法不可接受时，应当详细说明这一决定的理由，提供给贸易伙伴以便确定可能的改进措施。

5. 输出国的责任

各国均有义务遵照等同原则，考虑风险管理备用措施，以促进安全贸易。系统方法将提供必要机会来发展新的和替代风险管理战略，但其发展和实施需要磋商和合作。根据列入系统方法中的措施数量和性质，可能需要大量的资料。输出国和输入国应合作提供足够的资料，及时交流在制定和实施有害生物风险治理措施，包括系统方法的所有方面的信息。

输出国应提供足够的信息，以支持评价和接受系统方法。这可包括商品、产地和预计装运量和频率，有关的生产、收获、包装、搬运、运输详情，有害生物与寄主之间的关系，为系统方法提出的风险管理措施和有关效果资料等。输出国还应监测/审计和报告系统效率，采取适当的纠正行动，保持适当记录和按照系统要求提供植物检疫证书。

（二）特定措施

本节所指的特定措施包括建立非疫区、非疫产地、非疫生产点和有害生物低度流行区以及根除某种有害生物等，这些均为综合管理措施中有效备选措施。

1. 非疫区的建立和维持

根据 ISPM 第 4 号《建立非疫区的要求》的定义，“非疫区”为“经科学证据证明某种特定有害生物未发生，并且官方能适当保持此状况的地区”。国家植物保护组织建立和利用非疫区，可以在满足某些要求时不需要执行额外植物检疫措施的情况下将非疫区所在国家（输出国）的植物、植物产品和其他应检物输出到另一个国家（输入国）。因此，一个地区的无有害生物状况可以作为签署植物、植物产品和其他应检物的植物检疫证书的依据。它还作为有害生物风险分析的一个组成部分，从科学上证实一个地区不存在有关有害生物。非疫区是输入国为保护受威胁地区而提出采取植检措施理由的一个要素。

非疫区的定界与关注的有害生物的生物学特性有关。原则上，非疫区的定界应与有害生物的发生状况紧密联系，但实际上一般按照认为符合有害生物生态范围的更容易识别的边界来界定，因此，非疫区的界定可能是行政边界（例如国家、省或者社区边界）、自然边界（例如江河、海、山脉、道路）或者所有各方都清楚的产权边界。

在建立和维持非疫区时，应着重考虑确定建立无有害生物的体系，保持无有害生物状态下的检疫措施及核查无有害生物状态的方法三个方面。这些组成部分的性质将因有害生物的生物学（包括其适生潜力、繁殖力、扩散方式、寄主植物的分布等）和非疫区的特征（包括其范围、隔离程度、生态条件、同种性等）而异。确认非疫区的信息是通过一般监测和特定调查得到的。

维持非疫区可以采取具体措施来防止有害生物的传入和传播。这些措施包括管理措施（检疫性有害生物名单中的有害生物），一个国家或地区具体的进口要求，限制某些产品在整个国家或该国若干地区范围内（包括缓冲地带）调运和常规监测。

在建立非疫区和实施植物检疫措施之后，还应继续核实有害生物的非疫状态。核查系统的强度应与植物检疫安全要求相一致，这些核查可以包括对输出货物的特别检查，要求研究人员、顾问或检验员将有害生物的发生情况通知国家植物保护组织。还应完善非疫区建立和维持的文档制度并定期审查。无论是哪一种非疫区，都应当建立包括非疫区建立的各种资料，维持非疫区的各种行政措施，非疫区的边界划分，采用的植检法规，监测、调查和监控系统的翔实技术资料等文档。国家植物保护组织将有关一个非疫区的详细资料连同所有有关详细情况送交信息服务中心（联合国粮农组织或者区域性植物保护组织），可有助于根据要求向所有有关国家植物保护组织传送信息。

虽然“非疫区”一词包括各种情况，一般将非疫区分为 3 种类型：一种是整个国家为非疫区；一种是在一个局部区域受危害的国家内，尚未受害的部分地区；另一种是在一个普遍受害的国家中尚未受害的部分地区。在上述每种情况中，非疫区的可能涉及若干国家的所有地区或部分地区。

2. 非疫产地和非疫生产点的建立和维持

“非疫产地”是“科学证据表明未发生某种特定有害生物并且由官方能在一定时期保持此状况的地区”。它在输入国有此要求时为输出国提供了一种手段，确保此产地生产和/或运出的植物、植物产品或其他应检物的货物无有关的有害生物。无疫状态通过调查和/或生长季节检查来确定，必要时通过防止该有害生物进入产地的方法来保持。这些活动应得到有关文件的佐证。非疫产地的概念可应用于将任何场所和一片田地作为单一生产单位进行操作，生产者对整个产地采用必要的措施。

如果产地的某一管制部分可作为独立的单元加以管理，则可能保持该地点的无疫状态。在这种情况下，可认为产地为非疫生产点。如果有害生物的生物学特性显示该有害生物可能从毗邻区进入产地或生产点，则必须在产地或生产点周围划定一个缓冲区，并在其中采用适当的植物检疫措施。缓冲区范围和植物检疫措施的性质将取决于有害生物的生物学特性以及产地或生产点的内在特性。

非疫区比非疫产地大很多，包括许多产地，可能延伸到包括整个国家或若干国家的部分地区。非疫区可由自然屏障或通常很大的适当缓冲区隔离。非疫产地可位

于被关注有害生物普遍存在，但通过在其毗邻区建立缓冲区加以隔离的地区内。非疫区通常多年连续不断地加以保持，而非疫产地的状况可能仅保持一个或几个生长季节。非疫区是一个相对大的地区，适用于所有的有害生物，而非疫产地是指无特定的有害生物的生产地，非疫生产点是产地的一个独立单元。非疫区作为一个整体由输出国的国家植物保护组织加以管理。非疫产地由生产者在国家植物保护组织的监督下负责单独管理。如果在某一非疫区发现有害生物，整个地区的状况就会令人怀疑。如果在非疫产地内发现有害生物，则该地点将失去其非疫地位，但在采用同一方法的地区内的其他产地却不受直接影响。在特殊情形下这些区别可能并非始终适用。位于非疫区内的一个产地可能事实上符合非疫产地的要求，尽管输入国可要求核证。

是否选择建立非疫产地或非疫区作为管理方案，将取决于输出国有关有害生物的实际分布情况、有害生物的特性以及行政方面的考虑。这两种方法均可确保植物检疫安全：非疫区的安全是对包括许多产地的一个地区同时采取措施；非疫产地的安全则主要对一个产地采取具体和强化的管理程序、调查和检查。

维持某一产地或某一生产点无疫状态取决于：有害生物的特性、产地和生产点的特性、生产者的操作能力以及 NPPO 的要求和责任。如果有害生物的自然扩散缓慢和扩散距离小、人为扩散的可能性小、寄主范围小、繁殖率中等或较低、而且有有效检测有害生物的方法等特性，可比较安全宣布某一产地或某一生产点无特定有害生物。具备有效而切合实际的有害生物防治措施也是建立和保持非疫产地或非疫生产点的一项必要条件。

产地或生产点应该满足“产地”的基本定义（即作为一个单独的生产或耕作单位加以管理）。产地和生产点以及缓冲区还可酌情要求具有以下某些额外的特性，视有关有害生物和当地情况而定：一是地点与可能的有害生物侵染源保持充分的距离，并有适当隔离（可利用可阻止有害生物移动的自然障碍）；二是界定明确具有得到官方承认的界线；三是具有缓冲区；四是除那些符合输出条件的寄主以外，产地或生产点无有害生物其他寄主；五是缓冲区无有害生物寄主或对这些寄主上的有害生物进行防治。

生产者的执行能力也是条件之一。生产者应当达到 NPPO 认可的防止有害生物进入产地或生产点的要求，具有采用适当植物检疫措施保持无疫状态的管理、技术和执行能力。生产者或 NPPO 还应当具备必要时在缓冲区采取适当的植物检疫措施的能力。

NPPO应规定生产者必须满足特定的要求，以便NPPO宣布非疫产地或非疫生产点能给予所需程度的植物检疫安全。国家植物保护组织应对照输入国的法规和/或双边确定条件，确保能够得到遵守。

NPPO在建立和保持非疫产地或非疫生产点方面应考虑4项主要要素，即确定无疫害的方法；保持无疫害的方法；核实达到和保持无疫害状态；产品特性、货物完整性和植物检疫安全。

NPPO通常应规定生产者须满足的一系列条件，使产地或生产点随后能够宣布为非疫状态。这些要求将涉及产地或生产点（以及适当时缓冲区）的特性和生产者的操作能力。如，可要求生产者（或其组织）与NPPO之间签订正式协定，以确保采取具体措施。在某些情况下，NPPO可要求在输出货物核证年份以前一年或几年进行官方调查，核实非疫状态。如果在非疫产地或非疫生产点或缓冲区内监测到有害生物，则撤销非疫地位；最终重新确立和核实非疫状态，包括调查其原因和考虑防止今后失败的措施。如果建立非疫生产点，可使用定界调查来确定其范围。

由NPPO的工作人员或授权的人员通过规定数量或频次的检查或试验来核实非疫状态。最常见的核查形式是大田检查（也称生长季节检查），也可包括其他检测方式（抽样然后进行实验室检测、诱捕、土壤测试等）。核查前应事先将产地划分成若干单独地块，通过全面检查或抽样检查，根据有害生物及其症状来确定非疫状态。非疫产地或非疫生产点周围地区的有害生物存在状况可影响所需调查的强度。

确定产品特性、货物完整性和植物检疫安全。保持产品特性和货物的完整性也需要采取有针对性的核查措施，产品收获后应保持其植物检疫安全。

非疫产地或非疫生产点的建立和保持包括与产地或生产点相关的缓冲区的程序。缓冲区的范围应由国家植物保护组织根据有害生物可能在生长季节期间自然扩散的距离来确定。如果在缓冲区监测到有害生物，有待采取的行动将取决于国家植物保护组织的要求，产地或生产点的非疫地位可被取消，或可要求在缓冲区采取有关防治措施。

对在建立和保持非疫产地或非疫生产点方面所采取的措施，包括酌情在缓冲区采取的措施，应予以适当记录并定期检查。国家植物保护组织应采用现场审计、检查和系统评价程序。

国家植物保护组织需要为某一货物签发植物检疫证书，证实其已经达到非疫产地或非疫生产点的要求。输入国可要求为此提供有关植物检疫证书的适当附加声明。

输出国的国家植物保护组织应根据要求向输入国的国家植物保护组织提供建立和保持非疫产地或非疫生产点的基本原理。当双边协定有此规定时，输出国的国家植物保护组织应迅速向输入国的国家植物保护组织提供有关建立或撤销非疫产地或非疫生产点的信息。

3. 建立有害生物低度流行区

ISPM 第 22 号《建立有害生物低度流行区的要求》和第 29 号《非疫区和低度流行区的认可》认为建立有害生物低度流行区也是一个有效的有害生物风险综合管理措施，但必须得到输入国的认可。

根据 IPPC 规定，有害生物低度流行区是指“主管当局认定特定有害生物发生水平低、并采取有效的监测、控制或根除措施的一个地区，既可是一个国家的全部或部分，也可是若干国家的全部或部分”（第Ⅱ条）。此外，IPPC 第Ⅳ条第 2 款 e 项规定，国家植物保护组织的职责包括了受威胁地区的保护以及非疫区和有害生物低度流行区的指定、保持和监测。

建立有害生物低度流行区是管理有害生物风险的一种方法，通过使用一定的有害生物防治方法使一个地区的有害生物种群保持或低于特定的水平。确定一特定有害生物的低发生水平时，应当考虑到建立一项达到或保持该水平的计划的总体执行和经济可行性，以及建立一个有害生物低度流行区的目的。在确定有害生物低度流行区时，国家植保组织应当描述所涉地区。

有害生物低度流行区一旦建立，建立时使用的措施和必要的文献记录及核实程序应通过继续实施其予以保持。在大多数情形下，需要一项官方执行计划，明确规定所需的植物检疫措施。如果有害生物低度流行区状况发生变化，就应当及时采取措施进行纠正。

确定有害生物低度流行区不但有多样的环境条件和寄主植物进行隔离，而且应当考虑到该有害生物的生物学特性和该地区的特点。有害生物低度流行区主要用于促进出口或减少该地区的有害生物影响，根据建立低度流行区不同的目的来考虑有害生物低度流行区的规模和种类，常见的 NPPO 建立的有害生物低度流行区主要有：生产出口产品的地区；正在执行一项根除计划或封锁计划的地区；作为保护非疫区的缓冲区；在非疫区范围内丧失其非疫区地位并且正在执行紧急行动计划的地区；作为管制的非检疫性有害生物的官方防治的部分地区等。

在已建立低度流行区并准备出口寄主植物材料时，常要对这些植物采取额外的植物检疫措施。在大多数情况下，需要制定一项官方执行计划，该计划规定一个国家采用的植物检疫程序。该程序包括监测活动，降低有害生物水平及保持低发生率，降低特定有害生物进入的风险，纠偏行动计划，验证有害生物低度流行区。如果有害生物低度流行区或缓冲区超过特定有害生物水平时，NPPO应当实施已制定的计划。该计划应包括确定哪个地区超过特定有害生物水平的定界调查、商品抽样、农药施用和/或其他抑制活动。纠偏行动还应当针对所有途径。

一旦建立有害生物低度流行区，NPPO应当保持有关文件及验证程序，继续实施植物检疫程序和控制流动措施及保持纪录。这些记录至少保存2年，或者保存支持该项计划规定的时间。如果有害生物低度流行区用于出口的，当输入国提出询求时NPPO应当向其提供记录。

如果中止有害生物低度流行区，应当展开调查确定失败的原因，并采取纠偏行动和其他必要保护措施以防止再次失败。当采取措施后，在适当时期内有害生物种群低于规定的水平或者其他缺陷得到纠偏后，且该系统的完整性得到了验证，可认为找到失败的原因并已纠偏，可以恢复有害生物低度流行区。

4. 有害生物根除

为防治有害生物进入后的定殖和/或蔓延（重建非疫区），或根除已定殖有害生物的措施（建立非疫区），国家植物保护组织可以拟定一项根除有害生物的紧急措施。根除过程涉及三项主要活动：监测、封锁及处理和/或防治措施。国家植物保护组织应系统地评价有害生物报告及这些有害生物的影响，以确定是否需要进行根除。

国家植物保护组织要制定应急计划用于有较高传入风险的特定有害生物或有害生物群，并在该区域发现有害生物之前，制定根除计划是可行和必要的。一项总体应急计划对确保在需要采取紧急根除措施时迅速行动也极为有益。

当确认一种具有直接或潜在危险的新的有害生物发生时，国家植物保护组织应按IPPC第Ⅶ条第2款j项和第Ⅷ条第1款a项和c项和ISPM第8号《某一地区有害生物状况的确定》的要求实施有害生物根除计划。

执行根除计划的决定来自于对发现有害生物检测环境的评价、有害生物鉴别、因有害生物启动的有害生物风险分析所确定的风险、对有害生物当前和潜在分布的估计以及对执行一项根除计划的可行性的评估。应充分考虑ISPM第9号《有害生物根除计划准则》列出的所有因素，特别是在拟有必要采取紧急根除措施的情况下（例如可能迅速蔓延的有害生物刚刚传入），迅速采取行动的必要性应认真予以权衡。

可以在一般监测或特定调查（见 ISPM 第 6 号《有害生物监测准则》）发现一种新的有害生物后启动根除计划。若为已定殖的有害牛物，根除计划将通过政策考虑启动（如建立非疫区的决定）。

评估新传入和已定殖有害生物分布情况是必要的。新的有害生物的潜在分布情况通常是重要的，但在评价已定殖的有害生物方面也是相关的。确定的最初调查的数据不一定达到针对定殖有害生物的计划所需要的详细程度。

首先要调查分布情况。调查可分为三类：一是在每次突发时的界定调查；二是以途径研究为基础的调查；三是其他针对性调查。若调查资料是要为建立以出口为目的的非疫区提供依据，ISPM 第 9 号《有害生物根除计划准则》建议输出国 NPPO 应事先与输入国 NPPO 充分磋商，确定达到输入国植物检疫要求所需要的定量和定性数据。

判断根除计划的可行性必须对侵染的程度和影响、扩散的可能性以及预计的扩散速度进行估计。有害生物风险分析为此项估计提供科学依据（见 ISPM 第 2 号《有害生物风险分析框架》）。还应考虑可能的根除方案以及成本效益因素。

ISPM 第 9 号《有害生物根除计划准则》要求 NPPO 在根除过程中建立一个管理小组来执行根除计划。该计划包括 3 项主要活动：监测（充分调查有害生物的分布情况）、封锁（防止有害生物扩散）和处理（一旦发现有害生物即予根除）。

指导和协调应由管理主管部门（通常为国家植物保护组织）负责，确保建立各项标准，确定何时完成根除，有适当的文件和程序控制使结果具有足够的可信度。可能需要就根除过程的某些方面与贸易伙伴进行磋商。

有害生物根除情况需要进行核实。管理主管部门（通常为国家植物保护组织）需要核实是否已达到在计划开始时规定的成功根除有害生物的标准。这些标准可以规定检测方法的强度和调查继续时间以核实有害生物是否根除。核实有害生物根除的最低期限将因有害生物的生物学情况而异，但应考虑检测技术的灵敏程度，检测的难易程度，有害生物的生活周期，气候影响和处理的效率等因素。根除计划应规定宣布根除的标准以及取消限制的步骤。

国家植物保护组织应确保可证明根除过程各阶段的信息的记录得以保持。国家植物保护组织必须保持这类文件，以便在贸易伙伴要求有关信息时，用以证实无有害生物存在。

结束一项根除计划时，必须核实有害生物根除情况。核实程序应采用计划开始时确定的标准，并应得到关于计划活动和结果的足够记录的支撑。核实阶段是计划不可分割的一部分，但应进行独立分析以使贸易伙伴放心。成功的计划可使国家植保组织宣布有害生物已经根除。若未获得成功，则应审查计划的各个方面，包括有害生物的生物学，以确定是否有新的信息，以及计划的成本效益。

成功的根除计划结束后，国家植物保护组织可以宣布有害生物已经根除。因此，根据ISPM第8号《某一地区有害生物状况的确定》的规定可认为该地区的有害生物状况则为“不存在：有害生物已经根除”。

三、出境植物检疫和监督

国家植物保护组织应依照ISPM第7号《植物检疫出证体系》，第12号《植物检疫证书准则》，第23号《查验准则》，第31号《货物抽样方法》，第32号《基于有害生物风险的商品分类》和第36号《种植用植物综合措施》等标准开展出境植物检疫工作。

（一）植物检疫证书签发

依照IPPC公约、ISPM第7号《植物检疫出证体系》和第12号《植物检疫证书准则》规定，植物检疫证书作为植物检疫措施之一，是控制有害生物特别是管制的有害生物传播的重要手段，它不仅仅是一个通关凭证，更是一个国家对有害生物整体管理水平的体现。签发植物检疫证书是为了说明作为货物的植物、植物产品或其他应检物达到规定的植物检疫输入要求并与有关证书样本的证明声明相一致，因此签发证书是一个控制有害生物传播确保符合输入国植物检疫要求的过程。

1. 法定机构

国家植物保护组织经授权为唯一的有权管理和签发植物检疫证书的机构。国家植物保护组织在行使权利时，拥有采取合法行动的权力；采取措施防止出现利益冲突、欺骗性使用证书等情况，还有权防止不符合输入国要求的货物输出。

2. 出证体系的主要内容

NPPO有责任建立管理体系，确保符合出证规范、法律要求和行政规定等各项要求；规定专人或部门负责出口出证体系管理；明确出证相关责任人员的职责及联系方式；确保有足够的人员和资源开展各项工作；培训；发布出证相关的信息；定期审查现行输出出证体系的有效性；必要时签订双边协议书。

3. 植物检疫证书和转口植物检疫证书的签发

应当按照ISPM第12号《植物检疫证书准则》规定使用IPPC附件中推荐的植

物检疫证书样本。植物检疫证书应当包括相关货物的足够信息，植物检疫证书不应当提供与植物检疫无关的其他信息。证书的有效期不应当是无限期的。

在颁发转口货物植物检疫证书之前，NPPO 应当首先审查原产国颁发的原始植物检疫证书，确定与该植物检疫证书达到的要求相比，输入国的要求是否更严、相同或较宽。如果货物重新包装，则不论要求的严格程度如何都应当另外进行检查。如果输入国有转口国不能达到的特殊要求，则原始植物检疫证书必须包括或宣布这一特殊事项或能够对样本进行输入国同意的相应实验室检验，才能颁发转口植物检疫证书。如果转口国不要求有关商品附有植物检疫证书而输入国有这一要求，而通过目测检查或实验室检验样本能够达到这一要求，转口国可以颁发常规的植物检疫证书，在括号内注明原产国。

NPPO 应当酌情保存与出证体系相关的各个方面的指导性文件、程序和工作指令。主要包括有关植物检疫证书的指令（控制颁发；确定颁发官员；列入附加声明；填写证书处理部分；经证明的修改；填写植物检疫证书；植物检疫证书的签署或发放）、关于其他部分的指令（行业工作程序；抽样检查和核准程序；官方封条/标志安全；货物证明、追踪和安全；记录保存）。

货物及其证书在生产、搬运和运抵输出点的所有阶段都应能追踪，如果在出证之后，NPPO 认为该批货物可能达不到输入国的植物检疫要求，则应当尽快将此通知输入国国家植物保护组织。

按照 ISPM 第 7 号《植物检疫出证体系》第 4 条规定，出具植物检疫证书过程中的所有活动都应保存记录。每份植物检疫证书都应保存一份副本供核查和“追踪”。颁发植物检疫证书的每批货物都应酌情保存下列记录：以货物为单位进行的任何检查、检验、处理或其他核准；开展这些工作的人员；开展工作的日期；工作结果；所有抽取的样品。

4. 审查机制

根据 ISPM 第 7 号《植物检疫出证体系》的审查机制要求，NPPO 应当对出口出证体系进行审查，以便及时纠偏。

NPPO 应当定期审查其出口出证体系各个方面的效率并对体系进行必要的修改。ISPM 第 36 号《种植用植物综合措施》也要求，内部核查工作应确保生产者遵循其手册规定，重点关注手册及手册的实施是否符合本国及输入国 NPPO 的相关要求。通过内部核查工作，可对人员在有害生物鉴定和防治、履行职责方面的能力进行评价，并检查记录存档工作是否到位，是否能对植物材料的来源及标识等进行追溯查询。完成内部核查工作的人员应为独立人员，与直接负责被核查活动的人员没有任何关联。核查结果及发现的任何违规现象均应在记录后提交生产者核对。针对所发现的违规现象，应采取及时、有效的整改措施，并记录存档。如核查中发现存在严重违规现象，生产者或核查人员应立即书面通知输出国 NPPO，并立即在 NPPO 的监督下采取整改措施，确保所有严重违规现象得到整改之前，受影响的种植用植物不得从产地出口。

同时，NPPO 应当建立程序，对输入国关于植物检疫证书的不合格货物通报进行及时调查，分析原因，以避免再次发生。同时，根据 ISPM 第 13 号《违规和紧急行动通知准则》的要求向输入国报告，按照《某地区有害生物状况的确定》提出的良好行为规范要求说明有害生物状况变化的调查结果。

（二）种植用植物综合措施

通常认为种植用植物比其他应检物有害生物风险更高，综合措施可用来管理种植用植物带来的管制性有害生物风险，确保达到进口国植物检疫要求。综合措施的采用涉及 NPPO 和生产者（“生产者”指在产地生产种植用植物的生产者），并要求在生产到销售全过程采取有害生物风险管理措施。输出国 NPPO 制定并组织实施综合措施。

按照第 36 号《种植用植物综合措施》的规定，常规综合措施一般包括对植株实施检验、记录存档、对有害生物进行处理和卫生要求等。当需采用其他额外的综合措施时，则可要求增加其他内容，并需要编制一份产地手册，内容包括有害生物管理计划、人员培训、具体的包装及运输要求、内部和外部核查等。输出国 NPPO 应对采用综合措施的产地实施审批和监督并对出境植物颁发植物检疫证书，证明其符合输入国植物检疫要求。

1. 制定管理措施的基础

根据 ISPM 第 2 号《有害生物风险分析框架》、ISPM 第 11 号《检疫性有害生物风险分析》和 ISPM 第 21 号《管制的非检疫性有害生物风险分析》的规定，输入国针对种植用植物，提出技术上合理的进口植物检疫要求。因此，输出国 NPPO 应该制定出符合输入国植物检疫要求的措施。在下列两种情形下可制定综合措施：一是输入国在进口检疫要求中特别要求输出国采取综合措施；二是输入国并没有特别要求采取综合措施，但输出国 NPPO 认为采用综合措施能更有效地满足输入国的进口检疫要求，因此决定特别要求希望向该特定输入国出口种植用植物的生产者采用综合措施。就后一种情形而言，如果输出国 NPPO 认为本国采用的“综合措施”与输入国的进口检疫要求完全等效，输出国可按照 ISPM 第 24 号《植物检疫措施等同性的确认和认可准则》的规定请求输入国正式批准这些措施的等效性。

通过采用综合措施取得向特定国家出口种植用植物资格的生产者应向 NPPO 提出申请，随后由 NPPO 向那些符合规定的综合措施要求的生产者授予批准许可。

2. 综合措施

依照 ISPM 第 36 号《种植用植物综合措施》规定，综合措施主要分成两个级别。一是一般性综合措施，普遍适用于所有种植用植物的一套综合措施；二是有害生物风险较高时的补充综合措施。这些措施不一定全部同时采用，有的措施只有一部分是适用的。NPPO 在管理有害生物风险时，除了采用出境前检疫外，还可以考虑采用这些方案。

对需要采用一般性综合措施产地，需要符合一系列要求：一是按照输出国 NPPO 提供的信息及协议，指定认可的人员对植株及产地进行检查；二是保存所有检验记录档案，包括介绍所发现的有害生物及所采取的整改措施；三是必要时采取具体措施（如保证植株免受输入国管制的有害生物感染）并对这些措施进行记录存档；四是相关人员一旦观察到有输入国管制的任何有害生物，应立即向输出国 NPPO 报告。输出国 NPPO 对采用综合措施的生产者进行审批时，应要求生产者保存有一份最新的产地图样；保留记录种植用植物是在何时、何地、通过何种方式生产、处理、储存或从产地准备转运（包括产地所有植物物种的相关信息以及植物材料的种类，如扦插材料、离体培养植物、裸根植物）；有一名对有害生物鉴定和防治有丰富工作经验的植保专家的指导；指定一名联络员与输出国 NPPO 沟通联系。

假如仅靠一般性综合措施无法充分管理有害生物风险，输出国 NPPO 可批准某一产地在有害生物风险较高时采用补充综合措施。由于有害生物风险较高时对产地有较高的要求，输出国 NPPO 应要求申请在有害生物风险较高时采用补充综合措施的生产者编制一份产地手册，内容包括一份有害生物管理计划及关于生产措施及运作系统的相关信息。输出国 NPPO 在确认所采用的综合措施符合输入国进口植物检疫要求后，可准许该产地向该国出口特定植物。

3. 对违法产地的相关要求

根据严重程度，违法产地可分为两种：一是严重违规，影响了产地所采用的综合措施有效性或那些加大种植用植物感染风险的事件；二是非严重违规，不会即刻影响产地综合措施或不会即刻加大种植用植物感染风险的事件。

这些违规现象可能在内部核查过程中发现，也可能在输出国NPPO开展的外部核查过程中发现，也可能在对植物材料进行检验的过程中发现（包括输入国的违规通报）。输出国NPPO应根据不同的情况作出立即暂停其出口行为，甚至撤销产地（或产地的部分地区）的认可资格。只有当整改措施得到落实，并经由输出国NP-PO确认违规现象得到整改后，才能恢复资格。

4. 输出国NPPO的职责

输出国NPPO的职责：向生产者传达进口国要求；制定综合措施的具体要求；对参与采用综合措施的产地进行审批；对已获得审批的产地实施监督；开展植物检疫认证，确保已获得审批的产地出口的所有种植用植物都符合进口植物检疫要求；在输入国NPPO提出要求时，向其提供有关综合措施的相关信息；按照规定，准许和协助输入国NPPO在合理情况下到访产地和对产地进行核查；按照ISPM第17号的规定，向输入国NPPO提供关于相关有害生物疫情的充足信息；实施出口检疫及颁发植物检疫证书。

（三）输出生物防治物和其他有益生物的管理

ISPM第3号《输出生物防治物和其他有益生物的管理》旨在确保生物防治物和其他有益生物的安全输出。由各缔约方NPPO或其他负责部门、输入者和输出者负责。各缔约方或者他们指定的部门应当审议及实施有关生物防治物和其他有益生物的输出的适当植物检疫措施，这些措施包括：对输出进行认证时确保输入缔约方的进口植物检疫要求得到遵守；酌情获取、提供及评估有关生物防治物和其他有益生物的输出的文件。输出者的责任和建议包括确保生物防治物和其他有益生物的货物符合输入国的进口植物检疫要求和有关国际协定，安全包装货物，提供有关生物防治物或其他有益生物的适当文件。

输出国NPPO或其他负责部门应当在验证输出时确保输入国的法规得到遵照、提供及评估有关生物防治物和其他有益生物的输出的文件、确保输出者履行其职责、考虑对环境可能产生的影响，如对非目标无脊椎生物的影响。国家植物保护机构或其他负责部门应当就生物防治物和其他有益生物的特性，评估风险（包括环境风险），运输过程中的标签、包装的储存，发货和处理程序，分发及贸易，释放，评价执行情况，信息交流，发生没有预料到的和/或有害的事件（包括所采取的补救行动）等与有关方包括其他国际植保机构或有关部门保持联络和协调。

输出国NPPO应当确定某种有害生物是否需要进行有害生物风险分析，并依据

ISPM 第 2 号《有害生物风险分析框架》和/或 ISPM 第 11 号《检疫性有害生物风险分析》第二阶段的进行有害生物风险评估，根据这些标准的要求考虑到不确定性和潜在环境影响。除了进行有害生物风险评估之外，各缔约方还应当考虑对环境的可能影响，如对非目标无脊椎生物的影响。

第二节 主要贸易国家出境植物检疫规定

一、美国出境植物检疫

美国是世界上最大的农业出口国，在 2 亿人口中，直接或间接从事农业生产的有 2420 万人。据统计，每 6 个就业者中有 1 人为农业生产者。在分析美国农业成功的原因时，人们不会忘记动植物检疫这位出色的绿色卫士。美国于 1912 年制定《植物检疫法》，迄今已作多次正式修改，检疫法规日臻完善，发挥着保护美国农牧渔业的作用。

（一）美国动植物检疫管理体系

美国动植物检疫工作由美国联邦政府农业部（USDA）全面进行管理，由其辖属美国动植物健康检疫局（APHIS）具体负责执行功能。美国动植物检疫局内设置动物事务处、生物技术法规局、国际事务处、植物保护和检疫处、兽医局、野生动物局等六个执行部门，以及法规和公共事务处、MRP 商务处、美国原住民工作小组和政策计划发展局等 4 个管理支持部门，此外还下设权利、事务及内务办公室（OCDI）和应急准备管理办公室等两个办公室。APHIS 的主要职责是：①执行美国边境植物检疫任务，防止外来农业有害生物传入；②调查和监测农业有害生物；③对传入的外来农业有害生物采取紧急检疫措施；④采用科学的植物检疫标准促进农产品出口；⑤降低野生生物对农业的威胁，保护野生和濒危动植物；⑥确保基因工程植物和其他农业生物技术产品的安全等；⑦提供相关科技服务。

（二）植物检疫机构

植物保护与检疫处（PPQ）是美国 APHIS 的重要职能部门之一，主要职责是：防止植物有害生物传入，植物和植物产品出口检疫证书管理，植物病虫害调查和控制，执行国内外植物检疫法规，与外国政府官员就植物检疫和法规事宜进行协调，执行国际贸易方面保护濒危植物公约，收集、评估和分发植物检疫信息。PPQ拥有良好的技术能力，该处设置有：植物健康项目组、西部地区组、中部地区组、东部地区组、植物健康科技中心（CPHST）、职业开发中心、资金管理和分析组、贸易服务联络组等。PPQ中的植物健康项目组又包括政策计划及应急事务处理、项目数据管理及分析、生物技术事务管理、许可证及风险评估、入侵物种及有害生物管理、口岸执法、法规协调、检疫争端管理和棉花有害生物控制等小组。

美国APHIS的机构设置较为完备，分工明确，合作协调机制妥善。PPQ与各州就植物出口进行相互支持与合作，并都签署了合作备忘录。PPQ授权各个州从事植物检疫的人员在植物产地出具出口证书，同时负责对他们进行职业技能培训和考核工作。PPQ还与各州联合进行农业有害生物合作调查项目（CAPS），将调查得到的有害生物资料经处理输入国家农业有害生物信息系统（NAPIS），供国家有关部门和单位使用。内地检疫和口岸检疫协调一致，统一对有害生物进行监测与控制。出口农产品的检疫证书由PPQ的官员或由各州具备资格的政府部门人员签署。

（三）植物出境检疫

美国是世界最大的农产品出口国，出口植物和植物产品占美国经济的一大部分。APHIS负责出口植物和植物产品的检疫，避免外销农产品带有有害生物。并通过对外双边会谈为美国农产品出口拓展市场。近些年，美国APHIS与中国每年都开展双边会谈，已就苹果、柑橘、葡萄、樱桃等农产品输出达成协议。美国动植物检疫局植物保护和检疫处制定了出口程序（Export Program），按照程序要求，植物保护和植物检疫人员可以向美国生产的农产品或出口农产品出具相关证书，但是这些证书并不是出口必需的，这一点显然不同与我们中国的管理要求。

1. 一般植物出境程序

美国农业部制定统一的标准对要求出口的植物和植物产品实施检疫。植物保护和植物检疫人员检验各类植物和植物产品，保证其离岸前不带有害生物，并由签证官（Authorized Certificate Official，ACO）为出口商提供植物检疫证书（Phytosanitary Certificate，PPQ Form577）或再出口植物检疫证书（Phytosanitary Certificate for Reexport，PPQ Form579）以及出口证书（Export Certificate，PPQ Form 578），其中植物检疫证书（PPQ Form577和579）主要用于未经加工植物产品，而出口证书（PPQ Form578）主要用于经加工的植物产品（产品名录在植物检疫出口数据库PExD中），这些证书出具原则上都要通过美国植物检疫证书出证和追溯系统（PCIT）。

出口的一般程序是：首先，出口商要登录PPQ的官方网站PCIT系统进行申请，并填写表单Form 572。其次，植物检疫工作人员（一般为签证官，ACOs）会检查产品是否符合出口相关的法律法规要求。此外，ACOs还要就是否符合输入国检验检疫要求（主要是查询植物检疫出口数据库PExD）进行确认，有时会要求出口商提供输入国的进境许可证（Import Permit）。然后，检疫人员会根据要求确定抽样检查的比例（一般最小的抽样比例是2%）对货物进行抽样检查，如输入国有其他如生长期检查、非疫区、非生长区或实验室检测等特别要求的，检疫人员会检查相应的支持文件或记录。如果检查中发现问题，检疫人员将会按照法规要求进行检疫处理，如没有有效检疫处理方法的，则货物禁止出口。在检查完成后，检疫人员将检查的信息录入PCIT系统，填写表单并出具植物检疫证书Form 577/599或出口证书Form 578。所有检疫记录将会保存3年，对于有特殊要求产品的记录将会保存5年。此外，美国动植物检疫局对于证书的附加声明也有相应的规定，如附加声明必须有文件支持、植物检疫证书不能用于转基因产品的证明等。

2. 特别产品的出口

为了做好种子的出口检疫工作，美国动植物检疫局运用PPQ国家种子健康系统对非政府机构进行授权，由这些授权机构实施一系列的检测检查，检查完成后出具植物检疫证书（PPQ Form577和579）。检测项目主要包括实验室病原检测、种子基地苗圃的检疫检查、种子取样检查和种子包装厂现场检查四个步骤。而对于谷物类产品，美国动植物检疫局与联邦谷物检查局签订了备忘录，由美国谷物检验/包装/储存管理局（Grain Inspection，Packers Stockyards Administration，简称GIPSA）和美国动植物检疫局共同出具植物检疫证书，而具体由美国农业部联邦谷物检验局（Federal Grain Inspection Service，简称FGIS）实施检疫检查，并出具昆虫检查报告和FGIS Form 921-2，这些都是出具植物检疫证书必需的随附单据。对于出口原木，美国动植物检疫局一般要求在装入集装箱前进行检疫，但如在集装箱内放置整洁也可以检疫。对于棉花检疫，美国有一个特别的检验检疫法规——"National Cotton Compliance Agreement Stipulations"，规定要求棉花供应商必须在出口商名录之中，且棉花必须进行压缩打包处理。种用马铃薯的出口检疫，由APHIS、授权出证机构、州植物检疫官、国家植物委员会及产业团体共同来实施。为此，美国采取了所谓的种用马铃薯州-国家协调程序谅解备忘录（the State National Harmonization Program Memorandum of Understanding for Seed Potatoes），要求每个参与计划的州都必须制定“质量手册”，并成立专门的质量审查委员会，这个委员会由州植物检疫人员、国家植保委员会人员及APHIS的人员共同组成。

3. 其他

在美国，出口植物的取样、检查以及检测工作，可以由官方或授权机构完成，可以是联邦、州或者市的官方人员，或者是例如联邦谷物检查局、农业市场局这样的合作机构，或经授权的非官方机构，需要注意的是出具出口证书（PPQ Form578）的产品取样可以由出口商送样。出口证书上不得带有“符合人类食用”或出口商的各种非官方要求等24项内容。APHIS要求对于出口谷物的附加声明中，只能标明不带有昆虫和杂草，而不能标明不带有真菌、细菌等有害生物，因为他们认为在谷物的田间生长期阶段进行检查是不现实的，而且用抽取代表性样品进行实验室检测来证明不带有真菌、细菌也是不可能的。另外，根据联邦法典7CFR354.3，国会授权植物保护和植物检疫人员向货主收取检疫费。

4. 其他方面的工作

（1）建立各国信息数据库

每年美国联邦与各州合作，为二十几万船出口货物出具植物检疫证书。为提供更好的服务，帮助出口商寻找外销市场，了解一个国家对农产品可能有的检疫要求，联邦与州植物保护和植物检疫人员跟踪、收集每个国家的检疫证书要求，建立出口植物和植物产品“摘要项目”数据库（PExD）。该数据库也列入野生稀有植物种类、对特定国家不宜出口的商品种类与其他国家交换的进口植物检疫要求，提供植物保护和植物检疫人员，以及出口商使用。

（2）有害生物监测控制

为有效监测国内植物有害生物，美国农业部设有“农业有害生物调查、监测项目”，由联邦与各州植物保护和植物检疫人员共同实施“农业有害生物调查合作方案”，并将病虫害调查信息汇编成全国性数据库——全国农业有害生物信息系统，为国内外农产品贸易提供科学依据，并有效地开展重大病虫的封锁、控制和扑灭。APHIS植物保护和植物检疫处内设一个由素质良好人员组成的“快速反应团队”，负责处理国外新传入和国内新发现的植物有害生物。这支团队已数次参与在加利福尼亚州和佛罗里达州封锁、控制、根除地中海实蝇的行动，参与佛罗里达州柑橘园新发现毁灭性柑橘溃疡病“A”菌株的封锁、根除，参与亚利桑那州小麦腥黑穗病的封锁、控制和根除。

二、澳大利亚出境植物检疫

澳大利亚是个岛国，整个国土被大洋包围，与大陆隔绝，相对疫病较少，生态环境较为脆弱，易受外来生物的侵害。历史上，澳大利亚曾经多次受到外来生物的入侵。此外，澳大利亚是个农牧业为主的国家，农牧业在其国民经济中占有举足轻重的地位，因而对进出口植物的检疫工作非常重视，历来被公认为全球植物检疫措施最严格的国家之一。澳大利亚检疫体系已成为其他国家农产品市场准入的障碍，澳在与其贸易伙伴谈判自由贸易协定时，进口产品的检疫制度成为最难谈判的领域之一。随着经济全球化、贸易自由化进程不断加快，疫病疫情的传入传出的风险日益增大，澳大利亚政府对植物产品的进出口实行严格检疫，制定了严格的检疫法律、法规，建立了一整套严密的行之有效的检验检疫管理体系。

（一）澳大利亚植物检疫管理体系

澳大利亚正在执行的涉及进出境植物及其产品的主要检疫检验的法律（ACT）有2部，即：

1. 1908年颁布的《检疫法》

该法只针对进境检疫，包括对人、动物及植物的检疫。根据该法，澳大利亚颁布了3个条例，即①《检疫（一般）条例》，该条例针对人的卫生检疫；②《检疫（动物）条例》，该条例针对动物的检疫；③《检疫（植物）条例》。《检疫法》与1901年的《联邦宪法》（Institution）、《刑法》和《海关法》（Customs Act）有着密切的联系。

2. 1982年颁布的《出口管制法》

该法主要规范对出口植物、植物产品、肉、加工食品（奶、蛋、水产品）、野味、食品的检疫和检验工作、加工质量要求，出口许可证管理、标签管理等。根据该法，澳颁布了《出口管制法（令）条例》，该条例授权农林渔业部可制定并颁布有关出口动植物及其产品检疫及检查、质量控制等的部令。根据《出口管制法》，澳大利亚先后颁布了《出口限制性货物（一般）令》、《出口控制令2011（植物及植物产品）》等，分别规范相应的出口货物的检疫检验工作。

据上述法律、条例、公告、令、标准，澳大利亚DAFF在具体执行过程中也制定了一些详尽的规定，并编制具体的检疫检验手册，如《出口植物产品出证规范》《产品取样和检验规范》《干草出口程序2000》《出口控制（干草和秸秆）决议

2005》等。

（二）澳大利亚植物检疫管理机构

澳大利亚农林渔业部（DAFF）统一管理澳大利亚进出境人员、动植物及其产品、食品、交通工具、邮包、行李的检疫和检验工作，并负责制定进出境动植物及其产品的检疫政策及出口食品的检验政策，但不负责卫生检疫政策的制定工作，卫生检疫政策由卫生部制定，由澳大利亚农林渔业部负责组织实施；澳大利亚国家食品局（NFA）负责制定食品标准（1992 年颁布第一部食品标准）和进口食品检疫政策，但不负责出口食品政策的制定和进出口食品检验的管理工作。

澳大利亚农林渔业部下设可持续自然资源管理司、农业协调和林业司（AAF）、管理司、财政商业支持司、农业生产司、信息服务司、活动物出口程序、动物生物安全司、植物生物安全司、生物安全政策司、全民服务和运输司、口岸管理司、入境邮检管理、澳大利亚农业资源科技管理局（ABARES）、食品司和贸易和市场准入司，其中与植物进出口检疫检验工作有关的部门主要是澳大利亚植物生物安全司，主要负责植物健康政策制定、植物生物安全分析、植物进口操作政策制定以及植物出口政策制定 4 个部分。生物安全政策司，主要负责外来有害生物的风险分析以及技术市场准入（出口）协商、进入国际生物安全政策和标准等，并更新健全植物检疫法律法规和建立全国生物安全保障体系。澳大利亚农业资源科技管理局（ABARES），主要负责外来有害生物的生物安全评估等。此外，还有总植保官办公室和入境邮检工作，以及食品管理司负责食品安全危害进入澳大利亚的风险控制。这些机构共同协作，通过对进口而带来的病、虫害进行管理以及增加国家对出口市场的控制，以确保澳大利亚动植物的健康安全。

（三）植物出境检验检疫

澳大利亚对于植物的进口检疫要求非常严格，但是对于出口植物、植物产品的检疫要求则相对较松，一般是依据《出口管制法》、《出口控制令 2011（植物及植物产品）》和进口国的要求来执行。根据澳大利亚 1982 年的《出口管制法》，出口产品可以分为管制（Prescribed）产品和非管制（Non-Prescribed）产品。管制产品包括有机产品、鲜果和蔬菜、饲草等，这些管制类产品的出口必须符合澳大利亚检疫要求，而除以上所列之外的其他非管制类产品出口仅根据进口国要求。

1. 出境一般要求

（1）注册

根据澳大利亚法律法规要求，所有限制性产品要出口，其生产企业必须实施注册。首先是企业向澳大利亚农林渔业部（DAFF）生物安全局（DAFF Biosecurity，即原来的 AQIS）提交注册申请，在收到书面申请材料后，澳大利亚生物安全局植物司下属的植物出口处安排植物检疫人员进行检查审核，有时会与要求国家的检查人员一起进行。企业应该按照“过程管理系统（Process Management System，PMS）”要求建立质量管理体系，DAFF 负责审核拟注册加工厂的质量管理体系并检查按其质量体系有效运行情况。审核合格后，DAFF 会给企业颁发注册证书，企业应当将证书悬挂在墙上。DAFF 将对企业生产管理情况进行定期监管。

（2）检疫检查

为确保出口产品质量，澳大利亚官方将会按照进口国检验检疫要求以及澳方承诺的责任对管制性产品进行各种方式的检查。目前，澳大利亚检验检疫工作已由终端检查转向建立质量保证体系（QA），要求企业按照产品输入国家的检疫要求进行生产出口。

（3）出证

由于出口管制性货物在澳大利亚出口清关过海关服务系统时，需要有出口清关号（ECN），而且货物在入境时也需要提供相关证书。对于花卉和谷物等，出口商可以通过 DAFF 的出口出证系统（EXDOC）获取电子版证书。目前，澳大利亚又开发了一个全新的出口出证提升系统（ECRI），该系统目前仅在部分肉类产品中进行了试用，下一步将全面推广应用。

澳大利亚主要通过电子证书系统（EXDOC）签发植物检疫证书，其程序要求按照《Phytosanitary Certificate Completion (Exports) - Plant Program》执行。具体程序是：出口企业在出口前准备好货物相关信息、生产记录、认可实验室检测结果、空集装箱检查记录和熏蒸记录等，而后由经 DAFF 培训、授权的企业协检员或文员通过 EXDOC 企业端将相关信息录入电子证书系统，提交给 DAFF 区域办公室，同时将相关文件传真至 DAFF。DAFF 审核相关电子和文本信息，合格后电子签名、盖章、出证，流程结束后企业自行打印证书。DAFF 对空白证书进行严格的核销管理，每份证书可打印的正本和副本份数也由 DAFF 控制。企业对空白证书的管理也比较规范，有严格的领用管理制度。

2. 出口植物和植物产品检验检疫

根据澳大利亚 2011 年新颁布《出口植物和植物产品管制令》，出口的植物或植物产品需要通过以下的过程。

(1) 出口许可

澳大利亚规定如果出口产品为限制性产品或者输入国需要出具植物检疫证书，则产品出口之前需要获得出口许可。

(2) 企业申请

出口产品的企业或其代理人应当向 DAFF 植物检疫官提交一个书面的出口申请。申请材料中应当提供产品以及企业的详细信息，以及输入国家的相关要求。另外，企业还应当提供产品的分析评估文件并经检疫秘书长官同意。

(3) 企业注册

如果出口产品为限制性产品（限制性植物产品包括谷物、保鲜水果、蔬菜以及干草），则出口产品的生产企业必须进行注册考核。澳大利亚官方主要针对企业车间通风、场地安全卫生、检疫处理、洗手设施以及卫生控制状况进行审核及监管，同时对产品存放提出明确要求：不得与杀鼠剂、杀菌剂、杀虫剂等有毒有害物混放。

(4) 出口前检查

DAFF 生物安全局植物司（包括下设在各地区的边境事务处）不负责类似我国的日常监管，出口产品的检查主要由经 DAFF 培训、授权的企业协检员和熏蒸操作人员进行，DAFF 负责监督、管理这些检查员。其中，企业协检员主要负责按照输入国要求对出口货物储存和加工过程进行检查，确保符合输入国安全卫生要求。熏蒸公司操作人员负责对出口货物进行熏蒸，并检查熏蒸效果。

对于散装船货物的查验，查验地点必须清洁、无有害生物污染的风险。DAFF 根据《出口控制令 2011（植物及植物产品）》等国内法规及输入国要求，对出口谷物的质量安全进行控制，主要通过以下 3 个方面完成：一是所有的谷物出口公司及其终端谷仓等均需 DAFF 注册登记并取得相应的出口资质；二是货物装运前 DAFF 官员对出口运输工具进行卫生审查，确保无残留物、污染物、病虫害或其他可能影响出口证书真实性的情况；三是谷物装运之前，DAFF 驻厂官员进行现场检疫，确保谷物达到澳大利亚法规及输入国要求。达到澳大利亚法规和输入国要求的谷物，DAFF 将出具植物检疫证书。现场的取样量一般是每 33.33 t 取 2.25 L 的样品。在现场检查中一旦发现昆虫，则立即停止装运并禁止出口。对发现活虫的货物进行筛选处理是不允许的，但是对于其他一般污染物是可以的，当然前提是应用自动取样监测并以除去大量的污染物，且通过检疫官的检查。另外，检出活虫后的混合处理也是不允许的，对于其他污染物（杂质），混合是可以接受的，但是不能在装船之前。

（5）许可出证

产品检验合格后，会出具出口许可证（Export Permit），此出口许可即可当做出口植物检疫许可。如输入国有另外的特别要求，则会出具另外一个独立的植物检疫证书。如果出口商需要另外的植物检疫证书，则应当向检疫官提供相关的信息并在申请出口时即提出相关要求。只有现场的检疫官员才有签发植物检疫证书的权力。如证书上有任何修订，则检疫官必须在修订的下方签名并标上工号。

（6）检疫处理

对于检出活虫后，货物必须经DAFF认可的公司实施熏蒸或杀虫剂处理，当然所用的试剂必须经出口商、输入国家同意，且用途符合药剂的使用说明。

3. 其他要求

（1）包装物料要求

用于出口产品的包装物料必须是未使用且干净；如已使用过，需经清理并经检疫官员的同意；包装物料必须能满足产品承重等方面的要求。此外，如果包装上有产品信息描述的话，其信息应当准确清楚，经检疫官同意并使得产品易于识别并符合输入国要求。

（2）出口前装运

产品经检验检疫完成，并经检疫官秘书长同意后方能装运出口，而且用于装运产品的运输工具能有效保护产品并经需经检疫官同意。

（3）集装箱检查

装运出口产品的集装箱需经检疫官检疫同意，并出具许可证书，证书有效期为28 d。当然，如果检疫后集装箱发生变化，则许可证无效，出口商应当退回许可证及其所有的复印件。如检疫后不立即使用，集装箱应当临时铅封并以一标签标明检疫官员的识别号。

（4）散装船检查

出口货物的船只的船方或者其代理应当向检疫官出具船只经海运检查官查验过的声明。海运检查官主要是对船只的产品适载性进行查验，并向船方出具一张纸质的适载证明。经查验后的船只检疫性如发生变化，则证明文件无效，船方应当退回。

（5）其他方面

检疫官秘书长可以针对检疫官的检疫工作、企业或出口商的产品生产加工以及出证申请过程进行复查审核。企业或出口商应当对于检验检疫审核的全过程提供各种必要的协助。

三、欧盟出境植物检疫

欧洲联盟于1993年在《马斯特里赫特条约》签订后成立的，是一个政治和经济共同体。目前，欧盟有28个成员国，制定了单一市场，通了标准化的法律制度，其中适用于所有成员国，保证人、货物、服务和资本自由迁徙。此外，欧盟保持了一个共同的贸易政策，包括农业和渔业政策和区域发展政策。农业在欧盟经济中占有较大比重，为保护农业生产安全并服务农产品贸易，欧盟十分重视植物检疫工作，建立了较为健全的植物检疫体系。

（一）欧盟植物检疫管理体系

欧盟奉行共同的农业政策，包括检疫政策，这种特殊的环境产生了特殊而有效的检疫管理体系。欧盟检疫法规体系由基本“法”、行政法规和双（多）边协议3个层次构成。针对全局性检疫问题，制定严格意义上的基本“法”。作为植物检疫工作的指导法规，其核心是植物检疫“法”——有关防止危害植物或植物产品的生物进入成员的保护性措施。1977年颁布以来，这些基本“法”进行了39次修改，2000年经归纳修改，制定颁布了新的植物检疫“法”（Directive 2000/29/EC）。2010年始，欧盟又开始起草新的植物检疫要求，目前已完成3次评估并向欧盟委员会提交了最终的植物健康法规草案，有望在不远的将来付诸实施。此外，欧盟法规还包括特别“法”，如针马铃薯癌肿病、胞囊线虫等10多项重大检疫性有害生物控制法。为提高法律的可操作性，基本“法”明确要求欧盟委员会制定具体执行办法和程序，主要包括委员会令（Directive）、决议（Decision）及建议等，其中既有行政法规，又有技术标准。欧盟委员会还与各国签订了相当数量的双边、多边协议，而欧盟检疫法规是各个成员国必须遵循的最低要求，成员国有权通过本国立法确定高于欧盟的具体要求，但不能低于这些要求。如英国对健康种苗传带某些病虫的允许量比欧盟低、发现重大检疫性有害生物后的禁种年限也长于欧盟。发生马铃薯金线虫和白线虫的地块，欧盟分别禁种马铃薯5年和10年，英

国则要求禁种 6 年和 12 年。

（二）出境植物检疫

欧盟对于输往其他地区的植物产品的检验检疫要求主要依据输入国的检验检疫要求，但是对于欧盟内部的植物产品贸易有非常明确的要求，这些产品的名单列在第 2000/29/EC 号指令的附件 V 的 A 部分。另外，法令要求在植物的生长季或收获后立即对生产产品过程在产地进行控制和检查，并对生产者实行官方注册。另外，在贸易商的产品能通过欧盟官方检查后，出口产品将被授予植物通行证（Plant Passport）（用于欧盟内部通行）。

1. 欧盟生产商注册

根据欧盟指令 Directive 92/90 EEC 和 Directive 93/50 EC 要求，欧盟对于植物和植物产品的生产商实行注册管理。欧盟规定，凡是列入欧盟植物检疫法（欧盟指令 Directive 2000/29/EC）附件 V 的 A 部分的植物产品，其生产商、集中存放点、批发中心或其他产品进口者及相关人员，应当向成员国的指定注册机构申请注册，具体注册程序由各成员国制定。成员国指定注册机构在收到申请后应当对申请信息进行核对检查以确保其正确无误。注册机构按照以下要求对申请单位进行考核：

①植物或植物产品生产、种植、存放或其他地点的最新的使用计划；

②植物或植物产品的种植、存放以及出库记录，以使注册机构能够获得完整生产信息；

③具有精通植物生产及植物健康知识的专职人员，以利于和官方注册机构联系；

④注册机构应当制定注册程序指南，并依照指南要求在恰当的时间对其进行现场检查；

⑤申请单位应当配合官方指定注册机构及人员的工作，尤其是检查、取样以及记录检查等工作。

当然，注册过程应当遵从成员国的法律法规，并且充分考查各国的生产实际，尤其是作物的品种、地点、规模、管理现状、人员组成以及设施情况。另外，取得注册资质的单位必须遵守一些特定的要求，如接受检查、取样、检疫处理、销毁处理、产品加施标签以及其他一些要求等。各国应当将这个欧盟指令转化为本国的管理法规，并在法规中列明本指令作为参照依据，在实施后立即通知欧盟委员会。

2. 检疫通行证制度

根据欧盟指令 Directive 92/105/EEC 和 Directive 2005/17 /EC 的要求，植物或植物产品及其他相关物在欧盟内转运需出具植物通行证（Plant Passport)，无论是欧盟内生产的或是由外部进入的产品。通行证签发要求如下：

①通行证由官方标签和书面随附单证组成，标签应当未经使用而且选用合适的材质制成。如果标签上已有详细的产品信息，则书面随附单证不是必须的；

②通行证信息应当以欧盟某一官方语言文字印制；

③对于马铃薯通行标签由欧盟指令 66/403/EEC 特别规定；

④通行标签上的信息至少包括“EC-plant passport”字样、EC 成员国代码、成员国内的官方责任机构或识别码、注册号、批次号等五项；

⑤如通行证有随附单证，则随附资料还应包括以下信息：产品分类名称、数量、保护地名称并标明“ZP”字样、“RP”字样（若重新换通行证)、产品原产国或发货人国家（若第三国进口产品)。

植物通行标签一般可由官方机构直接保存，或由生产者或进口商保存，但前提是必须在官方的控制之下。植物产品生产者或进口商可以向各个成员国的官方指定机构申请通行证或申请重新换证。各成员国指定机构应当严格按要求出具植物通行证，并确保通行证签发符合以上要求。

（三）疫情处理

欧盟要求，成员国发现新的有害生物，无论是否列入检疫性有害生物名录，只要是首次发现，都要立刻报告欧盟委员会，并通知有关成员国采取紧急调查和处理措施。必要时欧盟委员会植物检疫专门委员会组织专家进行实地调查，论证成员国采取紧急措施的科学性与可行性，予以认可或提出处理要求，采取包括染疫植物（植物产品）销毁、栽培介质及包装材料处理、生产工具、包装储存场所及运输工具消毒等处理措施。

（四）经费保障

鉴于植物检疫的公益性和重要性，欧盟委员会适时提出增列检疫项目，列入财政预算。根据检疫工作的实际需要，主要用于以下两个方面：一是购建检疫仪器设备。适应建立内部统一市场需要，欧盟十分重视检疫基础设施建设，改善检疫检验所需仪器和疫情处理设备。在经费分配上优先考虑进口农产品集散地、与非成员国交界的边境地区，特别是对处于农产品进出口通道位置的成员国给予重点倾斜，支持力度最高可达实际支出的50%。二是补助植物疫情处理。成员国一旦发生疫情，威胁欧盟整体或局部，可向欧盟申请疫情处理经费补助，用于保证检疫措施的落实和弥补检疫处理的直接经济损失，支持力度可达50%。如进一步处理关系整个欧盟的安全，还可追加部分经费。

第三节　中国出境植物检疫管理体系

一、检疫监管

（一）注册登记

1996年颁布的《中华人民共和国进出境动植物检疫法实施条例》第32条规定“对输入国要求中国对其输出的动植物、动植物产品和其他检疫物的生产、加工、存放单位注册备案的，口岸动植物检疫机关可以实施注册登记”。随着形势的发展，根据《国务院关于加强食品等产品安全监督管理的特别规定》（中华人民共和国国务院令第503号），为强化对出口农产品企业生产和加工过程的监管，确保出口农产品符合输入国要求，我国自2007年起对出口农产品全面实施种植基地和加工（包装厂）注册登记制度。我国的农产品主要贸易国家在与我国签署的双边议定书中，也明确向我国提出了对基地与加工场所（含仓储场所）进行注册登记的要求。目前，美国、澳大利亚、欧盟等国家均对一些高风险的植物、植物产品实施生产企业出口注册登记制度，对基地与加工场所（含仓储场所）进行注册登记。

根据国际通行规则和国外要求，国家质检总局在注册登记方面已经建立了许多制度。2007年，国家质检总局发布了《出境水果检验检疫监督管理办法》（第91号令），对出境新鲜水果果园、加工厂实施注册登记。随后，总局发布了《关于加强进出境种苗花卉检验检疫工作的通知》（国质检动函［2007］831号），开展了出境种苗花卉基地、生产经营企业注册登记管理工作。同年，检验检疫部门根据《国务院关于加强食品等产品安全监督管理的特别规定》的要求开始对所有的植物产品的原料供应基地实施了检验检疫监督管理。2008年，国家质检总局发布了《关于加强出口植物产品企业注册登记管理的通知》（国质检动函［2008］106 号），提出对于所有植物生产、加工、仓储企业全面实施注册登记管理，同时对于其原料来源进行全面监管。在这些规定中，按照 ISPM 第 7 号《出口出证体系》中的相关规定，明确了注册的条件和要求，如提供包括生产操作指南、人员培训、有害生物监控、溯源等在内的质量管理体系，以及面积核查和产量核定、周边环境及水土检测、有害生物监测和防治等。对于符合注册登记要求的基地、加工厂，由各直属局颁发注册登记证书，证书有效期一般为三年。在有效期内，各局负责对其进行日常监管和年度审核。

需要指出的是，在具体注册登记的实施过程中，国外的一些做法值得我们借鉴，如更好的发挥一些专业行业协会的作用。如澳大利亚由种植者向种植者协会提出注册申请，协会进行文审后编果园号，再将其交检疫部门实施现场审核，审核合格的保留编号。这样既减轻了检验检疫部门的压力，也有利于行业协会发挥指导作用。

（二）有害生物监测

有害生物监测是 IPPC 对一个国家植物保护组织最基本的要求。IPPC 公约第Ⅳ条第 2 款 b 项要求，各缔约方应监视生长的植物，包括栽培地区（特别是大田、种植园、苗圃、园地、温室和实验室）和野生植物以及储存或运输中的植物和植物产品，并要达到报告有害生物的发生、暴发和扩散以及防治这些有害生物的目的。IPPC 公约第Ⅶ条第 2 款 j 项还提出，要求各缔约方应尽力对有害生物进行监测，收集并保存关于有害生物状况的足够资料，用于协助有害生物的分类，以及制定适宜的植物检疫措施。

中国在这些方面开展的工作也比较多，国家质检总局每年均要组织实施高风险有害生物如实蝇、苹果蠹蛾、亚洲型舞毒蛾、杂草等有害生物的监测，各地检验检疫局根据各地的特点也组织实施了国外关注的有害生物的监测，保证了农产品的顺利出口。监测实例见图 4－1 和图 4－2。尽管我们做出了一些工作，但和国外相比较，因体制、机制等诸多因素制约，在应用国际标准方面，仍存在着较大差距，影响了我国部分农产品的扩大出口。

图4-1　出口果园实蝇监测

图4-2　出口果园有害生物监测

一是目前中国在监测方面的工作还比较薄弱，不系统，尤其是国内有害生物记录，尚未与农产品出口贸易相结合，未能充分共享有害生物信息，应引起足够的重视。

二是确定有害生物状况方面的工作仍未真正起步，受体制方面的限制，有害生物记录的发布管理不规范，没有系统、权威的信息渠道，为达到 IPPC 的要求还有相当的路要走。但必须要跨出这一步，否则我们在这方面将失去更多的话语权，使得出口解禁、保护国内农林生产工作面临更加不利的局面。

三是中国在建立与维护有害生物非疫区、非疫产地、非疫生产点、有害生物低度流行区方面处于起步阶段，涉及政府和企业以及种植者，将是一个有相当难度的工作。但应该提到政府部门的议事日程上来，这不仅是一个发展趋势，而且是植物检疫解禁工作中最有效的方法之一，具有良好的经济前景；有害生物根除是建立或重建非疫区的基础，我国在这方面也存在对内对外植物检疫工作的合作问题，把口岸植物检疫和国内防疫结合起来，形成统一的管理机制，内外结合，信息和资源共享，将会更加有效。

四是在有害生物风险管理方面，仍需要加强运用综合管理措施。应该加强国际技术合作与交流，提高我国开展有害生物防控和检疫处理工作的针对性和有效性，做好理论研究和实际应用工作，获得更多的科学参考依据。如影响我国水果出口的山楂叶螨和食心虫的检疫处理问题，仍需要从技术层面、经济成本等多方面与国外多交流加以解决。这些工作是最基础的，也是我国最缺乏的。

（三）分类管理

根据加工的方法和程度，ISPM 第 32 号《基于有害生物风险的商品分类》将商品大致分为以下 3 种类型：加工的程度使商品不可能再受检疫性有害生物的侵染；加工的程度使商品仍然有可能受检疫性有害生物的侵染；没有经过加工。虽然该标准主要是为入境检疫提供风险控制的准则，但也为出口植物、植物产品的分类监管提供了一定的依据。

我国在竹木草柳制品等低风险农产品的出口分类监管方面已经开展了一些工作，国家质检总局 2003 年出台了《出境竹木草制品检疫管理办法》（45 号局令），将出境竹木草制品分为高、中、低 3 个风险等级。各地方检验检疫部门也作了一些试点工作，包括了按企业信用状况，风险分析和关键控制点体系建立情况，生产管理和企业自检自控能力，产品质量状况对企业实施分类管理，按产品的加工特性试行的产品风险分级管理，按输入国家要求试行的检疫要求风险等级分类管理等。最近，质检总局已下发了出口农产品分类管理草案广泛征求意见，以便于对出口农产品实施更有效的过程监管，便利农产品的出口。预检实例见图 4-3。

图 4-3　中国和澳大利亚检疫官联合对鲜梨进行预检

（四）溯源管理

溯源管理制度是建立从生产企业、出口环节到消费者全过程的质量安全可追溯体系，实现对农产品供应体系中产品构成与流向等信息与文件记录可追溯。农产品食品可追溯系统是控制农产品食品质量安全有效的手段。农产品可追溯管理体系的建立、数据收集，应包括从原材料的产地信息、到产品的加工过程、直到终端用户各个环节。该制度的建立和实施，是解决农产品安全问题的有效途径，也是确保农产品质量安全、维护消费者权益的有力手段。ISPM 第 7 号《植物检疫出证体系》的 4.5 款明确规定："货物及其证书在生产、搬运和运抵输出点的所有阶段都应能追踪，如果在出证之后，国家植物保护组织认为该批货物可能达不到输入国的植物检疫要求，则应当尽快将此通知输入国植物保护组织。"《植物检疫出证体系》的 4.3 和 4.5 中对建立货物追踪所需建立的程序性文件、标识、记录等进行了明确规定。

按照《植物检疫出证体系》有关建立溯源体系的标准，我国通过对出口开展注册登记和日常监管，要求企业建立从生产、加工、出口前检验到出口装运的整个过程溯源体系，实现了在货物出现问题时有效追踪。例如：2005年，为规范出境货物木质包装检疫监督管理，确保出境货物使用的木质包装符合输入国家或地区检疫要求，参照ISPM第15号《国际贸易中木质包装材料管理准则》，国家质检总局发布了《出境货物木质包装检疫处理管理办法》，对出境货物木质包装的检疫除害处理方法和IPPC专用标识加施提出了具体要求，加强了溯源管理。应保存记录，以便出现问题时能够有效核查和追踪。

此外，为推进和规范产品溯源管理，在借鉴欧盟国家经验的基础上，中国相关行业相继制定了《农产品追溯编码导则》、《农产品质量安全追溯操作规程通则》、《农产品质量安全追溯操作规程》、《农产品质量安全追溯生产单位代码规范》等相关指南和标准，切实有效推动了中国农产品质量安全追溯工作的顺利开展。

（五）区域化管理

ISPM第7号《植物检疫出证体系》的第5.1条规定，输出国国家植物保护组织应当建立就输入国植物检疫要求、有害生物状况和地理分布、工作程序等发生变化情况与有关人员和行业及时联系的程序，确保出口货物符合输入国要求。

近年来，出口农产品贸易快速增长，但国内外进出口农产品安全形势不容乐观，一方面，国外为加强农产品安全管理，不断出台新的法规，提高标准，升高门槛；另一方面，国内出口农产品安全领域违法违规行为时有发生，而且由于出口农产品生产链条长，涉及环节多，质量安全监管难度大，隐患多，涉及监管部门多。任何一个环节监管缺失，都会导致出现农产品安全问题。为此，为确实全面提升出口农产品质量安全，自2008年起，国家质检总局开始在山东试行出口食品农产品质量安全示范区建设，其目的是在一定行政辖区内，以出口食品农产品符合国际市场准入标准为目标，整合行政管理和检测资源，推行区域化管理。加强区域内环境、水源、水域、农业投入品等综合管理，构筑“源头备案、过程监督、抽查检验”三道防线，健全从源头管理、过程监督、产品抽检的出口食品农产品安全监管体系。不断完善从种养殖源头、生产加工过程和装运出口等环节的各项监管制度。通过示范区建设，形成地方政府主导、监管部门联动、龙头企业带动、多方交流参与的工作机制。经过5年实践，出口食品农产品质量安全示范区建设取得明显成效，有力促进出口食品农产品质量安全水平的提升。目前，国际上其他国家还没有类似的做法，出口食品农产品质量安全示范区是我国综合运用国际植物检疫措施标准，提升出口食品农产品质量安全方面的一个创举。国外专家核查有害生物监测报告实例见图 4－4。

图4－4　加拿大专家在河北果园核查有害生物监测报告

二、出境植物检疫

（一）企业申请

1. 中国现行做法

出口商、货主或其代理人向当地检验检疫机构提出出口申请，并提供出境货物报检单，出口植物产品生产、加工、存放企业注册登记证书，合同或信用证等检验检疫部门要求的相关单证。检验检疫机构接到企业报检申请后，首先由检务部门核对报检资料是否符合要求，对于不符合要求的企业重新报检，对于符合要求的提交相关业务处室。

2. 与国际规则比较

国际植物检疫措施中未做出明确规定，但我国的作法与美国、澳大利亚等主要贸易国家的做法基本相似。

（二）现场检疫

1. 中国现行做法

（1）确定检疫人员

一般由具有植物检疫专业知识或受过相关培训的政府官员执行。

（2）检疫依据

依照下列检验检疫依据制定检验检疫方案：

①政府及政府主管部门间双边植物检疫协定、协议、备忘录和议定书规定的检验检疫要求；

②中国法律、行政法规和国家质检总局规定的检验检疫要求；

③输入国家或地区检疫要求和强制性检验要求；

④贸易合同或信用证订明的其他检验检疫要求；

⑤确定现场检验检疫时间、地点和方法。

（3）现场查验

①核对货证：核对货物堆放货位、唛头标志、批次代号、数量、重量和包装等是否与有关单证相符；

②环境检查：首先检查堆存环境是否清洁无污染，是否受有害生物的侵染，检查货物及包装和铺垫材料有无害虫及害虫排泄物、蜕皮壳、虫卵、虫蛀为害痕迹等，发现有害生物时，将有害生物送实验室作进一步鉴定；

图 4－5　检验检疫人员对出口水果实施现场检验检疫

③货物检验检疫：按有关标准或规定抽取一定比例的货物，进行感观检查，对货物外观通过肉眼或借助放大镜检查有无有害生物、土壤、被害状等，根据货物不同特点采取其他诸如过筛、剖果等检查。根据需要，可依据不同输入国家或地区的要求、植物种类的生物学特点，提前到生长期田间或在产地装运前检疫；

④填写《现场检验检疫记录单》；

⑤需要做实验室检验检疫的填写检验检疫工作联系单与加施标识的样品一并送有关实验室进行检验检疫。检验检疫人员现场检疫实例见图 4－5。

2. 与国际规则比较

（1）人员要求

ISPM第23号《查验准则》规定了从事植物检疫的查验人员应具备以下条件：有权履行其职责并对其行动负责；具有技术能力，特别是具备有害生物鉴定能力；具有识别有害生物、植物和植物产品及其他应检物的相关知识；使用查验设施、工具和设备的能力；具有书面准则（条例、手册、有害生物一览表）；具有客观公正性等。

ISPM第7号《植物检疫出证体系》也提出了查验人员要具备检查、采样、检验、发现和鉴定有害生物、进行或指导必要的植物检疫处理等能力。

在人员要求方面，各国都是通过招录专业技术人员、培训等以达到上述要求，我国也是如此。

（2）现场查验

ISPM第23号《查验准则》明确规定出口查验是为了确保货物在入境时符合输入国特殊的植物检疫要求，根据查验结果确定是否出具植物检疫证书。查验主要包括3个明确的步骤：核实货物的相关文件、验证货物及其完整性、对有害生物和其他植物检疫要求进行感观查验，并做好查验记录。我国的现场查验程序与国际规则的要求基本一致，但需要指出的是目前我国比较普遍的采取最终货物的批批现场查验方法，而国外对出口植物、植物产品比较多的采用基于过程管理措施，检疫人员并不对每批植物、植物产品实施检疫。

（三）实验室检测

1. 中国现行做法

（1）检测

对于送检的有害生物，有标准规定的，按照有关国家、行业标准进行检疫鉴定；无标准规定的，按生物学特性、形态特征及参照有关有害生物鉴定资料进行检疫鉴定。

（2）出具检测报告

根据检疫结果出具不同的检测报告。

（3）样品保存

由实验室按有关规定负责样品保存，一般样品保存6个月（易腐烂的样品除外）。

2. 与国际规则比较

ISPM第23号《查验准则》第2.1中明确要求审核货物的相关文件中包括实验

室检测报告。我国的实验室检测与国际作法相对吻合，由具备有害生物检测和鉴定能力的实验室人员进行检测和鉴定，出具相应的实验报告。

（四）口岸查验

1. 中国现行做法

（1）货主或者其代理人应当在《出境货物换证凭单》有效期内按有关规定向出境口岸检验检疫机构报检。

（2）口岸检验检疫机构按照《出境货物口岸查验规定》等有关规定进行查验，并做好查验记录。

（3）发现问题需作实验室检验检疫的，应按照有关规定取样后，送实验室检验检疫结果评定出证与检验检疫处理。

2. 与国际规则比较

为保证出口质量，我国目前采取的是“产地检验＋口岸查验”的货物通关模式，在很大程度上限制了货物的出口，这也是由我国所采取的“进出并重”的原则所决定的，而国际上其他大多数国家均采取“严进宽出”的政策，即由认为确保植物检疫安全的场所（一般为离境口岸或认可的集装箱装箱点、包装厂）检疫后出具植物检疫证书，直接放行的做法。

（五）出具植物检疫证书

1. 中国现行做法

（1）结果评定

根据现场查验和实验室检测结果，对符合输入国家和地区的植物检疫要求、双边植物检疫协定、协议、备忘录和议定书及贸易合同或信用证中有关检验检疫要求的，由具有签证资质的人员出具并签署植物检疫证书。

（2）不合格处理

不符合输入国家和地区的植物检疫要求、双边植物检疫协定、协议、备忘录和议定书及贸易合同或信用证中有关检验检疫要求的，但经有效方法处理并重新检验检疫合格的，允许出境并出具《植物检疫证书》，无有效方法处理的，签发《出境货物不合格通知单》不准出境。ISPM 第 7 号《植物检疫出证体系》就明确规定，国家植物保护组织应经授权或行政管理手段成为唯一的有权管理和签发植物检疫证书的机构。

2. 与国际规则比较

IPPC公约第Ⅴ条第2款a项规定，植物检疫证书应由具有技术资格、经国家植物保护组织适当授权、代表它并在它控制下的官员签发。ISPM第7号《植物检疫出证体系》同样提出，要求签发人要具备履行职能所需的技能、专业知识和训练，并在植物检疫认证结果方面不得有任何利益冲突。同时，《植物检疫出证体系》也规定了植物检疫证书应当包括相关货物的足够信息。各国的植物检疫证书均按上述规定签发的。我国的植物检疫证书，是在检疫结果合格后，按照ISPM规定的植物检疫证书格式，由具备一定资质的专业技术人员签发。但需要一提的是，我国的植物检疫证书签证官员认可制度刚刚处于起步阶段，需要继续工作。另外，目前一些发达国家如新西兰等在推行电子植物证书，有效提升了货物的通关效率，我国也正在积极开展此方面的工作。

对于不合格产品的处理，IPPC第Ⅳ条第2款d项要求，国家植物保护组织有责任对国际货运业务承运的植物、植物产品和其他应检物货物进行杀虫或灭菌处理以达到植物检疫要求。

各国在检疫处理技术方面开展了许多研究工作，如澳大利亚、美国等开展的实蝇冷处理、有关有害生物的辐照处理研究等。我国在此领域研究也正在积极探索之中。由其他原因引起的不合格，中国和各国一样，视情况作出返工整理、不准出口、销毁等措施。

第四节　出境植物检疫比较分析与展望

一、实施风险分类管理

借鉴国际上发达国家的做法，在风险分析的基础上，将对出口货物的“批批检疫”调整为“基于过程的风险分级管理”，依据进口国家/地区的不同要求和风险，强化企业自检，检验检疫部门抽检审核的方式，将过去用在对货物批批检疫的精力转到对企业的过程监管上来，降低企业负担、提升通关效率，促进农产品出口。

二、充分发挥出口农产品行业协会作用

加快培育农产品行业协会，发挥其自律和促进作用，对规范我国农产品出口行为具有非常重要的意义。一是通过提高农产品生产和经营者组织化程度，严格行规

行约，协调行业内部会员之间的关系，实行行业自律，避免无序竞争；二是承担那些在世贸组织规则下不宜由政府承担的事务，发挥其在解决国际贸易争端、保护本国产业方面的特殊作用。三是为生产者提供包括市场信息、技术信息、社会信息、国外预警、反倾销、有害生物防控等信息服务，提高会员决策的科学性和有效性，减少生产经营的盲目性。四是提供诸如新技术和新品种推广、注册登记、质量管理体系建立、有害生物识别与防控等培训业务，提高从业者的素质。五是研发和制定行业和质量标准，促使我国农产品的生产者和加工者提高产品质量，提升农产品在国际市场上的竞争力，突破农产品进口国对我国设置的技术壁垒。

三、强化国际合作，促进产品出口

ISPM 第 7 号《植物检疫出证体系》第 5.2 款提出：输出国国家植物保护组织应当与有关国家建立合作机制，就植物检疫要求、货物违规等情况进行交流。同时，还应与有关的区域性植物保护组织和其他国际组织联系，促进统一植物检疫措施并交流技术及管制信息。

近年来，我国在加强与输入国和地区及区域组织合作方面取得了很大成绩，比如与美国、加拿大、澳大利亚、印尼、韩国、泰国、荷兰、中国台湾等国家和地区建立了定期双边会谈机制，积极参与 IPPC 组织的国际会议，与东盟、欧盟建立合作机制。与美洲、欧盟、俄罗斯、大洋洲、非洲、亚洲等 100 多个国家和地区就农产品出口问题开展了检验检疫合作与磋商。促使我国植物及其产品成功实现出口，我国水果成功实现向美国、加拿大、澳大利亚、韩国、泰国等国家出口，稻草成功出口日本，促进了我国农产品扩大出口。今后，我们要在充分利用和发挥好已建立起来的双边和多边合作机制，加强技术交流与磋商，努力破解国外技术壁垒，及时解决出口农产品贸易中出现的问题，同时力促更多中国优势农产品出口。

四、加强岗位管理，提高工作质量

为适应业务快速发展需要，在现有人力资源条件下，加强植物检疫工作岗位资质管理，根据工作特点设定不同的岗位层级，通过岗前培训和资质考核，取得相应岗位资质后持证上岗。

第五章

出入境人员携带物和邮寄物

第一节　出入境人员携带物检疫

出入境人员携带物检疫，是指对出入境旅客（包括享有外交、领事特权与豁免权的外交代表）和交通工具上的员工以及其他人员随身携带以及随所搭乘的车、船、飞机等交通工具托运的物品和分离运输的物品所实施的检疫监管。其核心是对所有出入境人员所携带的部分具有携带有害生物风险的植物、植物产品及其他应检物实施禁令或采取其他输入要求。

一、出入境人员携带物检疫国际植物检疫规则

IPPC 的宗旨是“为确保采取共同而有效的行动来防止植物及植物产品有害生物的扩散和传入”，要求“为了防止管制的有害生物传入它们的领土和/或扩散，各缔约方应有主权按照适用的国际协定来管理植物、植物产品和其他应检物的进入，要求“各缔约方应仅采取技术上合理、符合所涉及的有害生物风险、限制最少，及对人员、商品和运输工具的国际流动妨碍最小的植物检疫措施。”IPPC 公约一方面明确将人员的国际流动作为涉及有害生物风险的途径之一，另一方面也赋予了各缔约国对出入境人员携带物采取适当保护水平的输入植物检疫措施，如禁止输入或限

制输入。同时，也赋予了各缔约国对不符合输入规定的物品进行处理、销毁或退运的权利。这些要求和植物检疫措施也是出入境人员携带物检疫的基本国际规则。

此外，出入境人员携带物作为特殊的国际间交往途径在《生物多样性公约》等其他国际公约也有涉及。如《濒危野生动植物物种国际贸易公约》中“为了保护某些野生动物和植物物种不致由于国际贸易而遭到过度开发利用，进行国际合作是必要的；确信，为此目的迫切需要采取适当措施。”该公约将管理对象分为3个附录，对个人携带附录一濒危物种出入境的，必须事先取得进口国CITES管理机构核发的允许进口证明书和出口国管理机构核发的允许出口证明书，凭证接受进出口国海关查验。携带附录二、附录三物种或其制品出入境的，必须事先取得出口国CITES管理机构核发的允许出口证明书，凭允许出口证明书接受进出口国海关查验。我国和欧盟在内的一些国家，还采取了更为严格的国内措施，要求凭出口国的允许出口证明书来办理允许进口证明书，凭允许出口证明书以及允许进口证明书接受进口国海关查验。如《维也纳外交关系公约》明确要求：“外交代表私人行李免受查验，但有重大理由推定其中装有不在本条第一项所称免检之列的物品，或接受国法律禁止进出口或有检疫条例加以管制的物品，不在此限。”这一要求体现了国际社会公认在防止有害生物传入传出应是全方位的，外交使团和个人携带出入境植物、植物产品和其他应检物也有可能传播有害生物，不具有免检的权利。因此，在国际植物检疫规则中，出入境人员携带物检疫的范围还包括享有外交、领事特权与豁免的外交人员所携带的物品。

出入境人员携带物检疫的通用原则、概念、措施在多个ISPM中均有出现。在ISPM第1号《国际贸易中植物保护和国际贸易植物检疫措施应用的植物检疫原则》中阐述了关于对人员、商品和运输工具的国际流动采用植物检疫措施的原则和概念。其中提及的主权、必要性、最小影响、透明度、无歧视等原则也同样适用于出入境人员携带物检疫。在ISPM第2号《有害生物风险分析框架》、ISPM第11号《检疫性有害生物风险分析》中要求开展有害生物风险分析所有相关途径都应当考虑，包含人员、行李在内的其他途径也应酌情考虑。在ISPM第5号《植物检疫术语》中将“无意的传入”的定义为“随贸易货物或者通过其他某种人类媒介包括旅客行李、车辆、人工水道等途径传入某个非本地物种，该物种可能对本地环境造成污染或感染”。上述这些标准均明确了出入境人员携带管制物的进入是植物检疫进境管理体系的主要重点。在ISPM第12号《植物检疫证书》中出口植物检疫证书中申报的运输方式不仅可以使用“船”、“飞机”等贸易货物常见的运输方式，也可使用“手提”这种出入境人员自行携带的方式。在ISPM第13号《违规和紧急行动通知准则》中规定的违规重要事例包括了“一再发生旅客携带或邮寄少量非商业性禁止物品”的情况，这些违规的重要事例可以要求采取检疫行动和通知输出国。在ISPM第20号《植物检疫进境管理系统准则》“4.1应检物”中规定：“可以被管制的输入品包括可能被管制的有害生物侵染或污染的物品，其中应检物的例子包括在国际上流动的旅行者个人物品”。并且在4.2中明确“当没有其他有害生物风险管理手段时，应采取禁止输入”。这也是在国际植物检疫规则中对出入境人员携带物中最常采取的检疫措施。

此外，提高公众认识作为强化出入境人员携带物检疫重要的手段之一，在ISPM第26号《实蝇非疫区的建立》中首次提出采取持续性的公众认识和植物检疫教育计划对建立实蝇非疫区是非常必要的，其中入境口岸和交通走廊的宣传品、出版物、对违规的处罚都是非常好的途径。因此，大部分国家均将提高公众认识作为出入境人员携带物检疫，乃至植物检疫的重要工作内容。

综上所述，出入境人员携带物检疫虽然未在国际植物检疫公约和标准中以独立的篇幅体现，但是其适用原则和基本理念则贯穿始终。世界各国和地区特别是发达国家和地区对出入境人员携带物的检疫工作十分重视，都建立了较为完善的、系统的出入境人员携带物检疫体系，许多理念和措施也已成为国际惯例。2013年，IPPC秘书处也计划制定进口植物检疫手册，将出入境人员携带物检疫的国际通行做法上升为国际植物检疫措施标准的独立篇章。

二、主要通航国家和地区出入境人员携带物检疫要求

为保护本土特有的动植物资源和种群、防止有害生物传入，世界各国尤其是发达国家均建立了严格的动植物检疫制度，部分发达国家已形成了相对较成熟的执法环境和诚信体系。

（一）美国出入境人员携带物检疫

美国农业部动植物健康检疫局（APHIS）负责制定政策确定可以进入该国的旅客携带物种类，美国海关和边境保护局（CBP）在入境口岸实施这些农业政策，保护农业及经济利益免遭有害动植物和疾病侵害。另外，APHIS同国土安全部（DHS）、卫生和人类服务部（HHS）、环境保护署（EPA）紧密协作实现国土安全保护目标。美国出入境人员携带物检疫的具体要求体现在《农产品通关手册（Man-

ual for Agricultural Clearance)》之中，并定期修订。

在交通工具到达目的港之前，旅客首先要填妥海关申报单，声明是否带了农产品，如水果、植物、蔬菜等，检疫官会牵着检疫犬对每件托运行李进行嗅觉检查，如果行李中夹带了农产品，如水果或肉类，检疫犬则伏在该行李旁边不动，检疫官员随即对物主索取海关申报单，并在上面作记号，嘱咐旅客走农业检查通道通过。在农业检查通道设有专用X光机检查。在海关检查通道也随机抽查未申报的旅客携带物，一旦开包检查或X光机检查发现农产品，即交由检疫官员处理。

任何人未经许可不能携带鲜果、蔬菜、草木、种子或植物产品入境美国。但是根据原产国的不同，部分水果、蔬菜和植物经主动申报、检查并且没有发现有害生物，可能不需要许可即可带入美国。但是，一些植物以及用于种植的任何植物繁殖材料都需要许可证和植物检疫证书。实施这种规定的理由是，不单在美国，就是世界许多国家，都在大力防止有害生物由一国蔓延至另一个国家。对隐瞒未报的旅客会进行处罚，正常情况下，初次未报者，罚款300美元；第2次违犯者，罚款500美元。情况不同，区别对待，发现携带地中海实蝇者，至少罚款500美元，情节严重时追究刑事责任。

（二）加拿大出入境人员携带物检疫

加拿大食品检验局（CFIA）是加拿大植物检疫工作的监管机构，负责制定出入境人员携带物检疫的政策法规。加拿大边境服务署（CBSA）负责维护加拿大边境口岸安全，保障加拿大食品安全、植物和动物的健康。加拿大对入境旅客携带物进行了相关的规定，在加拿大边境服务局的网站（www. cbsa-asfc. gc. ca）中有关于旅客进境的相关信息。在加拿大《进出口许可证法》（Export and Import Permits Act）中，对允许进出口的商品进行了规定。

加拿大政府认为，一次危险性有害生物的爆发，将使国家耗资上亿元来控制，并影响农产品的国际贸易，因此加拿大非常重视危险性有害生物对本国经济的影响。出入境人员携带物检疫是控制危险性病虫害传入的一个重要环节，对旅客携带物的检疫，主要由加拿大农业食品部负责。在加拿大温哥华、多伦多等重要的港口使用检疫犬来检查隐藏在行李中的农产品。

加拿大法律规定，旅客无论以陆、海、空何种方式入境，都需向海关申报所有携带的农产品。由于这些农产品可能会带有病原菌或害虫，给加拿大农业带来灾难，所以加拿大还要求旅客了解限制或禁止的农产品的有关条款。条款规定中有许多是允许携带入境的；还有一些农产品是有条件携带入境的，即需附有证书或许可证；条款中未提及的农产品禁止携带入境。对于植物、蔬菜、水果能否带进加拿大，一个主要原则是：假如是加拿大本土所生的或本地有栽培种植的，则有入境限制。因为存在同类植物中的病菌或害虫，对本地的作物或资源构成威胁，故有条件限制。对热带水果、少量商业性包装的花卉和蔬菜、干果、木制品、可可和咖啡豆、椰子、干草、烤花生和调味品等植物产品，不需要有证书或许可证可以入境，但不得带有有害生物、土壤和根。

（三）俄罗斯出入境人员携带物检疫

俄罗斯联邦动植物卫生检疫局负责动植物检疫和保护植物安全使用杀虫剂和农用化学品，保护居民免于人畜疾病的侵害。

根据《俄罗斯联邦植物检疫条例》，乘坐汽车、火车、轮船、飞机的乘客在抵达俄罗斯边境检查站，在海关部门申报物品时，手提袋、行李中的植物种子、植物产品及其他植物材料必须进行申报，并接受检疫。在查验各种货物、旅客携带物时，应协助国家检疫人员进行检查，并将查出的应检物交给国家检疫人员进行检疫，由他们做出是否允许进境的处理决定。

乘客及运输工作人员的行李和手提袋中发现禁止进境的应检物时，国家植物检疫官员会将应检物做没收处理，以防止应检物进入俄罗斯。没收乘客及运输工作人员的水果、蔬菜、种子、栽培材料和花的部分组织，需持有人在场时销毁。用于科学目的的种子、栽培材料经持有人的同意可转交给检疫苗圃。没收乘客的应检物（在手提袋和行李中），国家植物检疫官员应出具俄文和英文的没收证明，一式两份，第一份交给持有人。

（四）智利出入境人员携带物检疫

为保护智利的农业、林业和动物的健康，智利农业部非常重视入境携带动植物检疫。智利农牧业检疫局（SAG）有权对包括外交人员、公务团组乃至高访团组在内的所有入境人员进行行李检查，若发现违禁品将予没收并予处罚。

旅客在入境智利前，首先要填写申报卡，声明是否在过去 72h 内接触过农场或实验动物，声明自己是否携带动植物产品，然后通过人工开箱（包）检查、X 光机和检疫犬对旅客携带物实施抽查。旅客包括 18 岁以下的未成年人，申明卡可由代理人填写。

需要申报的动植物产品包括：任何一种新鲜的、干燥的或脱水的水果或蔬菜；

任何一种植物繁殖材料，包括但不限于活的植物、植物部分、插条和球茎等；任何一种种子，包括两种用途的种子；任何一种香料、草木植物或植物源性调味品；土壤或任何一种可能携带土壤的植物产品；任何一种木制装饰品或木雕饰品；任何一种松果；任何一种生物材料。根据智利现行法律，所作的书面陈述如果未能证明是事实，可被认为是犯罪并将被处以罚款。

智利禁止入境的植物产品包括：水果、蔬菜、草本植物、植株、块茎、鳞茎、种子、枝条、插条、土壤、切花、工艺品、木制品、其他植物产品。

（五）澳大利亚出入境人员携带物检疫

澳大利亚迷人的自然风光吸引了世界各地的游客。澳大利亚有许多植物和动物种类是地球上独一无二的。澳大利亚需要检疫制度来防止其他国家的有害生物侵入，从而保护自己的动植物、人民健康、农业和环境。澳大利亚农林部及所属的生物安全局（简称BA）统一管理澳大利亚进出境人员、动植物及其产品、食品、交通工具、邮包、行李的检疫工作，并负责制定进出境动植物及其产品的检疫政策及出口食品的检验政策。

交通工具进入澳大利亚前，要求每位旅客提前填好旅客申报单，这是一份法律文件，旅客被要求亲自填写，对携带的任何食品、植物材料或动物产品进行申报。通往检查大厅过道的墙上设置了动植物检疫宣传橱窗，内置各种截获的动植物标本；过道的两旁还设置了若干醒目的检疫箱，提醒旅客将所带的动植物及其产品主动投放其中；悬挂的电视屏幕滚动播放检疫宣传标语和禁止携带入境的物品。检疫人员牵引检疫犬巡查行李中是否有动植物及其产品，对无申报旅客收取旅客申报单并经过X机抽查确认后直接放行，对发现有问题的再开包检查；有申报的旅客，由检疫人员引导走专门检查通道，接受开包开箱检查。澳大利亚口岸的检疫投弃箱如图5-1所示。

图5-1　澳大利亚口岸的检疫投弃箱

澳大利亚对携带的大部分植物及其产品都必须申报并检查是否有携带有害生物的迹象。禁止旅客携带入境的物品包括：所有盆栽/裸根的植物、竹、盆景、插枝、根、鳞茎、球茎、根状茎、茎和其他能成活的植物材料和土壤；草药和传统中药品；种子和果仁；所有新鲜和冷冻的水果和蔬菜。有些物品可能需要处理才允许带入。进入澳大利亚的每一件行李都需经过查验或用X光机检查，如果旅客没有申报或弃置任何应检物品，或作出虚假申报，在被查出时可能被当场罚款220澳元，被检控并罚款6万澳元以上，并有被判处10年监禁的风险。

（六）新西兰出入境人员携带物检疫

新西兰初级产业部（MPI）引领新西兰的生物安全体系，包括领导、促进国际贸易，保护新西兰人民的健康、环境、动植物、海洋生物资源。制定政策、标准和法规提供有效的干预措施，主要现行法规为《新西兰动植物安全法》。

在抵达新西兰前，旅客需如实填写检疫申报表，申报所携带的所有动植物禁止品和管制品。旅客可将任何动植物检疫违禁品丢弃到机场提供的废弃物箱。初级产业部的检疫官和检疫犬会在机场的行李厅内检查入境旅客行李。如果没有申报或不正确地申报所携带的动植物检疫禁止品和管制品，将会被当场罚款400新元。如果旅客明知故犯，隐瞒不报，可能会被起诉，并可能面临最高罚款10万新元及入狱5年。

新西兰禁止新鲜蔬菜、珍稀植物及其产品、新鲜水果等植物产品入境，除此之外，植物、新鲜插花、稻草包装材料、土壤等物品也属禁止携带物。新西兰对所有进入新西兰的新鲜水果、蔬菜和活植物，必须持有原产地政府农林部所签发的符合IPPC规范的植物检疫证书。其他一些动植物产品需要经过初级产业部检疫官检验检疫，某些物品需要经过检疫处理方允许入境，如种子、干燥花卉、植物产品等。

（七）欧盟地区出入境人员携带物检疫

欧盟作为一个独立的统一市场，建立统一的外部边界，实施统一的对外政策，检疫也实行共同的检疫原则。欧盟内国与国之间的出入境人员携带物检疫措施则较放松，甚至基本取消。但是，对来自非欧盟国家的出入境人员携带物检疫措施要求仍然十分严格，禁止旅客携带《禁止传入传播的有害生物名录》《禁止随特定植物或植物产品传入传播的有害生物名录》《禁止进境植物/植物产品及其相关物名录》《满足特定条件方可进境的植物/植物产品及其相关物名录》《进境前必须检疫的植物/植物产品及其相关物名录》《需采取特殊检疫措施的植物/植

物产品名录》等法涉及的有害生物、植物、植物产品及栽培介质。同时，对旅客携带列入CITES附录范围的濒危植物及其产品，欧盟要求必须持有相关许可文件才能入境。

此外，欧盟内的部分国家对出入境人员携带物还有用途、数量等额外要求，如荷兰规定由旅客携带的，用于个人消费，而不作任何直接或间接的商业或加工用途的少量新鲜水果、切花、无叶鳞球茎等，不需附有植物检疫证书。再如英国规定对来自欧盟国家的旅客：可以携带任意数量的花卉种子、某些种类的切花、大多数以食用目的的蔬菜（马铃薯除外），只要证明它们是产自欧盟的；可以携带不带根的树（如圣诞树）、大多数水果、番茄、太阳花种子和某些切花，如果符合“数量较小，属于私人行李，以家庭使用为目的而非商贸目的，且经检疫没有发现有害生物或疫情迹象”的，可免予提交植物检疫证书。对来自地中海地区非欧盟国家的旅客：可以携带5件植物或树苗（不包括盆栽形式的）；2kg的鳞茎、球茎、块茎（马铃薯除外）、根茎；2kg蔬果；2kg食用栗子；鲜切花或任何组成一束的植物部分（不超过50根），用于装饰的单条树枝绕成的花环（包括干燥的球果、叶片和树枝），或一棵高度不超过3m的针叶树（根已去除）；5包零售包装的种子（马铃薯种子除外）；5件高度不超过1m的非人造的木头，不得带有树皮。对来自其他国家的旅客；允许携带2kg的蔬果（马铃薯除外）；鲜切花或任何组成一束的植物部分（不超过50根）；5包零售包装的种子（马铃薯种子除外）。

（八）中国台湾地区出入境人员携带物检疫

旅客携带动植物及其产品进入中国台湾地区时，要求旅客主动填写海关申报单，申请检疫，并经由应申报台查验通关。如未主动申请检疫而被查获者，将处以3000元新台币以上的罚款，违规情节重大者并将追究法律责任。

中国台湾地区禁止入境的动植物及其产品包括鲜果类、土壤及附有土壤的植物、栽培介质、活昆虫或有害生物、来自危险性疫病虫害疫区的植物或植物产品、经由危险性疫病虫害疫区转运的植物或植物产品、来源不明的植物或植物产品、来自动物传染病疫区的动物或动物产品（如：香肠、火腿、肉干、蛋、鹿茸等）、经由动物传染病疫区转运的动物或动物产品、来源不明的动物或动物产品、没有主管机关签发的有效准予输入文件的动物或动物产品。其他的动植物及其产品必须检疫合格后方可入境，有些还需提供相关检疫文件。

（九）中国香港地区出入境人员携带物检疫

中国香港食物卫生局负责处理食物安全、环境卫生及健康事宜。海关是负责阻遏走私活动的主要执法机关。作为一线的执法部门，海关会基于保安、保障公众健康、保护环境或履行国际义务等理由，防止禁运物品的进出口，实施对乘客、货物、邮包和运输工具进行查验。香港海关亦联同警方设立了一支海域联合特遣队，致力于打击走私活动。

中国香港地区对植物、濒危物种的进出口实施法律管制。除获得法例豁免外，这些物品必须先获得有关当局签发的有效牌照或许可证，方能进出口。旅客若没有有效牌照或许可证而把任何禁运或受管制物品带进或带离香港，可遭检控，而有关物品亦会被检举及充公。在中国香港地区进口或出口任何植物及有害生物，必须预先获得由渔农自然护理署署长所签发的有效许可证或准许证。

对进口中国内地生产的切花/蔬菜/非濒危植物，则不需获得进口许可证或证明书。除法例豁免外，在香港进口/出口任何濒危物种（不论活的或死的）或其部分/制成品，必须预先获得许可证。

三、中国出入境人员携带物检疫

中国有漫长的边界线、多且分散的对外开放口岸以及数量庞大的进出境旅客群体，随着中国近年来经济发展和对外交流的日益频繁，出入境商务、劳务、留学以及旅游观光人员的数量与日俱增，携带物品的种类和数量也明显增加。中国的出入境人员携带物检疫在履行守卫国门生物安全职责的同时，也形成了许多特色的做法和成效。

（一）中国出入境人员携带物检疫主要法律法规

我国出入境人员携带物检疫工作的法律依据主要为《中华人民共和国进出境动植物检疫法》及其实施条例、《中华人民共和国濒危野生动植物进出口管理条例》《农业转基因生物安全管理条例》《出入境人员携带物检疫管理办法》《中华人民共和国禁止携带、邮寄进境的动植物及其产品名录》等。

（二）中国出入境人员携带物检疫现行做法

1. 基本情况

中国的出入境人员携带物检疫工作以《中华人民共和国进出境动植物检疫法》

及其实施条例为核心，并有《出入境人员携带物检疫管理办法》《濒危野生动物进出口管理条例》《农业转基因生物安全管理条例》《进出境邮寄物检疫管理办法》等多部管理规定作为补充。2012年，国家质检总局先后修订发布了《中华人民共和国禁止携带、邮寄进境的动植物及其产品名录》（与农业部联合发布）和《出入境人员携带物检疫管理办法》，形成了较为完备的法规体系。

截至2012年6月，全国共有对外开放的一类口岸284个，包括空港口岸63个、公路口岸64个、河海口岸138个、铁路口岸19个。国家质检总局下属的35个直属局中开展出入境人员携带物检疫工作，全系统1500余人从事出入境人员携带物检疫工作。目前我国出入境人员携带物检疫查验工作已经初步统一形成并完善了“人-机-犬”三位一体的查验模式，并积累了许多有效的经验。

2. 查验手段

各口岸已建立并逐步完善了出入境人员携带物检疫工作的“人-机-犬”综合查验体系。其中，“人”即检疫人员，负责接受出入境人员的主动申报并实施现场检疫，同时对可能携带动植物及其产品的出入境人员进行抽检；“机”即X光机，出入境人员携带物检疫口岸应用X光机对旅客的行李物品进行检查；“犬”即检疫犬，通过检疫犬嗅闻旅客携带物进行检查。截至2013年，全国已有22个直属局共计配备了219条检疫犬用于检疫工作。这种模式的实施对提高把关的针对性和有效性，减少通关环节，提高通关速度以及提高禁止进境物的检出率和准确率，优化通关软环境方面起到了积极作用。

3. 工作流程

在出入境旅客通道和行李提取处等现场设立检验检疫台位、标志。在入境人员（包括入境的旅客、交通工具的员工以及享有外交、领事特权与豁免的外交机构人员）现场和行李提取处，设立旅客携带物投弃箱；制作检验检疫宣传栏，及时将有关法规、规定、公告、通告予以公布。

（1）入境申报

当出入境人员携带关注的动植物、动植物产品及其他应检物时，应在入境口岸进行申报并接受检验检疫机构检疫。检验检疫人员在检验检疫台位接受入境旅客对其携带物的申报或咨询。

（2）现场检疫

检验检疫人员在进境旅客查验台实施检验检疫查验，对申报单及随附材料进行审核，对已申报的携带物进行现场检疫，核对申报物品与实际情况。

对未进行申报的出入境人员，现场检疫人员根据需要对其进行询问，并对其携带物和托运行李物品进行一定比例的抽检，使用X光机和检疫犬进行检查，并对可疑行李物品进行开箱（包）查验，对旅客携带物实施检验检疫。检查旅客是否携带水果、植物种子、苗木及其他繁殖材料，携带物是否含木质包装。

（3）处理与放行

旅客携带物现场检疫合格的，当场予以检疫放行。

未能按规定提供审批单或检疫许可证或者其他相关单证的，检验检疫机构对入境动植物和动植物产品及其他应检物予以暂时扣留，并出具《留验/处理凭证》。暂时扣留的动植物和动植物产品及其他应检物在检验检疫机构指定场所封存，在指定的隔离场所隔离。对未能提供有效单证而暂时扣留的携带物，入境人员应当在扣留期限内补交相关有效单证；经检验检疫机构检疫合格的，予以检疫放行。

携带物经检验检疫机构现场查验后，需要做实验室检测、隔离检疫或除害处理的，予以扣留，并同时出具《留验/处理凭证》。扣留、隔离及检疫的期限按照有关规定执行。经实验室检测、隔离检疫合格或者除害处理合格的，予以检疫放行。

需退回或销毁的按规定予以限期退回或者作销毁处理。

4）出境携带物检疫

携带动植物、动植物产品和其他应检物出境，依照有关规定需要提供有关证明的，出境人员应当按照规定要求予以提供。输入国（地区）或者出境人员对出境动植物、动植物产品和其他应检物有检疫要求的，由出境人员提出申请，检验检疫机构按照有关规定实施检疫并出具有关单证。

四、出入境人员携带物检疫比较分析

（一）法律法规比较

1. 关于法律法规体系

鉴于出入境人员携带物作为一个重要的有害生物传播途径，其来源广泛、品种繁多、去无定向、风险未知，各国普遍对其有明确且严格的检疫要求。美国、加拿大、欧盟等国家和地区均将出入境人员携带物检疫作为一项专门措施在法律法规中予以体现，如美国的《植物保护法》中明确要求“除非是法规授权的，任何人不能进行任何有关植物有害生物的进口、入境、出口或者转移，禁止运输未批准的植

物、植物产品、生物防治物、植物有害生物、恶性杂草、物品或运输工具”。欧盟的2000/29/EC指令《关于防止危害植物或植物产品的有害生物传入欧共体及其在欧共体境内扩散的保护性措施》中要求“成员国应禁止A部分附件1中所列的有害生物进入其领土，禁止A部分附件2所列的植物产品进入其领土”。此外，美国、澳大利亚等国家还制定了相应的法规和工作手册用于指导和执行出入境人员携带物检疫的法律规定。

中国的出入境人员携带物检疫法律体系具有自己的特色，与其他国家和地区多采取的法律及工作手册的模式不同，中国出入境人员携带物检疫法律体系更加独立和具体，如中国发布有专门的《出入境旅客携带物检疫管理办法》，对检疫审批、申报、现场检疫、检疫处理等各个环节都用法规予以明确规定，这对于一支全国超过1500人的旅检工作队伍在数量众多的开放口岸面对每年超过4亿的进出境旅客进行检疫查验时，做到统一和规范有着十分重要的意义。

2. 关于禁止携带进境物品名录

虽然因环境特点、国情实际和可接受的风险水平的不同，各个国家和地区的禁止携带进境物品名录的内容和侧重点不尽相同。但作为出入境人员携带物检疫的执法依据，名录制度是普遍存在的国际惯例，且大多是基于风险评估的基础之上，由各个国家和地区制定执行。

中国作为一个农业大国，幅员辽阔，有害生物传入的风险极大。因此，《中华人民共和国禁止携带、邮寄进境的动植物及其产品和其他检疫物名录》是按照SPS协定要求，在风险分析的基础之上制定的，充分考虑了中国对每类产品的可接受风险水平。同时，中国的禁止携带进境物品名录选择了最严格的监管模式，即不设定禁止进境和经检疫后进境的区别，对于所规定的植物及植物产品，一律被禁止进境。

3. 关于行政处罚

世界各国普遍重视出入境人员携带物检疫工作，多数国家对违法者采取高额罚款甚至追究刑事责任。行政处罚是违反行政管理秩序的相对人的一种法律责任，也是部分检疫发达国家和地区对违法旅客执行的一种有效威慑手段，使公众自觉形成对检疫法规的尊重和理解。如澳大利亚对于非法携带动植物及其产品进境而没有申报的旅客给予最低340澳币约合2000元人民币的处罚，这几乎远远超过旅客携带一般动植物及其产品进境的价值，从而打消旅客携带动植物及其产品进境的想法，对于其中有意携带动植物及其产品十分明显的旅客，检疫部门会将其移送法院处理，最高将接受1万澳元约合5万5千元人民币的处罚。美国《植物保护法》第7734节规定对个人违法者可以处以5万美元的罚款；新西兰对没有申报或不正确申报携带动植物检疫禁止品、管制品的个人当场罚款200新币，如明知故犯，隐瞒不报，将被起诉处以10万新币罚款及入狱5年。

中国对非法携带植物及其产品进境旅客的处罚标准根据《中华人民共和国进出境动植物检疫法》及其实施条例的规定以执行，但随着国家经济的快速发展以及人民生活水平的飞速提高，一些处罚标准已经需要得到修订和提高已保证威慑力。同时，对于非法携带动植物及其产品进境案例采取一般行政处罚流程快速化的做法已经在口岸得到成功的验证并被逐步推广，非法携带植物及其产品进境的旅客除被没收所带物品外还将当场面临最高5000元人民币的罚款。

（二）关于查验体系

出入境人员只有通过国家对外开放的口岸，并经检验检疫等口岸查验部门按国家法定职责，履行查验手续后方可进出。这既是国际上的通行做法，也是各国普遍实行的一项主权行为。美国、加拿大、澳大利亚、日本，乃至中国香港地区都有从事检疫的官员在出入境人员入境的口岸实施出入境人员携带物检疫查验工作，并普遍建立了“人-机-犬”综合体系。比如在入境行李提取处都配有检疫犬，不停地对箱、包进行嗅闻。在提取行李后的入境通道设有红色、绿色通道查验，一种是对有申报的走红色通道的入境者进行开箱查验；另一种是走绿色通道，从而使得查验程序有序高效。某些国家即使无需申报的行李，也需全部通过检验检疫部门的X光机检查。另外，检疫官根据入境人员流量，随机安排一部分人接受人工开箱检验，从而做到“普查”与“重点抽查”的有机结合。通过科学的风险分析，确定查验重点、精细划分查验通道、合理选择处理方式，这也将是未来国际出入境人员携带物检疫发展的趋势之一。

中国大陆出入境人员携带物检疫工作自20世纪80年代引入X光机，2001年引入检疫犬，建立并逐步完善了“人-机-犬”综合查验体系，做到了与世界先进水平的同步。但同时，中国每年数量庞大的进出境旅客群体是世界其他国家和地区从未有的，在北京、上海、广东等空港口岸以及深圳、珠海等超大型陆路口岸，进境航班的架次远远超过其他国家和地区，守护国门生物安全与快速通关同步实现的需求更加强烈和迫切，这使得中国拥有世界上数量最为庞大的检疫犬工作团队，全国共212条，每年由检疫犬截获的禁止进境物批次接近10万批次。

（三）关于检疫流程

目前国际上大多数国家，无论是美国、澳大利亚等发达国家，还是巴西、印度等发展中国家，均要求出入境旅客主动申报，履行有关义务，承担相应的法律责任。如澳大利亚对旅客在进境前需认真填写由移民局印制的入境旅客登记卡，其中就有农业部关注的检疫问题，并依据登记卡上所登记的来源国（地区）和申报信息决定分配旅客去哪条入境检查通道，接受何种方式的检疫查验，为后续更有针对性地开展检疫查验和处罚工作奠定了坚实的基础。发达国家入境申报制度健全而便利。入境者需填写一张入境申报单，申报单上的内容涉及检验检疫和海关，入境者只需回答“是”或“否”。为了方便旅客，赴目的国前，旅客在办理登机或登轮手续时便可获取入境申报单供填写；交通工具抵达目的地前，工作人员再次向旅客发申报单，以便旅客细览，利用休息时间填好申报单，方便入境申报。在机场、港口，宣传提示醒目而温馨，能方便查阅检验检疫方面的各种宣传资料与影像，在通道上设有投掷箱，方便投放禁止携带入境的动植物产品。同时，检疫工作人员或海关工作人员会依据旅客手中申报单的填写内容以及来源地选择让旅客走不通的进境通道，接受检疫犬、X光机或工作人员等不同方式的查验。

中国相关法律对出入境人员携带物检疫的申报也做了明确的规定，在许多重点的口岸，为保证庞大的客流不因检疫查验而产生长时间的滞留，普遍主动前置了检疫犬的工作区域，在行李提取处即由检疫犬开始对旅客行李进行查验，充分利用了旅客等待行李的时间完成了第一步的把关，待旅客提取完行李之后再经过X光机的查验或由检疫人员进行有选择性或随机的抽查，整个检疫过程显得顺畅而又实效。

（四）关于公众宣传

美国、澳大利亚、新西兰、日本等国家非常重视宣传和法制教育，认为公众参与对防止有害生物传入具有重要作用，应当充分调动公众的积极性，提高公众的守法和参与意识，并在实际中采取措施提高公众对外来有害生物的认识，如校园教育、制定公众植物检疫宣传教育计划、开展“发现你身边的入侵生物”活动、发行关于生物入侵的科普性材料、在旅客入境口岸、林业保护区、公众社区、政府网站设立形象生动的宣传告知，在飞机上有宣传的画报，旅客入境申报单中有一半以上是有关检疫的项目。机场、港口码头、街道到处可见醒目的大标语宣传检疫，还有各种附有很多图画的检疫宣传手册免费供应，使检疫的宣传深入到各个方面，引起广泛重视。同时，对有关生物引种、交通运输、国际贸易、旅游等行业，进行针对性的植物检疫宣传教育。通过提高全民的防控意识，使全社会成员参与到保护本国不受外来有害生物侵害的行动中来。由于法规健全，执法严明，宣传普及，因此人们都较自觉地执行检疫法规，主动支持和配合各个口岸的检疫工作。

中国进出境人员携带物检疫的宣传工作同样非常具有自己的特色，并被政府认为是提高公众意识和把关成效的重要手段。一方面，非常重视通过新闻媒体宣传重要的法规变化以及截获案例，2013 年仅在国家级媒体中央电视台上即发布了相关新闻 35 篇，相当于每 10 提案就有一篇报道出现在公众面前，直接而生动地展示了植物检疫工作的重要意义。另一方面，中国进出境人员携带物检疫的宣传工作正逐步打造一项全国性的宣传活动品牌——“国门生物安全进校园”活动，力争通过多种宣传教育形式，增加学生与国门生物安全工作的接触机会，增进学生对国门生物安全知识和法规的认知程度与自觉遵守意识，增强学生的实践动手能力，共同防范动植物疫病和外来有害生物传入。2013 年该项活动共组织了 32 个直属局及 100 余个分支机构参与，组织专题进校园活动 300 余场，直接参与学生数超过 6 万人，取得了非常良好的宣传效果。

第二节　进出境邮寄物检疫

进出境邮寄物检疫是指对通过国际邮递渠道进出境的动植物、动植物产品和其他应检物实施的动植物检疫。由于形势的发展和需要，现在所谓的进出境邮寄物检疫可分为两大部分：进出境邮寄物的检疫和进出境快件的检疫。对进出境邮寄物和快件实施检疫是国际通行做法，世界主要发达国家和地区都对进境的国际邮件和快件采取了严格的检疫措施，目的是防止外来物种和有害生物通过国际邮递渠道传入，进而保护本国的农业生产、生态环境安全和人民身体健康。进出境邮寄物检疫工作已经成为保障经济平稳运行和口岸安全非常重要、不可或缺的组成部分。

一、邮寄物检疫国际植物检疫规则

（一）国际植物保护公约规定

IPPC 公约第 1 条第 4 点中规定：“除了植物和植物产品以外，各缔约方可酌情

将仓储地、包装材料、运输工具、集装箱、土壤及可能携带或传播有害生物的其他生物、物品或材料列入本公约的规定范围之内，在涉及国际运输的情况下尤其如此”；第2条“应检物”也指出了以下含义：“任何能携带或传播有害生物的植物、植物产品、仓储地、包装材料、运输工具、集装箱、土壤或任何其他生物、物品或材料，特别是在涉及国际运输的情况下”。上述两条款中将可能携带或传播有害生物的其他生物、物品或材料列入需要采取适当的检疫措施的范围，而进境国际邮件和国际快件由于其来源广、物品杂、情况不明、携带管制物和有害生物的风险比较高，也是涉及国际运输的情况下，因此，对进境邮寄物进行检疫符合IPPC公约的规定，是各国政府保护本国领土免受外来生物入侵的重要行政职能之一，也是各国行使主权的行为。

同时，IPPC公约第7条第5点还规定：“不得妨碍输入缔约方为科学研究、教育目的或其他用途输入植物、植物产品和其他应检物以及植物有害生物作出特别规定，但须充分保障安全”。近年来，随着对外交流不断扩大和国际科学合作进一步拓展，通过邮寄渠道进口科研和教学使用的管制物和植物有害生物明显增多，这类物品需要办理特许审批，经过风险评估和合格评定方可入境。对邮寄物中这类物品实施检疫查验，也是保障国门生物安全的需要。

（二）国际植物检疫措施标准规定

ISPM第2号《有害生物风险分析框架》1.1.1从查明传播途径开始的有害生物风险分析中规定：“查明商品输入以外的传播途径（自然扩散、包装材料、邮件、垃圾、旅客行李等）”，该条款中把邮件列为有害生物传播途径之一，要求考虑并关注这一途径流入的植物和植物产品可能存在风险。

ISPM第13号《违规和紧急行动通知准则》4.1违规的重要事例中规定：“一再发生旅客携带或邮寄少量非商业性禁止物品”。该规定也将邮寄少量植物及植物产品作为违规事例。

ISPM第20号《植物检疫进境管理系统准则》4.1应检物中规定：“可被管制的进口商品包括可能被管制性有害生物侵染或污染的物品，其中应检物的例子包括国际邮件和国际快递服务”。该条款明确指出国际邮件和国际快件有可能携带应检物，因此需要实施检疫。

ISPM第12号《植物检疫证书准则》填写植物检疫证书的要求中规定：“申报的运输方式，应使用‘海运、空运、公路、铁路、邮件和旅客’等词”。其中将邮件作为申报的主要运输方式之一。

在以上的国际植物检疫措施标准中，多次明确提到了“邮件”、“邮寄”、“国际邮件和国际快递服务”等名称，充分表明了国际邮件是可能携带或传播管制物和有害生物的重要途径，因此，必须实施严格的检疫查验。

（三）濒危野生动植物物种国际贸易公约规定

CITES公约将其管辖的物种分为3类，分别列入3个附录中，并采取不同的管理办法，其中附录Ⅰ包括所有受到和可能受到贸易影响而有灭绝危险的物种，附录Ⅱ包括所有目前虽未濒临灭绝，但如对其贸易不严加管理，就可能变成有灭绝危险的物种，附录Ⅲ包括成员国认为属其管辖范围内，应该进行管理以防止或限制开发利用，而需要其他成员国合作控制的物种。

中国于1980年12月25日加入了CITES公约，并于1981年4月8日对中国正式生效。因此，中国不仅在保护和管理该公约附录Ⅰ和附录Ⅱ中所包括的野生动植物种方面负有重要的责任，而且中国《国家重点保护野生动物名录》中所规定保护的野生动物，除了公约附录Ⅰ、附录Ⅱ中已经列入的以外，其他均隶属于附录Ⅲ。为此中国还规定，该公约附录Ⅰ、附录Ⅱ中所列的原产地在中国的物种，按《国家重点保护野生动物名录》所规定的保护级别执行，非原产于中国的，根据其在附录中隶属的情况，分别按照国家Ⅰ级或Ⅱ级重点保护野生动物进行管理。

因此，通过邮寄渠道进出的濒危野生动植物物种也应当实施严格的控制和管理。《国务院办公厅关于加强生物物种资源保护和管理的通知》要求加强对生物物种资源出入境的监管。携带、邮寄、运输生物物种资源出境的，必须提供有关部门签发的批准证明，并向出入境检验检疫机构申报。海关凭出入境检验检疫机构签发的《出境货物通关单》验放。涉及濒危物种进出口和国家保护的野生动植物及其产品出口的，须取得国家濒危物种进出口管理机构签发的允许进出口证明书。出入境检验检疫机构、海关要按各自职责对出入境的生物物种资源严格检验、查验，对非法出入境的生物物种资源，要依法予以没收。

二、主要通邮国家和地区邮寄物检疫要求

对国际邮件实施检疫是国际通行做法，是各国普遍实行的一项主权行为。世界上主要发达国家对进境邮寄物和快件都由官方实施了严格的检疫，如澳大利亚、新西兰等国家专门建立了国际邮件查验中心，所有进境邮件必须经过检疫方可允许

入境。

（一）美国邮寄物检疫

美国《植物保护法》规定，在未证明其符合农业部为防止植物有害生物传入或在洲际间扩散而颁布的法规之前，任何含有植物有害生物的信件、邮包、箱盒或其他包裹，无论是否按信件包裹形式封包，都不得邮寄，并且不能故意通过邮政方式从任何邮局或邮递员手里投递。

“9·11事件”后，为应对国际恐怖方式袭击，美国、欧洲、日本等国家和地区相继加强了邮寄物检疫工作。1999年美国发布了“防御外来有害生物总统令”，成立专门的“防御外来有害生物委员会”，其成员囊括国务院以及财政、国防、内务、农业、贸易、交通和环境保护等十多个相关部门的第一负责人。

美国规定任何州政府对进境的植物和植物产品实行最终检疫，农业部长签订危害农业的植物、植物产品和有害生物名单，邮政局长将含有名单中的植物和植物产品的邮寄物就近送至相关检疫部门的政府官员进行检验。经检疫未发现有害生物或邮检物未受到感染的，由检疫官员进行消毒，在支付邮资后在检验地将其返给邮政局局长，交还收件人；如果发现感染了有害生物且无有效方法处理，政府官员通报邮政局长，邮政局长通知发件人，将货物退回或销毁。

任何法人、公司和企业向某州内的任何地方邮寄含有植物和植物产品的任何邮寄物，未在外面明确标明含有规定的限制物，或不能从外表判明所含内容，都是违法的。未按规定在邮寄物上标明的，处以100美元的罚款。

国际邮件和空运快件货物动植物检疫。邮局大楼有自动传输和分拣系统，现场有大批工作人员查验邮件和核定税费。所有国际邮件均接受检查。农业部在邮件分拣现场设立办公室，派2～3名检疫官员执行邮件检疫和处理任务。

（二）日本和韩国邮寄物检疫

日本《植物保护法》第8条4、5、6三款规定：从事海关放行的邮局的职责是，在收到小包裹、邮寄包裹或怀疑含有植物或禁止进境物时，应立即向农林水产省的植物保护站申报；植物检疫官员在得到申报时，对小包裹和邮寄包裹进行检验，如果有必要，在邮局工作人员在场的情况下，对有关邮件进行开包检验；任何人收到内有植物的小包裹和邮寄包裹，未经过检疫的，应携带有关邮件，立即向农林水产省的植物保护站申报，接受植物检疫官员的查验。此外，《日本家畜传染病预防法》对进境的邮递包裹也做出了相似的规定。

日本《植物保护法实施条例》第15条第1款规定，通过邮件寄递的用于繁殖用的相关植物暂缓进行转运和接收，检疫官员需书面通知邮件收件人，同时询问是否有可能在一个确定的时期内进行隔离种植，并就隔离种植的地点及其管理的负责人问题进行询问。植物检疫官员可按照法律法规，对邮递进境的繁殖用植物进行消毒或销毁。

日本对邮寄动植物及其产品也要实施严格的检疫，所以，植物防疫所在东京等14个国际通关邮局设有工作点，定期开展邮寄物品的动植物检疫工作。特别是日本的检疫法律授予了日本动植物检疫官员依法行政的权力，日本的动植物检疫官员在现场就能作出检疫处理决定。

韩国的邮寄物检疫法律法规与日本相似。含有植物的邮包，由邮局通知国家植物检疫机关实施检疫。

（三）澳大利亚邮寄物检疫

澳大利亚规定不能邮寄违禁食品、植物材料、动物制品。在邮包上清楚并正确填写申报标签，确保逐一填写包裹内容，包括所使用的包装材料。不能使用曾装过蛋的纸盒、木盒或曾经装过水果、蔬菜和肉类/肉类制品的硬纸盒包装物品。不能用干草或干植物材料包装，这些包装材料也受到禁止。检疫法规适用于所有邮寄物品，包括在网上订购或邮购商品。

现行澳大利亚的进出境邮寄物检疫工作同时受到农渔林业部两个部门的管理，其中边境管理司中专门设有旅邮检处进行宏观业务管理，而人员与服务提供司则下设西南、东南、中东、东北和北部5个大区处室，对该区域内全部检疫工作的开展进行具体管理。

澳大利亚是世界上检疫要求最严的国家，所有进境的国际邮件和快件都必须经过检疫部门检疫，符合要求后方可入境，为此，在悉尼和墨尔本设立了两大国际邮件查验中心，进入澳大利亚的国际邮件全部集中到上述两大查验中心。澳大利亚DAFF生物安全局在悉尼和墨尔本设立专门的检疫机构，分别派驻20多人，常年对进境邮件实施严格检疫。

澳大利亚邮政部门向检疫部门提供了非常充足的办公条件，并每年支付20万澳元的检查费用，这些费用由邮政部门（40%）和澳大利亚国家财政（60%）共同承担，同时，澳大利亚邮政还依据检疫部门提供的重点关注的国家（地区）和电商

名单，将检疫部门关注的邮包分拣出来以便查验，待检查合格后才予以放行处理。

澳大利亚在国际邮件查验中心采用“人-机-犬”三位一体的查验方式。邮政部门配备大型的自动分拣设备和多条X光机查验通道，分别提供给海关和检疫部门使用。检疫犬已覆盖至全部类型的查验现场，并训练有主动反应型、被动反应型和混合反应型三种类型，其中混合反应型检疫犬可适应多种不同工作环境对检疫犬的要求，并可在同一日的不同时段承担不同工作环境的检疫查验任务。目前邮寄物检疫口岸也已使用风险管理的方法，并将高峰时100%的查验比例逐渐调整为目前对于20%重点地区邮件的查验。

澳大利亚检疫人员对查获的禁止进境物品予以扣留，并通知收件人，采取销毁或退运的方式进行处理。对允许进境但发现有害生物的邮件，由检疫人员负责除害处理，收件人支付相关费用。

（四）新西兰邮寄物检疫

新西兰邮寄物检疫工作由初级产业部管理。初级产业部（MPI）是由其前身新西兰农林部（MAF）与渔业部和国家食品安全监管局等部门合并而成的。位于奥克兰的国际邮件交换中心是初级产业部开展邮寄物检疫工作的主要场所。

新西兰对进境国际邮包采用检疫犬和X光机查验，检疫犬主要以比格犬和拉布拉多犬为主，即有公犬也有母犬，分为主动反应型和被动反应型，其95%的检疫犬来源为自行繁育，另有5%来源于社会捐赠及流浪犬。X光机操作人员须经过初级产业部100h的专业培训并取得从业资质证书后方可上岗工作，此后还须接受每年一次的常规复训考核和不定期抽查，只有通过者才能继续从事这项工作。

检疫部门对查获的禁止进境物品实施退运或销毁处理，并通知收件人。在邮寄物检疫现场，初级产业部与海关和邮政部门每周定期会晤两次，通报各自工作进展，旨在建立合作互信机制，并已持续了12年之久。双方还在商议进一步开展检疫和海关的联合执法犬项目。

为进一步宣传生物安全防控理念和旅邮检工作，新西兰初级产业部采取了多种途径打造旅邮检工作的品牌化效应。每年更新印制30万份生物安全防控和旅邮检宣传折页，全面覆盖全国各个入境口岸和各国使领馆；每年联合主流媒体录制新西兰生物安全防控和旅邮检工作纪录片；定期进行宣传活动，将一段时间内常常被截获的违禁品和处罚案例向公众展示，以达到警示教育的效果。

（五）欧洲地区邮寄物检疫

欧盟国家对邮寄进境的植物和禁止进境物有严格的规定，检疫部门在邮局设立机构对进境邮包实施检疫查验，但各国的要求在符合欧盟总体规定的情况下各有差异，如英国要求植物检疫证书应粘附在邮寄的包裹上。如这批货物不止一个包裹，则可将植物检疫证书的正本粘附在一个包裹上，而在其他每个包裹上各粘附一份副本。土耳其要求通过邮寄进境的植物繁殖材料，需取得进口许可，并带有植物检疫证书，按规定接受检查。用于消费的植物和植物产品，由检疫人员检查，无需植物检疫证书和进口许可证。乌克兰对邮政企业的进境植物产品只有在经过检查并出示为每批商品颁发的检疫证明或在发货单上有检疫监察员加盖的检疫部门特别印章时才能被领取。立陶宛规定含有植物源性货物的邮寄物品，只有在植物检疫机构的官员在现场的情况下方可进行海关查验。在植物检验检疫完成后，应在邮寄物品上加盖有“立陶宛”字样及由麦穗和小蛇图案组成的三角形印戳。克罗地亚要求当一批邮寄的植物到达边境口岸，而没有必须附有的植物检疫证书时，出入境植物检疫站将决定不经检验而直接扣留该批货物，并且在货运单、海关申报书或其他随附单证上作如下签注：“该批进口货物未附植物检疫证书，被扣留”。俄罗斯对邮寄进境的种子和种苗需提供进口检疫许可证和出口国的植物卫生检疫证书，邮寄物中发现禁止进境的应检物时，国家植物检疫官员需将应检物做没收处理，植物检疫人员应在检验后的邮件上加盖印章。

综上所述，世界主要通邮国家和地区在邮局或快件分拣场所都设立相应的办事机构或指派检疫人员对进境国际邮件和国际快件实施检疫查验，相关的法律法规也比较严厉；邮件和快件的营运人熟知检疫规定，并积极配合检疫部门开展工作。

三、中国邮寄物检疫

（一）中国邮寄物检疫主要法律法规

1992年、1996年中国分别颁布了《中华人民共和国进出境动植物检疫法》及其实施条例，其中在该法第五章和实施条例第六章，对进出境邮寄物检疫作出了专门的规定。

2001年，国家质检总局、国家邮政局共同制定了《进出境邮寄物检疫管理办法》(国质检联［2002］34号)，对进出境邮寄物检疫管理进行了细化和规范。该办

法是目前我国邮寄物检疫工作最主要的执法依据之一。

2001年，国家质检总局发布了《出入境快件检验检疫管理办法》（第3号令），自2001年11月15日起施行，对依法实施检疫的出入境快件中植物及其产品的检验检疫管理工作进行了规范。

2009年新修订实施的《中华人民共和国邮政法》第三十一条明确规定，进出境邮件的检疫，由进出境检验检疫机构依法实施，经过检疫的国际邮件方可投递。

2012年1月，农业部、国家质检总局联合发布1712号公告《中华人民共和国禁止携带、邮寄进境的动植物及其产品名录》，该名录进一步细化了禁止邮寄的种类和范围，使邮寄物检疫工作更加全面、科学和更具操作性。

（二）中国邮寄物检疫现行做法

设立机构：中国现有运行的国际邮件处理中心54个，设有邮寄物检疫专职机构31个，其他未设立专职机构的直属局也有相应职能机构执行邮寄物检疫工作。目前，系统有国际邮件业务的27个直属局全部开展了邮检工作，采取进驻国际邮件中心进行现场检疫或定期派人到国际邮件处理中心实施检疫。

检疫方式：由于邮政部门所属的万国邮联系统缺少可查询邮寄物品名的电子信息，目前中国对进境邮寄物进行检疫的方式主要包括人工审核邮件运单，根据运单品名栏申报的内容与邮政人员会同开拆包查验；通过X光机或与海关实现“一机双屏、一机双看”过机查验，发现可疑包裹再开拆包检查；使用“检疫犬”协助检疫，对检疫犬识别的包裹开拆包查验。

检疫内容：农业部和国家质检总局联合下发的1712号公告中规定的禁止邮寄进境物品，植物检疫方面重点关注新鲜水果蔬菜、烟叶、植物繁殖材料、有机栽培介质、有害生物。此外，其他允许进境的动植物产品可能携带的有害生物也是检验检疫部门关注的主要对象。一旦发现上述物品，检验检疫人员与邮政人员办理交接手续，封存邮件，封存期一般不超过45天。

放行和处理：检验检疫人员在查验过程中，发现不同的物品分别采取不同的处理方式。对允许进境的动植物产品，现场检疫未发现有害生物的，当场予以放行；发现有害生物的，进行除害处理，合格后放行，无法除害处理的，扣留销毁；发现禁止进境的物品，予以扣留；对植物繁殖材料、科研用有害生物等，要求收件人提供审批单和植物检疫证书，单证齐全后办理报检手续，无法提供相关单证的作销毁或退运处理；对其他禁止进境的动植物产品，按规定扣留销毁或实施退运。

对进境邮寄物作退回处理的，检验检疫机构出具有关单证，注明退回原因，由邮政机构负责退回寄件人；作销毁处理的，检验检疫机构出具有关单证，并与邮政机构共同登记后，由检验检疫机构通知寄件人。

对输入国有要求或物主有检疫要求的出境邮寄物，由寄件人提出申请，检验检疫机构按有关规定实施检疫，经检疫合格的，由检验检疫机构出具有关单证，由邮政机构运递。检验检疫人员现场查验实例见图 5 - 2 和图 5 - 3。

图 5 - 2　检验检疫人员在进境邮包中查获植物繁殖材料

图 5 - 3　检验检疫人员在国际邮件处理中心现场查验

四、邮寄物检疫比较分析

比较上述主要通邮国家和地区邮寄物检疫和中国邮寄物检疫的做法，有许多相同点，也有一些异同。总体上，各国对国际邮寄物检疫工作越来越重视，并逐步得到加强。我国近几年邮寄物工作发展更加迅速，在软硬件建设方面取得了突破。

（一）国际植保组织越来越关注邮寄物检疫工作

IPPC 公约和植物检疫措施标准中多次提及邮件、邮寄、国际邮件和国际快递服务等，在 2013 年罗马召开的第八届植物检疫措施委员会上，秘书处还专门提出了一项“关于植物网络贸易”的建议，在 IPPC 和多数国际植检措施标准通过的这些年来，植物和植物产品通过互联网的销售（电子商务）已显著增加。为使全球植保框架适应这一趋势，植检委提出以下建议：

①鼓励国家植物保护组织和区域性植保组织建立机制，以确定那些通过电子商务输入的可值得关注的产品，并探讨基于风险的法规实施方案，其重点放在土壤、繁殖介质和种植用植物等可能具有高风险的传播途径上；

②敦促有产品通过电子商务输出的各国国家植物保护组织确保满足输入国的植物检疫要求；

③敦促国家植物保护组织和区域性植保组织与电子商务销售商联系，确保向电子商务网站上的销售商和购买者传达有关植物检疫风险和植物检疫措施的适当信息。

该建议在征求中国植物保护组织意见时，我们提出了增加一条建议：敦促国家植物保护组织和区域性植保组织与邮件或快件的运营商邮政局和快件公司联系，确保向他们传达有关植物检疫风险和植物检疫措施的适当信息。

随着网络购物的兴起和快速发展，IPPC 认识到国际邮件和国际快件存在植物检疫风险，并适时提出建议，要求各国国家植物保护组织关注互联网销售并采取措施。

（二）国际电子商务检疫越来越受到重视

电子商务近年来发展迅速，将成为 21 世纪贸易活动的基本形态。IPPC 已经关注电子商务可能给检疫带来的冲击，并要求各国国家植物保护组织建立机制，重视风险。据调查，在《中华人民共和国禁止携带、邮寄进境的动植物及其产品名录》

所列的16大类动植物及其产品中，包括活动物、水生动物产品、植物种苗在内的10大类商品都有海外店铺直营。景天科多肉植物近几年在国内大热，淘宝平台较大的3个海外代购卖家30天内销售量就达102396株（件），为目前海外代购禁止进境物最主要的品种。

美国农业网络监控系统（AIMS）负责人、北卡罗来纳大学校长、昆虫学家和生物数学家Ronald Stinner认为，在网上，植物交易激增，单靠检疫官保卫美国免受各种各样的植物入侵已经力不从心了，对入侵物种而言，它代表着一个全新的入侵途径，产生了一个需要以网络为基础来解决的问题，并呼吁政府研究新的检疫监管模式。

澳大利亚国际邮件查验中心与德国、日本等国较大的购物网站、快递公司联系，请其在网站上和物品寄递之前协助做好宣传和把关，并给予免检的快捷通关优惠，同时，指派现场风险分析师定期抽检，一旦发现违规现象，采取100%加严检疫。

一些专业人士提出，让“跨境电子商务”在搞活经济、丰富人民生活的同时，将潜在疫情风险始终控制在可接受水平，需要在创新监测预警、开展风险分析、进行国际合作、优化法规制度、深入宣传教育等方面实现科学有效的检疫监管。各国政府已认识到跨境电子商务检疫问题的复杂性和存在风险，正在不同程度地跟进研究检疫监管方式。

（三）国外通行做法与中国邮寄物检疫比较

1. 国外通行做法与中国邮寄物检疫的共同点

①法律法规大体相同：对进境国际邮件实施检疫是国际通行做法，几乎所有国家特别是发达国家的检疫法律法规均将国际邮件列入管理范围，而且检疫更加严格。

②检疫方式大体相同：对国际邮件基本上都采取人工审核、X光机过机、检疫犬协助三种查验方式，有的国家采取其中的两种或一种查验方式，有的国家实现100% X光机检查。

③检疫内容基本相同：各国的规定不尽相同，而动植物及其产品基本上禁止或限制邮寄，如欧盟禁止邮递入境马铃薯及其种子、未经制造的木材、无论有没有泥土的植物或树木、柑橘类和葡萄类植物、植物的球根、球茎、块茎及根茎的邮件；英国禁止邮寄烟草制成品，植物及块茎；日本禁止邮递新鲜水果、坚果类、菇类、

鲜花、干花、麝香等。

④处理方式大致相同：对禁止邮寄的动植物及其产品，各国检疫人员一旦查获，都采取扣留销毁和退运方式处理；对发现有害生物的邮件进行口岸检疫处理，收件人支付费用。

⑤无法获取信息相同：这也是各国邮寄物检疫普遍面临的工作难题，万国邮联规定邮件面单副联只提供给海关，没有考虑到检疫部门，所以全世界的检疫部门都拿不到邮件面单的副联，得不到面单品名栏上的申报信息，而且，国际邮件不像国际快件，快件公司能够提供进境快件的所有电子信息包括物品名称给海关和检疫部门。邮政公司虽然有自己一套电子查询系统，但缺少最关键的邮寄物名称这一重要信息。

2. 国外通行做法与中国邮寄物检疫的不同点

①检疫布点不相同：澳大利亚在全国只设立两个大的国际邮件查验中心，邮政为检疫部门提供了充足的办公条件，并配置先进的分拣设备和多条X光机，检疫部门也能集中检疫人员加强检疫力度；而我国有54个国际邮件中心，规模差别较大，较大的口岸年进境邮件数量达几百万件，如上海，每天进境邮件近1万件，较小的口岸年进境邮件数量不足1万件，如西藏，年进境量8448件。因此，我国的检验检疫部门压力较大，存在查验设施设备不足、人员紧张状况。

②查验方式有差别：美国、日本、韩国等国家法律规定，对含有动植物产品的邮寄物，由邮局向检疫部门申报或报告后，再由检疫部门实施检疫。澳大利亚、新西兰等国家则由检疫人员告知邮政部门自己的关注重点后，由邮政部门将检疫人员关注的国家或电商平台的邮件引导至检疫部门专用的查验传送带或终端上。中国的邮寄物检疫工作采取的是完全由自身主动的工作模式，全部工作都由专门的邮检工作人员完成，邮政人员只是在需要开包查验时在旁边加以辅助。这一查验方式虽增加了工作负担，但却充分发挥了检疫人员的专业知识与经验，最大限度的保证了查验的准确性和效果。

③风险管理有差别：发达国家的邮政部门普遍建立了较为先进和完备的邮寄物处理中心，这也为检疫部门应用风险管理提供了条件，如在悉尼和墨尔本两大国际邮件查验中心，澳大利亚检疫部门根据10年的检疫查验数据，分析不同国家进境邮包的风险等级，将所有进境邮包按来源地区和寄件人进行分类管理，将10年前的100%查验比例降低到目前的20%；针对发展迅速的网购，筛除掉那些风险不高的国家和不涉及动植物及其产品的电商平台，工作量缩减60%～80%。如对德国的

某网站发往澳大利亚的邮包给予免检。为避免在风险管理过程中出现的疏漏，检疫人员会随即进行抽查以检验风险分析的结果是否准确，如从非重点区域的邮包中选择少量进行X光复查等。我国邮政行业的正处于快速发展的阶段，仅极少数口岸建立了先进的处理中心，而绝大多数口岸的进境邮包还处于非常原始的工人手工处理模式。同时，由于邮政口岸分散，每个口岸所面对的主要来源国家（地区）和主要的截获物都有很大差别，如山东口岸截获来自韩国的多肉植物非常普遍，而福建和厦门口岸截获来自台湾的肉制品及昆虫标本很多。得益于中国所采取的由检疫人员主导的检疫监管模式，不同口岸将自身的主要风险点主动结合到查验工作中，采取了有效的风险管理措施。

第三节　出入境人员携带物和邮寄物植物检疫展望

一、严峻的形势

旅客携带物和邮寄物来源广泛，涉及的物品种类繁多，携带动植物疫情疫病的风险极高。近年来我国从旅客携带物和邮寄物中不断查出违禁物品，水生动物、转基因种子、菌种毒种、各种粮豆、药材等等。从中检出的检疫性有害生物种类繁多，2011年以来，国家质检总局多次发出警示通报，涉及的植物有害生物包括昆虫、杂草、真菌等多个种类。

旅客携带物和邮寄物检疫风险高，管理复杂，究其原因是多方面的。首先是业务数量非常庞大且增长迅速，如2013年我国进出境旅客数已达4.54亿人次，而据万国邮联的统计，目前全世界邮政每年投递的国内信函4130亿封，国际信函86亿封，邮包34亿件。平均每天投递国内信函11亿封，国际信函2400万封，邮包1000万个，我国的进境邮包数年均增长率更是超过10%。业务数量的激增愈发凸显出其批次多、重量小、来源广、品类杂、流向分散、难于查验监管的特点。其次从国际的检疫体系来讲，各国或相关的国际组织并没有对进境旅客携带物、邮寄物的检疫形成统一的标准，没有要求输出国对出境旅客或邮寄出境的物品实施管制，这就导致进境旅客携带物或邮寄物的检疫没有输出国官方验证的基础，使得所有防控进境旅客携带物和邮寄物动植物疫情疫病风险的担子全部落到了输入国一方。再次是新情况、新问题仍不断涌现。转基因生物材料和物种资源的进出境检疫查验任务已先后被赋予检验检疫部门，通过邮路非法进出境违禁物品的行为居高不下，不

法手段层出不穷，可谓道高一尺魔高一丈，如 2011 年以来爆发性出现的携带和邮寄昆虫、龟类、蝎子等入境作为宠物饲养的案例，宠物发烧友和经营者为逃避检疫查验，多将其申报为玩具、礼品和服装等其他名目，企图蒙混过关，这势必给邮检工作带来新的考验、增加新的压力。

二、努力的方向

与澳大利亚、新西兰、美国等国家相比，我国的出入境人员携带物和邮寄物植物检疫（以下简称“旅邮检”）工作因自身繁重的业务数量和工作形势形成了许多有特色的方法和成效，但也有一些地方仍有差距。结合国际植检规则的要求，我国应从以下几个方面加强这项工作。

（一）着眼全局规划，提出加强工作新部署

积极利用十八大明确提出关于大力推进生态文明建设的契机，针对旅邮检工作发展中的共性、关键难题，加大研究和破解力度，对未来一段时期内的工作发展进行规划，努力为旅邮检工作争取资源、创造条件，推动形成上下联动、整体推进的工作格局。

（二）重视基础建设，力争把关成效新提高

结合《进出境邮寄物检疫监管设施建设规范（试行）》，抓好邮检机构设置、进驻和设施建设的落实工作。加强统筹意识，充分保证对旅邮检工作查验、检测、处理等基础设施和截获违禁物品检测、销毁处理的资金投入。继续完善“人-机-犬”综合查验体系，有效开展业务督导和绩效考核，确保业务到位，设施到位，责任到位，管理到位，监管到位。

（三）突出宣传普及，促进教育成果新突破

进一步加强旅邮检宣传教育的重视程度，坚持宣传与工作同部署、同安排、同落实。继续有效利用中央电视台和地方新闻媒体等宣传平台，主动沟通发布重要截获和工作动态；继续利用节假日等契机，开展专题的温馨提示等服务宣传活动；针对科研机构、生物公司、购物网站等特定群体，开拓新的宣传模式；推动各地旅邮检成果展览室向社会开放，努力将其建设成为公众教育基地。

（四）立足建章立制，取得法规完善新进展

推动开展对《中华人民共和国进出境动植物检疫法》罚则和《进出境邮寄物管理办法》的修订工作，完善执法依据，提升处罚标准。参考国外先进经验，开展对《检疫犬训练和使用标准》的修订工作，丰富指导范围，紧抓工作细节，打造对检疫犬管理者和训导员行之有效、极具参考价值的技术标准。

（五）强调风险管理，迈上技术执法新台阶

全面收集、总结各国旅邮检法规政策，科学分析已有截获数据，推动形成对全部与我国通航、通邮的国家和地区以及不同跨境电商平台按不同风险等级进行分类管理的模式，尝试将风险等级、查验措施和注意事项拟定成册，辅助一线工作人员进行查验。

（六）深化国际合作，增添事业发展新动力

深入总结近年来旅邮检国际合作交流的成功经验，积极巩固与澳大利亚、新西兰、韩国等国家和地区的交流力度，积极引入先进查验经验和模式；积极践行在IPPC和OIE提案中所提倡议，推动建立多地区、高层次、广参与的国际旅邮检工作和检疫犬工作中心继续努力。

第六章

运输工具和集装箱

世界各国多年的植物检疫实践证明，国际贸易中的运输工具和集装箱是植物有害生物传播和扩散的重要途径之一。国际航行的船舶船体、压舱水以及生活区食品仓携带植物有害生物概率极高；跨境的火车、汽车，其车体、轮胎等都有可能被植物有害生物污染，并可能携带土壤、杂草种子、卵块、植物残体，有着较高的植物检疫风险；国际客货运用的飞机清洗整理较为严格，相对而言植物检疫风险较低，但机上水果及餐余垃圾等仍具较大的隐患。国际贸易中的集装箱在跨境运输、装卸过程以及存放环节，都有极高的感染植物有害生物的风险，近年来集装箱的植物检疫越来越受到重视。

本章涉及的运输工具包括国际航行的船舶、跨境运输的火车、汽车。集装箱指出入境的集装箱，包括重箱和空箱。

第一节　有关国际公约国际标准和国际规则

一、国际规则

（一）《国际植物保护公约》和国际植物检疫措施标准的相关规定

IPPC公约修订文本第1条第4款明确规定：“除了植物和植物产品以外，各缔约方可酌情将仓储地、包装材料、运输工具、集装箱、土壤及可能携带或传播有害生物的其他生物、物品或材料列入本公约的规定范围之内，在涉及国际运输的情况下尤应如此”。

ISPM第1号《国际贸易中植物保护和植物检疫措施应用的原则》修订文本也重申了IPPC公约中关于国际间流动的人员、商品及运输工具应适用植物检疫措施的原则。ISPM第20号《植物检疫进境管理系统准则》第4.1条也明确将交通运输工具列为进境植物检疫的管制物。

2013年6月，IPPC向各成员国和区域植物保护组织分发了“降低海运集装箱传带有害生物风险”的标准草案文稿，正式征求意见。该草案指出，海运集装箱是植物有害生物、外来物种等其他生物传播和扩散的途径，因而需要建立一个国际体系，确保船舶公司有效清洁集装箱。输入国国家植物保护组织对进境集装箱进行符合性检查，并对违规情况进行通报，输入国与输出国的国家植物保护组织应进行合作，改善集装箱的清洁措施。

（二）国际海事组织的集装箱操作规范

国际海事组织（International Maritime Organization，以下简称IMO）是联合国负责海上航行安全和防止船舶造成海洋污染的一个专门机构。该组织意识到海运集装箱运输对生物安全的影响，为规范海运集装箱的装卸、存放、清理等工作，促进行业自律，制定了与生物安全相关的操作规范。为适应IPPC关于海运集装箱植物检疫措施标准的出台，IMO专门对此规范作了修订，希望借此约束与海运集装箱产业相关的各方，加强对生物安全的保护。操作规范内容非常全面，除了对相关术语作出解释外，还界定了产业链条上各方的责任，包括集装箱所有者、装卸方、集装箱堆场、承运方（包括军方）等。另外还详细描述了干净的集装箱应达到的要求，从装运前、装运中、装运结束存放直到上船启运各个环节如何防范有害生物污染和二次污染都做了详细的考虑，包括检查程序、操作规范、环境要求等。

（三）关于压舱水管理的国际规则

IMO于2004年通过了《国际压舱水管理公约（Ballast Water Management Convention）》。公约要求，凡是总吨位超过400t的船舶必须在距离海岸线200海里以外和在海水深度超过200m的海域掉换其船舶的95%的压舱水，其中包括把压舱水3次排空和3次注入新压舱水，以确保船舶压舱水95%的掉换。该公约规定，当

占世界商船吨位35%的30个国家批准该公约后的12个月后，公约将生效。假使该公约已获批准，所有超过400总吨并装载压舱水的船舶，最晚必须在2016年之后的第一次中期检验或特验前，将该系统备妥就绪。这些系统必须符合该公约所述的D2标准，它们须经型式认可且能符合下列清洁标准：每立方米含少于10个等于或大于50μm的活生物，或每毫升含10个小于50μm的活生物。

IMO原计划公约2009年生效，然而公约生效的道路并不平坦。美国和澳大利亚至今尚未加入公约，但美国的压舱水管理法规在2004年生效，其要求之严厉与国际压舱水管理公约相比更甚。此外，澳大利亚、加拿大、欧盟地区国家的压舱水管理法规也开始执行了。所不同的是，美国、澳大利亚等国执行的是单边立法，对他国船舶有要求，本国尚未履行义务。

二、区域植保组织的要求或一些发达国家的做法

（一）北美植物保护组织

2009年8月10日，北美植物保护组织（NAPPO）发布了第33号植物检疫措施标准《来自亚洲舞毒蛾疫区的船舶及船上货物的运行管理指南》。为防止亚洲型舞毒蛾传入，将有亚洲型舞毒蛾分布的俄罗斯、日本、韩国、中国等列为风险国家。从2011开始，美国、加拿大、墨西哥实施该区域植物检疫措施标准（RSPM），所有来自或途经中国、俄罗斯、日本、韩国的船舶，应提供输出国国家植物保护组织或其授权机构出具的无舞毒蛾检疫证书，并在入境港口实施严格的锚地检疫，如发现各虫态舞毒蛾则强制船舶回到公海实施除害处理。一旦在来自同一口岸的船舶上多次发现舞毒蛾，将禁止来自该港口所有船舶进入北美，同时列入黑名单。无舞毒蛾证书的船舶将在公海受到严格的检疫或禁止入境。

标准中还明确了发现舞毒蛾后的处置方法。发现卵块时，用铲子铲除。发现蛹时，将其收集后进行无害化处理。实施卵块清理后的部位以及缝隙处不能彻底铲除的，应使用蜡或者机油等进行处理，防止残留卵粒孵化。发现成虫和幼虫时，选择高效低毒的杀虫剂（如溴氰菊酯等）用超低容量的喷雾器喷洒除虫。

（二）美国

1. 出入境车辆的植物检疫

依据美国《植物保护法》7731节的规定，美国海关和边境保护局（CBP）对所

有进入美国的车辆进行拦截、询问和查验，以确定是否带有植物、植物产品、生物防治物、植物有害生物、恶性杂草或相关物品。禁止入境车辆带有土壤。美国加利福尼亚州与墨西哥接壤，依据加州和联邦植物检疫条例，加州的CBP人员对来自墨西哥的车辆和货物进行植物检疫，防止有害生物传入。检疫人员通过风险分析，根据车辆的行经路线、季节、车辆类型，来判定携带有害生物风险的高低。以最少的查验时间，对每年大约3000万通过车辆进行检疫查验。研究表明，每一美元预防有害生物的花费，可为以后节约14美元的防治费用和经济损失。

装载出境植物及其产品的运输工具应当符合植物检疫证书的要求。

2. 入境船舶的植物检疫

CBP负责船舶的植物检疫，有专门负责现场船舶植物检疫的官员对船舶实施封存。简单的除害处理，也由现场船舶植物检疫的官员负责，复杂的检疫除害处理，如熏蒸处理则由CBP认可的专业公司负责。亚洲舞毒蛾卵块的铲除等也可由船方负责。

入境船舶要求提前96h申报，特殊情况提前12h申报。申报内容包括：船名、船籍、装载的货物、船用食品、预计抵港日期和时间以及锚位、码头泊位等。如停泊地点有变化，应立即通知检疫官员。如果不申报，将受到民事处罚。

关于是否登轮检疫，美国有非常明确的规定。需登轮检查的船舶有：根据以往的检查经验需要登轮的；封存的来自国外的外国籍船舶；来自亚洲型舞毒蛾疫区的船舶；来自谷斑皮蠹疫区的外国籍船舶；违反垃圾管理规定或感染谷斑皮蠹而没进行处理的船舶；在沿海港口航行并被检疫官员封存、违反垃圾管理规定、或处于严重的有害昆虫发生危险的船舶；直接来自夏威夷的船舶；小型游艇；需要检疫官员进行货物监督的船舶。不需要登轮的船舶有：美国军事船舶；美国籍船舶（不包括来自夏威夷的船舶、私人游艇、钓鱼船）；无封存或问题通告的国内船舶；有良好记录的船舶如无害虫发生危险、垃圾管理问题的船舶；直接来自波多黎各、维尔京群岛的船舶。

入境船舶现场查验的内容包括：收集资料，包括启运港、沿途寄港、装载的货物、船用伙食的种类来源地等，通知船长有关垃圾的管理规定。来自谷斑皮蠹疫区的船舶，需检查谷斑皮蠹，如发现有，则及时与船长联系。来自非洲化蜜蜂疫区的船舶，则需要检查甲板上是否有非洲化蜜蜂。来自亚洲型舞毒蛾疫区的船舶，则要检查船舶船体外壳、所有甲板、舷墙、舷梯、安全围栏（扶手）、缆绳、通风孔，进气口、烟囱、救生筏、高风筒、桅杆、系缆装置、吊机等外露部位、上层建筑（含驾驶室等）、工具物料存储室、甲板间、货舱等在内的在港口停留期间可能打开的任何舱室、甲板上堆放的集装箱或货物的外表、灯光处及附近区域。同时检查伙

食库、厨房、船员房间是否需要封存的水果和蔬菜。检查甲板上的垃圾是否在围栏内、是否泄漏、是否覆盖好，同时将其封存至离开美国领海。检查完毕后，船长应在检疫官员的检查报告或记录上签字确认。

美国十分重视入境船舶检疫的后续监管。查验后会封存水果、蔬菜、船上的垃圾；发现谷斑皮蠹，会封存染疫货物并封闭船舱，在24h内实施处理；对发现非洲化蜜蜂的甲板、船桥立柱、通风罩、管道等船舶外的设施和设备进行气雾杀虫处理。封存的货品和区域，未经检疫官员的许可，不得擅自启封，否则将受到民事处罚。未进行登轮检查的船舶以及至少50%登轮检查的船舶也要进行后续监管。对在美国港口扔垃圾、擅自处理垃圾、擅自移运垃圾、垃圾筒不在船舶围栏内、垃圾容器无盖、垃圾容器有垃圾渗出等行为的船舶，都将列入垃圾管理违规名单中。对违反垃圾管理规定的船舶都将予以民事处罚，并不得免予登轮检查。

3. 出境船舶的植物检疫

美国出境船舶的植物检疫手续较为简便，在开船前1h由代理或船方发E-mail向CBP提出申请即可，申请的内容包括船名、船籍、船员名单、目的地、预计离港时间等基本信息，CBP只需回复邮件即可。但超过6h未离港的船舶，需重新申请。

4. 出入境集装箱的植物检疫

虽美国口岸手册中《农产品通关手册（Manual for Agricultural Clearance）》没有专门列出集装箱的动植物检疫要求和程序，但在第6部分防止有害生物扩散（Preventing the Spread of Pests and Diseases）一节中提到，“为了防止集装箱内携带的蜗牛逃逸，在停放集装箱的区域外围撒上一圈盐”，如图6-1所示。

图6-1 美国停放集装箱的现场

（三）加拿大

根据加拿大《植物保护法》中的术语解释，运输工具包括飞机、汽车、火车、货运集装箱和其他运输人或物品的运输设备。

任何运输工具入境都必须实施植物检疫。该法案规定检疫人员在查验运输工具或其他物品后，根据是否携带有害生物，决定是否同意入境、装卸，或采取其他检疫措施。加拿大边境检查局（CBSA）依据加拿大《植物保护法》及《动物健康法》，要求所有进入加拿大的车辆必须是清洁的，不带土壤以及相关物品和有机物。如果发现其携带土壤，则拒绝入境。加拿大入境船舶检疫的相关内容与美国相似，重点关注舞毒蛾。同时，在对入境谷物实施检疫的同时，也非常重视对装载谷物船舶的植物检疫。

对于从加拿大出口的任何货物，如果输入国植物检疫机构要求提供相关的加拿大植物检疫证书或加拿大转口植物检疫证书，检疫官可以在货物装运前和在装载期间的任何时候对运输工具实施检疫，并可以要求相关人员对运输工具进行处理或清扫。装载出境植物及其产品的运输工具应当符合植物检疫证书的要求。

加拿大特别重视对装载谷物或谷物产品的船舶的检疫。只有待装船舶经检疫合格，方可装载谷物或谷物产品。如果在检疫中发现船舶被有害生物感染或可能被感染，检疫官将要求有关人员处理或清扫船舶或实施处理。

（四）新西兰的海运集装箱进口卫生标准

2009 年 5 月 8 日，原新西兰农林部（MAF）发布了《海运集装箱进口卫生标准》（Import Health Standard for Sea Containers，SEACO）草案，统一规范来自所有国家的海运集装箱进口卫生新标准。

新西兰要求所有入境集装箱必须清洁、无有害生物和污染物。所有集装箱从船舶卸下后，必须存放于严格封闭的没有垃圾和土壤的区域。所有未通关集装箱的调运必须经过批准，或在集装箱管理系统的监管之下进行。

新西兰初级产业部生物安全局（MPIBNZ）根据获得的集装箱信息资料，将所有入境集装箱分为高监管水平和低监管水平。被有害生物污染概率高、申报信息资料缺乏或不全、来自高风险国家（瓦利斯岛、富图纳岛、巴布亚新几内亚、瓦努阿图及北纬 60°以南和东经 147°以西的俄罗斯远东港口）的集装箱，将被确定为高监管水平。

对高监管水平的集装箱，MAFBNZ 将采取实施更严格的检疫措施。高监管水平集装箱如果在港口停留时间超过 12h，必须在第一卸货港由 MAFBNZ 检疫人员进行处理；低监管水平集装箱由协检员或在协检员监督下的其他人在第一卸货港进行查验；高监管水平集装箱有可能会在下一卸货港由 MAFBNZ 实施进一步的检疫，第一卸货港必须通知下一卸货港做好准备。

第二节　中国的法律规定和具体做法

一、中国法律法规对运输工具和集装箱检疫的规定情况[①]

（一）《中华人民共和国进出境动植物检疫法》

第二条　来自动植物疫区的运输工具，依照本法规定实施检疫。

第三十四条　来自动植物疫区的船舶、飞机、火车抵达口岸时，由口岸动植物检疫机关实施检疫。

第三十五条　进境的车辆，由口岸动植物检疫机关作防疫消毒处理。

第三十六条　进出境运输工具上的泔水、动植物性废弃物，依照口岸动植物检疫机关的规定处理，不得擅自抛弃。

第三十七条　装载出境的动植物、动植物产品和其他检疫物的运输工具，应当符合动植物检疫和防疫的规定。

第三十八条　进境供拆船用的废旧船舶，由口岸动植物检疫机关实施检疫，发现有本法第十八条规定的名录所列的病虫害的，作除害处理。

（二）《中华人民共和国进出境动植物检疫法实施条例》

第二条　来自动植物疫区的运输工具和进境拆解的废旧船舶应实施检疫。

第四十六条　口岸动植物检疫机关对来自动植物疫区的船舶、飞机、火车，可以登船、登机、登车实施现场检疫。

第四十七条　来自动植物疫区的船舶、飞机、火车，经检疫发现有进出境动植物检疫法第十八条规定的名录所列病虫害的，必须作熏蒸、消毒或者其他除害处

① 相关法条的引用为部分引用。

理，发现有禁止进境的动植物、动植物产品和其他检疫物的，必须作封存或者销毁处理；作封存处理的，在中国境内停留或者运行期间，未经口岸动植物检疫机关许可，不得启封动用。对运输工具上的泔水、动植物性废弃物及其存放场所、容器，应当在口岸动植物检疫机关的监督下作除害处理。

第四十八条 来自动植物疫区的进境车辆，由口岸动植物检疫机关作防疫消毒处理。装载进境动植物、动植物产品和其他检疫物的车辆，经检疫发现病虫害的，连同货物一并作除害处理。装运供应中国香港、澳门地区的动物的回空车辆，实施整车防疫消毒。

第四十九条 进境拆解的废旧船舶，由口岸动植物检疫机关实施检疫。发现病虫害的，在口岸动植物检疫机关监督下作除害处理。发现有禁止进境的动植物、动植物产品和其他检疫物的，在口岸动植物检疫机关的监督下作销毁处理。

第五十二条 装载动物出境的运输工具，装载前应当在口岸的植物检疫机关监督下进行消毒处理。装载植物、动植物产品和其他检疫物出境的运输工具，应当符合国家有关动植物防疫和检疫的规定。发现危险性病虫害或者超过规定标准的一般性病虫害的，作除害处理后方可装运。

（三）原国家出入境检验检疫局第17号令《进出境集装箱检验检疫管理办法》及有关配套文件

该办法规定，所有来自动植物疫区的，装载动植物、动植物产品和其他检验检疫物的，以及箱内带有植物性包装物或辅垫材料的进境集装箱，应实施动植物检疫；装载动植物、动植物产品和其他检验检疫物的出境集装箱应实施动植物检疫。

2000年11月，原国家检验检疫局下发了《关于执行〈进出境集装箱检验检疫管理办法〉有关问题的通知》（国检检［2000］234号），规定了进出境集装箱检疫的具体内容和做法以及监督管理。

2001年7月30日，原国家检验检疫局下发了《关于印发〈进出境集装箱场站登记细则〉的通知》，明确了集装箱场站登记的条件、程序和监督管理的有关内容。

（四）国家质检总局第38号令《国际航行船舶出入境检验检疫管理办法》

该办法明确规定了对国际航行船舶的入境检疫（含锚地检疫）、出境检疫、除害处理和应签发的证书要求，并提出了压舱水排放前应卫生处理、船上的生活垃圾、泔水、动植物性废弃物的处置和处理要求。

来自动植物疫区的船舶应当实施锚地检疫；发现植物危险性病、虫、杂草的或者一般性病虫害超过规定标准的船舶应当实施除害处理；船上的生活垃圾、泔水、动植物性废弃物，应当放置于密封有盖的容器中，在移下前应当实施必要的卫生除害处理。确实需要带离船舶的船用植物及其产品，按照有关检疫规定办理。

二、中国运输工具和集装箱植物检疫的具体做法

（一）入境或过境列车的植物检疫及处理

装载植物及其产品的列车入境时，植物、植物产品和其他检疫物，未经口岸检验检疫机构同意不得卸离运输工具。当允许卸离时，对货物、运输工具和装卸现场采取必要的防疫措施。列车和包装窗口在运输装卸过程中要符合植物检疫要求防止撒漏。装载非动植物及其产品，但有木质包装或植物性铺垫材料的列车入境，由口岸检验检疫机构对木质包装或植物性铺垫材料进行检疫，审核输出国植物检疫证书或检疫处理证书收并对列车箱体进行防疫消毒。需作转关运输的，只作箱体消毒，并出具《调离通知单》通知指运地点检验检疫机构检疫。装载非应检物的列车入境时由口岸检验检疫机构对车体做防疫消毒处理。口岸出入境检验检疫机构对回空车辆实施整车防疫消毒。

入境列车检疫时，对可能隐藏病虫害的列车厢体、餐车、厨房、储藏室、行李车、邮政车等，动植物产品存放、使用场所和泔水、动植物性废弃物的存放场所以及集装箱箱体等区域或部位实施检疫，并做防疫消毒处理。

来自动植物疫区的过境列车入境时，口岸检验检疫机构应对列车和装载器具，进行外表消毒。装载过境植物、植物产品和其他检疫物的列车和包装窗口必须完好，不得有货物撒漏。列车装载的动植物、动植物产品和其他检疫物过境期间未经口岸检验检疫机构批准，交通员工或其他工作人员不得开拆包装或者带离运输工具。

（二）入境或过境汽车的植物检疫

对装载植物、植物产品的入境或过境汽车的检疫主要是在对其装载货物实施检疫时，对车厢进行一并检查，对于车厢外部检疫没有具体要求，对入境车辆的轮胎实施消毒处理。入境汽车轮胎消毒有助于去除轮胎上的土壤、杂草种子和植物枝残体。

（三）入境船舶的植物检疫

中国船舶的植物检疫由各地检验检疫机构（CIQ）负责。我国对船舶实施的检疫控制措施如封存由现场检疫官员负责，其他除害处理则由检验检疫机构认可的除害处理公司负责。

中国要求船舶在预计抵达口岸 24h 前向检验检疫机构申报，航程不足 24h 的，在驶离上一口岸时申报。填报入境检疫申报书，包括总申报单，船用物品清单、货物清单、船员名单等。如船舶动态或者申报内容有变化，船方或者其代理人应当及时向检验检疫机构更正。入境船舶相关情况见图 6－2～图 6－7。

图 6－2 在锚地等候检疫的船舶

图 6－3　锚地登轮检疫

图 6－4　码头待检船舶

图 6－5　船舶携带的有害生物

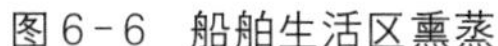
图6-6 船舶生活区熏蒸

图6-7 甲板除害处理

中国对来自动植物疫区的船舶、废旧船舶、船方申请检疫的船舶、因检验检疫机构工作需要登轮的船舶、国家有明确要求的船舶实施登轮检疫。登轮检疫的内容包括：收集资料，包括启运港、沿途寄港、装载的货物、船用伙食的种类来源地等。检查的部位包括储藏室、餐厅、厨房、船员生活区、垃圾存放处等。重点关注的有害生物有谷斑皮蠹、巴西豆象、地中海实蝇等。对来自动植物疫区经检疫判定合格的船舶，应船舶负责人或者其代理人要求签发《运输工具检疫证书》；对须实施卫生除害处理的，向船方出具《检验检疫处理通知书》，并在处理合格后，应船方要求签发《运输工具检疫处理证书》。

在船舶检疫中发现禁止进境的植物、植物产品和其他检疫物的，必须作封存处理，发现检疫性有害生物的应进行检疫处理。要求船上的生活垃圾、泔水、动植物性废弃物放置于密封有盖的容器中。

船舶在口岸停留期间，未经检验检疫机构许可，不得擅自排放压舱水、移下垃圾和污物等，任何单位和个人不得擅自将船上自用的植物、植物产品带离船舶。船舶在国内停留及航行期间，未经许可不得擅自启封动用检验检疫机构在船上封存的物品。检验检疫机构对船舶上的动植物性铺垫材料进行监督管理，未经检验检疫机构许可不得装卸。擅自开拆、损毁动植物检疫封识或者标志的，未按规定处理船舶上的泔水、动植物性废弃物的，由检验检疫机构处以 3000 元以上 3 万元以下的罚款。

（四）出境船舶的植物检疫

船方或者其代理人应当在船舶离境前 4h 内向检验检疫机构申报，办理出境检验检疫手续。已办理手续但出现人员、货物的变化或者因其他特殊情况24h内不能离境的，需重新办理手续。船舶在口岸停留时间不足24h的，经检验检疫机构同意，船方或者其代理人在办理入境手续时，可以同时办理出境手续。

另外，国家质检总局委托中检认证集团对相关的船舶实施针对亚洲型舞毒蛾的查验，并出具《船舶无亚洲型舞毒蛾证书》。

（五）入境集装箱的植物检疫

对于入境重箱，在对其装载货物实施检疫时，对箱体内部进行一并检查，对于箱体外部检疫和集装箱有关配件的植物检疫查验尚没有统一做法。对检出货物里带有检疫性有害生物，一般会连同集装箱一起做熏蒸处理。

对于入境空箱，实施检疫时，主要针对箱体内部，检查有无有害生物。发现检疫性有害生物的，将对集装箱实施除害处理。目前，媒体上尚没有中国针对集装箱外部实施检疫的截获报道。

目前尚无针对集装箱植物检疫的操作规程或标准。

（六）压舱水的检疫

中国对压舱水的管理尚未形成统一的体系，目前有多头管理现象，管理相对薄弱。检验检疫部门对入境船舶的压舱水实施排放前的消毒处理，SN/T 1343—2003《入出境船舶压舱水消毒处理规程》提出了两种消毒方案，主要目标是预防霍乱等传染病随压舱水的传播。2012年以来，国家质检总局组织开展了压舱水浮游生物调查等基础工作。

第三节　运输工具和集装箱植物检疫比较分析与展望

通过梳理国际植物检疫规则与中国植物检疫工作法律法规和工作实际，在运输工具和集装箱的植物检疫方面，有以下异同：

一、运输工具植物检疫比较分析

（一）定义的异同

国际植物检疫规则和中国的植物检疫法律法规都明确了运输工具应纳入植物检

疫及实施植物检疫措施的范围。加拿大《植物保护法》中的术语解释，运输工具包括飞机、汽车、火车、货运集装箱和其他运输人或物品的运输设备。在美国，运输工具也包括集装箱。但在《中华人民共和国进出境动植物检疫法》（以下简称《动植物检疫法》）及其实施条例里，没有专门定义运输工具。《动植物检疫法》第六章和实施条例的第七章的有关条文对运输工具进行了列举描述，包括船舶、飞机、火车、进境车辆等，没有明确提到集装箱。

由于上述原因，本章标题将运输工具和集装箱分别列出。

（二）汽车、火车的植物检疫

国外要求所有入境的车辆都要实施植物检疫，入境车辆不得携带任何有害生物，并且是清洁的，否则可以拒绝入境。中国仅要求对来自动植物疫区的入境车辆进行防疫性消毒处理。

（三）船舶的植物检疫

在美国，国际航行船舶的船主或其代理人需要向国家官方负责检疫的部门申报，申报是必需的并强制要求在规定的时间之前完成，这既体现了国家主权，又使检疫官员有充分的时间作出检疫决定和检疫准备。这与中国目前的做法是一致的。

美国与中国都对船舶可能隐藏检疫性有害生物的部位进行检查。美国对来自非洲化蜜蜂、谷斑皮蠹、亚洲舞毒蛾疫区国家或地区的船舶进行有针对性的检查。中国曾经发布过危险性有害生物疫区国家或地区名单，船舶植物检疫也以此为依据。但自 2007 年农业部发布新的检疫性有害生物名录之后，再没有制定疫区或应施检的国家地区名单。

美国 APHIS 对船舶后续监管的措施与中国基本相同。但美国的要求更为明确，处罚措施更为严厉。美国对船舶的后续检疫监督主要是针对船舶垃圾，对垃圾的存放有明确的规定，对违反垃圾管理规定的处罚也有明确的规定。对违反垃圾管理规定的至少罚 250 美元。如果造成疫情疫病的发生或环境污染的，将会受到严厉的处罚。中国对船舶垃圾移运有一些规定，但比较粗略，对船舶上垃圾存放违规行为也没有明确罚则。

二、集装箱植物检疫比较分析

IPPC、美国、加拿大和新西兰均明确要求对集装箱实施植物检疫。在中国的

《动植物检疫法》及实施条例里，集装箱没有被纳入到实施检疫的范围中。前文已述及，中国运输工具没有包括集装箱；中国《动植物检疫法实施条例》专门解释了装载容器的含义，也没有包括集装箱。但原国家出入境检验检疫局17号令《进出境集装箱检验检疫管理办法》明确了对集装箱实施植物检疫的必要性。

近年来，跨境运输的集装箱，特别是海运集装箱的植物检疫风险越来越被人们所认识和重视，因此IPPC国际植检措施标准委员会当前正力推出台关于减小海运集装箱携带有害生物风险的植物检疫措施标准。

三、运输工具和集装箱植物检疫展望

（一）加强运输工具和集装箱的植物检疫工作

运输工具和集装箱是有害生物借以传播的重要途径，随着国际贸易的发展，运输工具和集装箱的植物检疫越来越被国际组织和世界各国所关注。在中国，运输工具和集装箱的检验检疫工作有多重目标，除了防止植物有害生物传入扩散的植物检疫要求外，还有涉及人的传染病的卫生检疫要求、涉及动物传染病的动物检疫要求以及涉及安全卫生为目标的适载检验要求等。

在同一个应检物存在多种检验检疫风险的情况下，应采取怎样的措施才能有效率地控制生物风险。这是个值得思考的问题。以集装箱为例：

鉴于国际贸易中的集装箱具有传播人类传染病、动物疫病、植物有害生物和外来入侵物种等多种风险，IPPC制定标准时不但征求了国际海事组织（IMO）、集装箱所有者协会（COA）等行业协会的意见，还征求了兽医卫生组织（OIE）、生物多样性公约（CBD）和国际标准化组织（ISO）的意见。在海运集装箱植物检疫措施标准草案中提出了多种清洁集装箱的方法，并强调使用物理的和机械的方法清洁集装箱，尽量避免使用化学药剂。这些方法虽然是针对有害生物的，但同时也消除了动物疫病和外来入侵物种的风险，而且经过清洗之后的集装箱完全可以达到安全卫生的要求。至于集装箱传带人类传染病的风险，专家组多数成员认为，似乎不需要特别考虑。

而中国当前的工作中，大部分口岸对集装箱的检疫查验和防疫措施，主要针对病媒生物。从中国卫生检疫的角度，病媒生物主要指蚊、蝇、鼠、蚤、螨、蠓、蜱、蟑8类。病媒生物的种类与有害生物和外来入侵物种相比，范围非常狭窄，处理要求也比清理植物有害生物简单。所以，当前以卫生检疫为主导的检验检疫模式不足以完全消除集装箱在传播有害生物、动物疫病和外来入侵物种方面的风险。

因此，中国的集装箱检验检疫工作应以植物检疫为主导，这样可以一举多得，大大提高集装箱检验检疫工作的效率。同理，在运输工具的检疫上，也同样应以植物检疫为主导。

（二）在植物检疫相关法律法规中应明确提出对集装箱实施检疫

借鉴加拿大的做法，在中国的《动植物检疫法》及实施条例中增加运输工具的定义，运输工具应包括汽车、火车、船舶、飞机和集装箱等，明确对集装箱实施植物检疫。

（三）制定进境运输工具和集装箱检疫名录

2007年，农业部重新发布了《中华人民共和国禁止进境植物检疫性有害生物名录》后，一直没有梳理一个适合运输工具和集装箱检疫的检疫名录。应针对运输工具和集装箱的特点，确定应关注的检疫性有害生物名录并注明疫区国家或地区，以指导植物检疫工作。可采取类似美国或新西兰的模式对入境运输工具和集装箱实施基于风险的分类管理。

（四）探索压舱水检疫管理模式

在中国港口压舱水浮游生物调查中，发现多种疑似外来浮游生物物种，还从压载舱沉积物中分离并培养出多种甲藻及其胞囊。中国《动植物检疫法》及实施条例未涉及压舱水的检疫，《卫生检疫法》和条例规定来自霍乱疫区船舶的压舱水应经处理后排放。目前，中国对压舱水的管理还不是很完善，对压舱水更换没有明确规定。而进境船舶的压舱水排放的卫生处理以及针对霍乱弧菌的处理均缺少足够的科学依据。因此，中国应对照国际规则，以防范外来物种入侵为主要目标，开展扎实的风险分析工作，探索并确定管理压舱水管理新模式。

第七章

植物检疫处理

植物检疫处理是指为了防止检疫性有害生物和管制的非检疫性有害生物的传入传出、定殖和/或扩散，或对这些有害生物进行官方控制而实施的程序。

植物检疫处理作为植物检疫工作的重要组成部分，是一种十分重要的技术措施，对于有效防范有害生物传播扩散和促进国际贸易具有重要作用。植物检疫处理质量和效能直接关系到进出境检疫把关的有效性，关系到农业生产安全，关系到生态环境安全和对外贸易健康发展。

植物检疫处理方法主要有熏蒸处理、非熏蒸化学药剂处理（浸泡、喷洒）、冷处理、热处理、辐照处理、化学加压渗透处理、射频处理等方法。

本章概述了与植物检疫处理有关的国际规则，介绍了与植物检疫处理相关的国际标准，比较分析中国与主要发达国家植物检疫处理的异同点，在此基础上提出加强我国植物检疫处理工作的若干建议。

第一节　植物检疫处理的国际规则

一、国际规则对检疫处理的基本要求

（一）检疫处理的强制性

IPPC 公约的宗旨是“防止植物及植物产品有害生物的传入和扩散，并对有害生物采取适当的控制措施”（IPPC 公约第Ⅰ条第 1 款）。对应检物要求或采用植物检疫处理是缔约国用于防止管制的有害生物传入和扩散的一项植物检疫措施。植物检疫措施是“旨在防止检疫性有害生物的传入和扩散，或减少管制的非检疫性有害生物经济影响的任何法律、法规或官方程序”（ISPM 第 5 号《植物检疫术语》），而植物检疫程序是指“官方规定的执行植物检疫措施的任何方法，包括与管制性有害生物有关的检查、检测、监控或处理的方法”；植物检疫行为是“为执行植物检疫措施而采取的官方行为，如检查、测试、监测或处理等”。ISPM 第 5 号标准将“处理”定义为“旨在杀灭、灭活或消除有害生物、或使有害生物不育或丧失活力的官方程序”。

根据 IPPC 公约有关条款，国家植物保护组织的权利实施和义务之一是对进出口货物执行监测、处理和出证。在 IPPC 公约文本中，多次提到了实施检疫处理是国家植物保护组织的责任和义务之一。IPPC 公约第Ⅳ条第 2 款“国家植物保护组织责任”（d）项“对国际货运业务承担的植物、植物产品和其他应检物进行杀虫或灭菌处理以达到植物检疫要求”；第Ⅶ条“对输入的要求”第 1 款（a）项“对植物和植物产品及其他应检物的输入规定和采取植物检疫措施，如检验、禁止输入和处理”；第 1 款（b）项“对不遵守按（a）项规定，采取植物检疫措施的植物、植物产品及其他应检物，或将其货物拒绝入境，或扣留，或要求进行处理、销毁，或从缔约方领土运走”；第Ⅴ条“植物检疫证书”第 2 款（a）项由国家植物保护组织或在其授权下进行；附录部分“植物检疫证书样本”第Ⅲ部分要求声明与植物检疫处理相关的信息，包括处理时间、处理方法、处理指标、发证机关、授权官员签字等。

检疫处理作为防范检疫性有害生物传入传出的最有效手段，几乎贯穿于整个货物国际贸易当中。IPPC 公约要求国家植物保护组织应在业务上负责包括植物、植物产品及其他应检物的采样和查验、有害生物检测和鉴定、有害生物监测、处理方法以及建立和维护一个记录保存体系；应当有能力履行以下职能，如实施、监督或审计必要的植物检疫处理；应确保有足够的设备、材料和设施，以开展抽样、现场查验、实验室检测、检疫处理、货物种类鉴定和其他植物检疫出证程序（ISPM 第7号《植物检疫出证体系》）；“植物检疫证书”第三部分专门填写检疫处理的详细信息，并由国家植物保护组织盖章、授权官员签字（ISPM 第12号《植物检疫证书准则》）。检疫处理作为风险管理的一种措施在需要时，输入国可以要求输出国对货物进行处理，或货物到达口岸时或入境后在输入国植物检疫部门指定的场所进行处理（ISPM 第2号《有害生物风险分析框架》、第11号《检疫性有害生物风险分析(包括环境风险和活体转基因生物分析)》、第15号《国际贸易中木质包装材料管理准则》）；当出现违规情况时由国家植物保护组织采用已存在某种有效的处理方法进行必要的检疫处理（第20号《植物检疫进境管理体系准则》）；当过境货物风险较高时可采取植物检疫处理（第25号《过境货物》）。此外，如果从实蝇低度流行区出口水果时可使用收获前和收获后处理（第30号《实蝇低度流行区的建立》）作为符合输入国植物检疫要求的措施，也可作为一种管理输入种植用植物风险的综合措施组成部分（第36号《种植用植物综合措施》）。

因此，检疫处理作为一项重要的植物检疫措施，是由官方实施或授权实施的，它是防止检疫性有害生物和管制的非检疫性有害生物传入、传出和扩散，由植物检疫部门依法所采取的强制性措施。

（二）检疫处理的技术性

检疫处理是按照有关法律规定，以技术手段，对植物、植物产品和其他应检物以及包装物、运输工具传带的或可能传带的检疫性有害生物和管制的非检疫性有害生物进行杀灭、灭活和消除有害生物，或使这些有害生物失去繁殖能力或丧失活力的官方控制措施。根据 ISPM 第5号《植物检疫术语》给出的与检疫处理有关术语的定义：处理技术方案（Treatment Schedule）是指“在一定处理效果前提下，为取得处理结果（即有害生物的杀灭、灭活或消除，或使有害生物不育或丧失活力）而需要达到的一项处理的关键参数”；熏蒸（Fumigation）是指“用一种以完全或主要呈气态的化学药剂对货物进行处理”；热处理（Heat Treatment）是指“按照官方技术规范，对商品加热达到技术规范要求的最低温度并维持要求的处理时间的过程”；化学加压渗透（Chemical Pressure Impregnation ）处理是指“根据官方的

技术规范，用一种化学防腐剂通过加压过程对木材进行处理”，所有这些定义表明检疫处理是一项技术综合性很强的官方措施。检疫处理方法主要包括熏蒸、化学处理、热处理、冷处理、辐照处理、化学加压渗透处理等，它运用植物保护、生物学、分子生物学、分析化学、物理、原子能、数学、化工、机械、信息化等多学科知识共同保障检疫处理有效性的一项综合性技术。

检疫处理的原则是“科学、有效、安全、环保”。在风险分析的基础上，采用合理的检疫处理技术，按照标准规定的方法和技术指标，使用完备的检疫处理设施和装备进行检疫处理。技术标准、装备与管理的统一是保证检疫处理的科学、有效、安全和环保的前提条件。

既然检疫处理是一项植物检疫措施，因此，检疫处理在实施过程中应遵循第一、二章概述的相关植物检疫国际规则，在这里不再赘述。

二、相关国际标准要求

在目前已正式发布的36个国际植物检疫措施标准（ISPM）中，与检疫处理直接相关的标准有3个，即第15号《国际贸易中木质包装的管理准则》、第18号《辐照处理作为检疫措施的准则》和第28号《管制性有害生物的植物检疫处理》。这3个检疫处理国际标准都明确了在执行和实施这些标准时国家植物保护组织的责任和义务，明确了木质包装处理和标识的使用必须经国家植物保护组织授权；辐照处理设施必须经国家植物保护组织批准和定期核查，才能用于检疫处理；需要通过国家植物保护组织或是区域性植物保护组织提交管制性有害生物检疫处理技术标准。

1. ISPM 15号《国际贸易中木质包装材料的管理准则》

为便利国际贸易和降低国际贸易中木质包装材料传带检疫性有害生物的风险，制定了该标准。标准规定了旨在减少国际贸易中木质包装材料传入或传带检疫性有害生物风险的检疫措施。该标准除了明确批准采用的木质包装处理方法和规定了标识方法及其使用，同时明确指出国家植物保护组织的职责：处理和标记的使用必须经国家植物保护组织授权。国家植物保护组织授权使用标记时，应当指导（或至少审核或审查）处理方法的采用，标记的使用，并应当建立检验或监测及审核程序。对于修缮的或再制造的木质包装材料可采用特殊要求。输入国国家植保组织应接受已批准的植物检疫措施作为授权木质包装材料入境的根据，而不必执行有关木质包装材料的进一步进口检疫要求，并可以在进口时核实这些材料是否符合标准的要求。当木质包装材料不符合本标准的要求时，国家植物保护组织也有责任采取检疫措施并酌情通报违规情况。

2. ISPM 18 号《**辐照处理作为检疫措施的准则**》

标准就应用电离辐射对管制的有害生物或货物进行植物检疫处理的具体程序提供技术准则。国家植物保护组织负责植物检疫工作中评价、采纳和使用辐照处理作为植物检疫措施。应保证对管制的有害生物处理的效果及需要的处理反应具有科学依据。处理设施用于植物检疫处理前，需得到国家植物保护组织的批准，并定期对设施进行核查，再批准。国家植物保护组织负责确保设施设计合理，确保处理系统的完整性，以保证辐照处理能够达到输入国的要求；负责监测处理设施的记录和文档，确保向所有各方提供的记录，具有可追溯性。国家植物保护组织在进行输出检查时，核实文档的完整性和准确性，检查非目标有害生物，确认完全符合输入国所要求的处理，签发植物检疫证书或其他有关文件，这些文件至少应包括处理批次、处理日期、最低目标剂量和经核实的最低剂量。同时，标准还要求输出国在输入国有要求时说明辐照处理效果的包括实验室检测和分析在内的核实方法的义务。

3. ISPM 28 号《**管制性有害生物的植物检疫处理**》

标准说明了关于提交和评估一项植物检疫处理的效果数据和其他相关信息。检疫处理的数据必须通过国家植物保护组织或区域性植物保护组织提交，国家植物保护组织或区域性植物保护组织认为符合该标准所列要求的处理才可递交。同时该标准建议所提交的处理最好是已被批准在国内应用的处理。通过植物检疫处理专家组（TPPT）审核国家植物保护组织或区域性植物保护组织提交的植物检疫处理方案的处理方法，经植物检疫措施委员会批准后将作为本标准的附件。截至 2013 年11 月，该标准一共有 14 个附件，涉及水果和蔬菜有害生物，包括实蝇、食心虫和象甲，处理方法均是辐照处理。

三、检疫处理面临挑战及发展趋势

随着经济全球化，国际贸易的快速增长带来了不断增长的有害生物传播风险，同时，经济的发展也要求人们享受更美好的环境，检疫处理作为检疫工作的重要组成部分面临着极大的挑战和发展的机遇。

（一）面临挑战

1. 溴甲烷使用受限，新型熏蒸剂的筛选困难

由于溴甲烷对大气臭氧层具有破坏性，国际社会日益关注溴甲烷在检疫及装运

前（QPS）的使用。目前，欧盟及巴西等已经全面禁止溴甲烷的使用。虽然溴甲烷在检疫方面被豁免使用，但作为《蒙特利尔议定书》的缔约国，减少溴甲烷的使用是我国应尽的责任和义务，所以积极开展高效、环保、快速、经济、安全的溴甲烷替代技术、替代药剂和减排技术研究十分必要，也十分重要。目前，检疫处理研究的一个主要内容是硫酰氟、氧硫化碳、甲酸乙酯、氰、碘甲烷等新型熏蒸剂的开发，以及溴甲烷回收再利用技术的开发应用等。

一个理想的熏蒸剂应该具备以下特性：对目标有害生物高毒性；对非目标动植物低毒性；价格相对低廉，使用便捷；对食品和货物品质无不利影响；易扩散、穿透性好、低残留；不易燃、不易爆；水溶性差；在常温常压下能以气态形式存在；在环境中的存在易为人体所感知；对大气和环境不构成实质性危害。但在实际应用和研究中发现，符合熏蒸剂特有物理和化学特性的化合物非常稀少，加之由于熏蒸剂消费量相对较少，毒理、标准研发费用巨大，因此，性能优良的新型熏蒸剂的商品化过程困难重重。

2. 全球气候变暖和经济全球化，生物入侵形势严峻

外来生物入侵引发的生态环境灾难越来越引起人们的关注，检疫处理作为一项防范外来生物防控的重要措施显得越来越重要。全球气候变暖，有害生物适生范围改变，抗逆性发生改变，造成疫情复杂，传播风险加大。经济全球化、国际贸易形式多样化促进了贸易的高速发展，货物种类、运输方式和携带有害生物种类迅速增加，现有检疫处理技术手段、方法和指标无法满足变化的形势需要。例如：进口饲草消毒处理（机械打捆）、进口油菜籽带虫、进口粮食、大豆等中携带的杂草种子处理、冷藏水果的处理等，都给检疫处理工作带来新挑战。

3. 检疫处理的技术方法有限，技术标准制定困难

目前，检疫处理的技术标准涉及的处理方法只有熏蒸处理、热处理、冷处理和辐照处理四大类技术。技术标准的研发要同时关注有害生物和货物对这种处理的反应，不同种有害生物和不同种货物的反应可能完全不一样，因此，检疫处理技术标准需根据有害生物种类和货物情况，分类制定。同时，检疫处理的效果必须满足有效控制有害生物的检疫安全要求，即检疫处理的效果必须达到概率值 9（在统计学上证明死亡率达到 99.9968%）。要达到概率值 9 水平，需要在实验室内大规模饲养目标有害生物，开展验证试验，技术难度相当大。检疫处理面临的这些情况给检疫标准的制定带来一定困难。

（二）发展趋势

为应对全球社会、经济的深刻变化和生物入侵的严峻形势，国际社会普遍加大检疫处理新技术和装备的研发，促进了检疫处理技术的不断发展。技术、标准与装备的有机结合，装备现代化、标准国际化、监管电子化和研究规范化是检疫处理发展趋势。未来的检疫处理技术在保留其安全、有效、经济、环保的一贯趋势的同时，向着更加多元化、精细化和综合化的方向发展。

1. 装备现代化

应用生物学、化工、物理等知识，全自动熏蒸处理设备、蒸热处理设施、辐照处理设施、真空熏蒸设施、溴甲烷回收再利用装置等一系列先进的处理设施建成并投入使用。同时，熏蒸剂浓度检测设备、温湿度记录设备等越来越精准。处理设备设施及安全防护装备越来越科学现代化。

2. 标准国际化

为规范植物检疫处理工作，植物检疫措施委员会已经通过了 3 项植物检疫处理标准，第 15 号《国际贸易中木质包装材料的管理准则》、第 18 号《辐照处理作为检疫措施的准则》和第 28 号《管制性有害生物的植物检疫处理》。这些国际标准是各成员进行植物检疫处理工作的指南。在 2004 年第六届国际植物检疫措施委员会会议上，植物检疫措施临时委员会认识到主要的或重要的植物检疫处理有国际认可的需要，为此，批准成立了植物检疫处理技术小组。该技术小组将对成员国国家植物保护组织或区域性植物保护组织提供的一项检疫处理技术方案进行评估，通过评估的处理技术方案，将作为第 28 号标准的附录，即作为一项国际标准发布。目前，28 号标准有 14 个附录，另有 1 个关于粉蚧辐照处理标准正在征求意见。检疫处理标准正向国际化发展。

3. 监管电子化

应用远程电子监管系统开展处理的申报、批准，处理过程的监督，处理效果的判定，同时建立检疫处理信息化系统，查询汇总处理技术标准、处理从业企业、人员的相关信息，记录处理的过程。电子信息系统及远程监管系统的应用为保障处理有效性提供了技术手段。

4. 研究规范化

ISPM 第 28 号标准规范了检疫处理技术的研究，对一种检疫处理技术指标的研究制定和数据提供的要求进行了详细的规定。要求涉及有害生物、寄主植物（货

物）及相关贸易的信息，处理研究方案、处理的有效性、可行性和适用性。处理数据必须是通过采用科学程序得到的，数据可以验证，可重复并且是基于统计学的方法，或是基于已制定或普遍接受的国际惯例。必须提供处理试验设施设备、试验条件等。

在技术方面，检疫处理发展趋势表现在：

（1）熏蒸技术的改进

一是溴甲烷熏蒸技术的改进。由于溴甲烷熏蒸的缺陷，溴甲烷使用受到限制，使用的要求越来越高。目前，很难找到具有溴甲烷这样穿透性强、使用方便、广谱等特性的熏蒸剂，溴甲烷在检疫处理中依然发挥重要的作用。针对溴甲烷熏蒸技术缺陷的改进研究主要从三个方面入手。首先，加入熏蒸剂的增效剂，这样既可以保证处理效果，又减少了熏蒸剂的用量；其次，改善熏蒸条件，保证熏蒸场所的密闭性并不断探索新的熏蒸方式，如减压熏蒸、真空熏蒸、环流熏蒸和混合气体熏蒸；再次，加强对溴甲烷回收再利用技术的研究，如活性炭纤维吸附，解吸再利用技术。二是溴甲烷替代药剂的开发和利用。氧硫化碳、甲酸乙酯、氰等新型熏蒸剂的应用研究，磷化氢低温熏蒸处理技术的研究，为鲜活农产品特别是冷藏产品的检疫处理提供了新的参考。

（2）辐照处理技术的研发和推广

辐照处理作为一种检疫处理技术越来越受到重视。水果辐照检疫处理技术日渐成熟，美国、澳大利亚、新西兰一些国家已批准将辐照技术用作检疫处理的一种方法，且有相应的商业化应用。从 2004 年开始，澳大利亚的芒果、荔枝、木瓜等辐照处理后可以输往新西兰；美国从 2006 年开始，先后与印度、泰国、越南、菲律宾、墨西哥等国家签署了水果辐照处理议定书，并且美国州与州之间的水果调运均已实行辐照处理。自 2009 年以来，IPPC 组织大力提倡水果辐照检疫处理，相继公布了实蝇类昆虫、苹果蠹蛾、梨小食心虫、甘薯象甲、李象等 12 种害虫的辐照不育剂量，且当前美国农业部正极力向国际植物检疫处理技术小组专家组（TPPT）推荐将 400Gy 作为除鳞翅目蛹之外所有昆虫的通用不育剂量。

（3）冷热处理的广泛应用

冷处理技术目前已广泛应用于水果实蝇的检疫处理。根据不同水果种类，选择合适的低温和持续时间对来自实蝇类害虫疫区的水果检疫除害措施被广泛认可和采用。热处理在水果、蔬菜、种子、苗木有害生物和木质包装的检疫处理中被广泛使用。热处理杀灭芒果、荔枝上的实蝇已商业化推广。而 2013 年版 ISPM 15 号标准中规定的木质包装、热处理除了传统的蒸热和窑干技术，又增加了介电加热技术。冷热处理技术的开发和应用，对促进和扩大农产品出口，具有重要意义。

(4) 多种处理技术综合应用

每种处理方法都有其优势，为了适应不同货物和不同有害生物的处理，多种处理技术联合使用应是未来检疫处理技术研究的一个方向。物理处理技术之间、物理处理与其他检疫处理技术相结合，如热处理与冷处理结合、热处理与气调处理结合、熏蒸与气调处理结合等。目前，冷处理与溴甲烷熏蒸处理相结合、冷处理与辐照处理相结合处理水果实蝇和花卉有害生物已得到应用。

第二节 主要国家的植物检疫处理

检疫处理作为一种官方程序，是由官方实施或授权实施的一项强制性措施，主要包括法律法规、监督管理和技术标准。本节从这些方面，介绍美国、澳大利亚、新西兰、加拿大的植物检疫处理。

一、美国

(一) 监督管理

美国农业部动植物健康检疫局（APHIS）制定了与检疫处理工作有关的法规规定和手册。法规主要集中在《联邦法典》第 7 篇——农业，B 分篇——农业部法规，第 3 章——APHIS 第 305、319、360，其中第 305 部分与检疫处理工作直接相关。

第 305 部分——植物检疫处理（Phytosanitary Treatments）：对处理的批准、处理手册的修订程序、处理过程的监测与认可，对不同处理：化学处理、冷处理、速冻处理、热处理、辐照处理的要求进行了详细的规定。

第 319 部分——国外检疫公告（Foreign Quarantine Notices）：对各种植物和植物产品的入境要求进行详细规定。如果涉及检疫处理，则对处理给出详细的技术指标要求，对处理的监管和结果的判定进行详细规定，同时规定了处理费用和处理可能对货物品质的影响责任由进口商承担。公告规定入境植物及植物产品，如果入境前在出口国进行检疫处理的，处理的方法和处理设施必须经动植物健康检疫局认可批准，同时处理需要 APHIS 官员的监督或是在出口国国家植物保护组织官员的监

督下进行；如果规定需要进行处理，但在出口国没有进行的，则进入美国需要从具有相应处理方法，且APHIS认可批准的处理设施的口岸入境，如进境水果如果需要冷处理，必须从具有APHIS认可批准的冷处理设施口岸入境；对现场查验发现检疫性有害生物或管制物，需要进行处理的货物，由现场查验官员根据《检疫处理手册》，指定检疫处理的技术方法，并按照本章第305部分的规定进行处理，同时需要在官方监督下进行，处理结果需经官方判定认可。

第360部分——有害杂草法规（Noxious Weed Regulations）：对可能含有有害杂草的货物，如尼日利亚种子的入境，要求根据第三章第319.65和《检疫处理手册》进行处理。

“检疫处理手册”（Treatment Manual）基本涵盖了美国关注的具有检疫意义的所有有害生物的检疫处理指标，手册同时也对不同处理方式的设施设备的基本要求、操作程序给予详细的说明。

APHIS主管全美进出境植物检疫处理工作，APHIS设在各地的植物保护与检疫处（PPQ）对检疫处理（木质包装热处理除外）实施日常监管。所有检疫处理必须严格按照《检疫处理手册》的要求实施处理。为了加强对检疫处理工作的管理与监督，APHIS在2005年底成立了处理质量保证中心（Treatment Quality Assurance Unit，TQAU），负责全国进出境植物检疫处理工作质量的监督管理、处理手册更新和审核、新技术和标准引用、官方监管人员认证、检疫处理操作人员手册掌握情况检查及与国际检疫处理管理部门的合作和技术交流等工作，该中心由具有丰富实践经验的检疫处理管理及技术专家组成。

美国现阶段检疫处理及监管体系为：

1. 检疫处理监管机构

TQAU负责境内外检疫处理有效性的认证和检查监督检疫处理质量，是全国植物检疫处理最高的管理执行机构，该机构与APHIS设在全国各地PPQ站点保持联系、交流、合作和考察，对PPQ检疫处理监管人员进行培训和监管资质认证，并指导PPQ的检疫处理监管工作，指定实验室一年一次对全国所有熏蒸气体浓度检测仪器进行校准。APHIS设在各地的PPQ对检疫处理（木质包装热处理除外）实施日常监管，包括对美国国土安全局（DHS）要求实施检疫处理的货物的监督处理。

出口木质包装热处理的管理机构为美国木材分级协会。APHIS与该协会签订协议，授权该协会进行管理，包括木质包装标识加施企业的考核注册及日常监督管理。如出口木质包装标识加施企业出现处理质量问题，APHIS 将有关信息通报给该协会，并协同协会进行调查。

2. 检疫处理单位管理机构

APHIS 无权对检疫处理单位实施资格认可，检疫处理单位的认可部门为各州外来有害生物防治中心。从事检疫处理的单位需向各州的有害生物防治中心提出申请，经中心考核审批后才能获得有关资质；处理单位的操作人员也必须经过该中心培训并获得从业资质，APHIS 有权对检疫处理单位的操作人员进行培训，并要求处理操作人员必须严格按照手册进行操作。有害生物防治中心对检疫处理单位实施年度审核；操作人员必须每 3 年培训、考核一次。

3. 检疫处理监管模式：

TQAU 负责对口岸检疫处理质量的监督检查。TQAU 通过电子信息管理系统来确认和监管，TQAU 建立了一个“货物处理管理系统”（Commodity Treatment Information System，CTIS），该系统目前有 6 个模块：

①429 熏蒸系统（429 Fumigation System）：PPQ 对熏蒸处理进行监管；

②556 冷处理系统（556 Cold Treatment System）：收集随航冷处理数据及对数据进行自动分析；

③辐照处理报告和认可数据库（Irradiation Reporting and Accountability Database，IRADS）：监测辐照处理及追溯相关资料，允许检疫官员签发处理证书；

④尼日利亚种子数据库（Niger Seed Database）：收集尼日利亚种子热处理相关信息；

⑤认可船舶和集装箱数据库（Certified Vessels and Containers Database）：可查询 USDA 认可的用于冷处理的集装箱及船舶的信息。

⑥处理手册索引“Treatment Manual Index”：处理手册的方便查询。

“429”数据库还可随时查阅收集全国各口岸检出有害生物的信息情况、公布各认可的处理公司和设施名单及相关检疫处理信息等。PPQ 检疫处理监管人员必须把口岸实施检疫处理的相关信息（处理设备或单位名称、温度、剂量、时间、浓度等）及监管情况填写在该数据库内，由 TQAU 检查确认。TQAU 设东、西部检疫处理质量保证工作负责人，由其负责对所有处理工作全过程操作情况的检查和处理效果的确认。

PPQ 负责检疫处理的日常监管。美国各口岸的处理设施或处理单位在实施检疫处理工作前应向 PPQ 提交处理申请，PPQ 有资质的监管人员审核处理计划后，

到现场对操作人员的资质、是否携带处理手册和处理设施及风扇、检测管、投药管放置、密封等进行监督检查、确认和指导，同时对熏蒸浓度检测情况进行审核，并将相关情况填入“429”数据库。现场监管人员在紧急情况下，可向 TQAU 东、西部负责人汇报。

（二）技术支撑

美国农业部 APHIS 制定的《检疫处理手册》列出了不同处理的技术规范和相关要求，及针对不同货物和不同有害生物的处理技术指标；所有列入手册的处理方法和新增的处理方法都需要得到 APHIS 的认可和批准。

美国农业部下属的植物健康科学和技术中心（Center for Plant Health Science and Technology，CPHST）有 3 个实验室（站）从事检疫处理技术的研究，分别为 CPHST AQI Lab、CPHST Otis Lab、CPHST California Station。其中 CPHST AQI Lab 以植物检疫处理工作为主，它们主要是研发和改进查验和植物检疫处理技术；评价处理的有效性和技术性，认可和审核处理设施；CPHST AQI Lab 设在夏威夷和迈阿密的研究中心主要进行水果和花卉等农产品的检疫处理研究。奥提斯研究中心主要从事木质包装等耐储藏物品的检疫处理研究。

二、澳大利亚

（一）监督管理

澳大利亚检疫处理相关法规主要有“出口控制法”（Export Control Act，1982），“出口控制法规”（Export Control Regulations，1982），“出口控制指令”[（Export Control（Prescribed Goods-General）order，2005），Export Control（Plants & Plant Products ）Order，2011]，“溴甲烷熏蒸标准”（The AQIS Methyl Bromide Fumigation Standard）、“热处理标准”（Heat Treatment Standard）等。

澳大利亚农林部（以下简称 DAFF）对植物检疫处理从业单位进行考核和认可。国内从事口岸检疫处理的所有企业需在“口岸检疫熏蒸符合协议签署方”（Signatories to the Onshore Quarantine Fumigation Compliance Agreement）或是“检疫批准要求”（Quarantine Approved Premises，QAPs）框架下申请认可，并获得 DAFF 批准，DAFF 在其网站上分类别列出企业名称等相关信息。同样，对一些特定商品的境外处理的企业也需要经 DAFF 认可批准，其网站上公布企业名称及相关信息。

进口货物的检疫处理按照进境条件“ICON”（Import Condition）数据库列明的检疫处理方法及技术指标进行处理。入境后在口岸进行的处理需在DAFF授权官员AAO（Australian Government Authorized Officer，之前为AQIS Authorized Officer）监管下进行。DAFF对AAO规定了相应的资格要求和考核标准。为了保证检疫处理的效果，DAFF制定了“熏蒸处理标准”和“热处理标准”。为降低熏蒸处理失效带来的风险，DAFF建立了澳大利亚熏蒸认可计划（Australian fumigation accreditation scheme，AFAS），该计划是一个管理体系，由参与国官方机构管理，以便使熏蒸处理符合DAFF的熏蒸处理标准；同时AFAS也是一个对处理企业和官员进行培训和认可的系统；也是一个熏蒸企业注册体系。符合AFAS有关熏蒸企业要求的，可在AFAS申请注册。目前，AFAS计划已发展为“国际货物生物安全合作协议”（Internation Cargo Cooperation Biosecurity Arrangement，ICCBA），该协议目标是促进成员机构在检疫处理领域的合作，保证国际贸易顺畅；加强成员机构在检疫处理领域的能力建设；保证检疫处理监管和实施过程的规范化；推动检疫处理结果的国际互信和认可。DAFF正在积极地推进该认可计划，促使越来越多的国家参与。

出口货物检疫处理由AAO进行监管。AAO对出口货物检疫处理的监督在《植物出口操作手册》（Plant Export Operations Manual）第12章——处理，进行了详细的说明和规定。

对出口货物木质包装处理的管理，DAFF制定了“澳大利亚出口木质包装认证计划”（Australian Wood Packaging Certificate Scheme for Export），该计划由四方参与：DAFF、认证体系（The Accreditation Body，JAS-ANZ）、认证机构（The Certification Body）、木质包装处理企业和生产加工企业（Treatment Providers and Wood Packaging Manufactures）。出口货物木质包装处理企业和生产加工企业必须经DAFF授权。

（二）技术支撑

DAFF建立了ICON（Import Condition）数据库，对每一种进境植物和植物产品的进境要求做了很详细的规定。对需要进行处理的货物，在处理部分“Treatment（T+编号）”列出具体的处理技术指标；同时在条件部分“Condition（C+编号）”列出具体的检疫处理方法的详细要求和具体做法。

对于出境货物DAFF构建了MICoR数据库（The Manual of Importing Country Requirements Plants Database），可以搜索和查询到不同国家和不同货物的进口要求，如果有需要处理的，其中列出了检疫处理的方法和具体指标。

澳大利亚联邦工业与科学研究组织（CSIRO）下属的技术机构在植物检疫处理方面的许多研究都处于国际领先地位，特别是在溴甲烷替代技术方面更是遥遥领先，如磷化氢的新型投药方式、氧硫化碳以及甲酸乙酯在收获后农作物的病虫害防治方面等取得了很多成果。

冷处理方面：1℃或以下的冷处理作为来自实蝇类害虫疫区的水果检疫除害处理措施而被广泛应用。然而，1℃或以下的冷处理对一些种类水果容易造成冷害而减低品质或影响产品货架期。为此，澳大利亚按相关要求，先后开展了柑桔、葡萄、樱桃、核果类（李、桃）中地中海实蝇和昆士兰实蝇2℃或3℃的冷处理试验，并得出了一系列技术指标。澳大利亚一方面极力将其研发的新指标向各贸易伙伴国推介，要求接受认可；另一方面，努力将新指标向国际植物检疫处理专家组（TPPT）推荐，使之上升为国际标准。

目前，IPPC在针对地中海实蝇等制定相应的冷处理技术指标ISPM标准。就“2℃或以下处理23天”的冷处理指标拟作为柑桔中地中海实蝇的国际标准征求各成员国的评议。

三、新西兰

（一）监督管理

新西兰对所有进出境植物和植物产品的管理是通过制定相应的标准来进行的。新西兰专门用“官方处理”（Offical Treatment）来定义检疫处理。

新西兰初级产业部（以下简称MPI）建立了由MPI、独立检验认证机构（IVA）和处理企业组成的三级出境植物检疫处理体系，负责从事出口植物检疫处理工作。IVA为MPI授权认可的独立检验认证机构，接受MPI的管理；从事官方处理的企业必须满足标准要求，才能得到MPI的授权，成为认可企业。官方处理必须由MPI授权认可的处理企业实施。MPI通过制定相关标准：“独立检验认证机构要求”（IVA Requirements）、“处理企业项目——概述和一般要求”（Treatment Supplier Programme—Overview and General Requirements）和“处理企业项目——官方处理企业要求”（Treatment Supplier Programme—Requirements for Supplier of

Official Treatment）分别对 IVA 和处理企业进行认可授权及处理效果的评价。

MPI 职责：管理标准制定；处理指标技术标准的制定；对独立认证机构进行考核授权和认可独立认证机构推荐的处理企业；检查符合程序；对认可的独立认证机构和处理企业进行注册备案，并在其官方网站上发布。

独立认证机构提供的监督和核查服务必须符合新西兰生物安全出口认证标准——独立认证机构要求。独立认证机构必须符合获得从事进出口认证服务授权的所有要求。他们的活动，如他们质量管理体系制定的一切活动，必须接受 ISO 指定认证机构和 MPI 的审核。如果确认他们满足一切要求，MPI 则授权他们从事相关服务的工作。

认可的检疫处理企业是代表 MPI，依据合适的标准和要求进行具体的检疫处理活动。

MPI 下设的检疫局（Quarantine Service）在没有独立认证机构的地方，也可以提供监管检疫处理的服务，并按规定收费。

独立认证机构是没有权力认可或拒绝认可一个处理企业。对处理企业授权和认可，是新西兰 MPI 的一项职能，没有授权外部第三方来进行。独立认证机构只是起到代理 MPI 的一个审核机构的作用。

进境货物的检疫处理必须由认可的处理企业实施。对需要实施检疫处理的货物，检疫官员首先需签发处理通知书，告知货主和处理企业。处理企业必须严格按照检疫官员指定的处理方式与指标实施（检疫官员按照 MPI 的检疫处理手册确定处理方案），并接受检疫官员的监管与对处理结果的审核，检疫官员认为处理企业的处理过程和处理结果不符合要求的，则需重新进行处理。

对出口货物木质包装检疫处理，MPI 制定了“ISPM 第 15 号木质包装证书计划”（ISPM 15—Wood Packaging Material Certification Scheme）。该标准对木质包装处理和加贴标识，从技术方面进行要求。对从事木质包装企业的监管，同其他检疫处理。

（二）技术支撑

MPI 根据风险分析的结果制定了进境健康标准（Import Health Standard）及一系列的生物安全标准（MPI Biosecurity New Zealand Standard），对进口植物和植物产品需要检疫处理时，有明确的技术要求和指标；同时收集并整理了贸易国家的进境检疫要求，构建了“Import Country Phytosanitary Requirements” ICPR 数据库，可以查询输入国对需要进行处理的植物和植物产品的检疫处理具体的技术指标和要求。

此外，新西兰初级产业部把所有已经认可批准的处理方法和技术指标，集中在一起以“批准的生物安全处理”（Approved Biosecurity Treatment）标准的形式发布。在这个标准中以表格形式，分别列出不同类别货物（包括动物、植物、汽车、土壤、水等）的处理技术指标。

MPI成立了战略科学团队，提供生物安全和动物福利科学方面的技术支撑。新西兰原MAF生物安全局在2007年推出实施“新西兰生物安全科学战略”（A Biosecurity Science Strategy of New Zealand），该战略明确将检疫处理新技术的研究、溴甲烷替代技术的研究以及与处理效果判定相关的设备研究列入优先领域。

四、加拿大

（一）法规要求

加拿大食品检验署（CFIA）制定了一系列与检疫处理相关的指令（Directive），如：D-99-06：植物检疫证书签发政策（Policy on the Issuance of Phytosanitary Certificates）；D-12-01：防止植物管制性有害生物传入加拿大的植物检疫要求（Phytosanitary Requirements to Prevent the Introduction of Plants Regulated as Pests in Canada）；政策指令（CFIA Policy D-01-05）：加拿大木质包装证书计划（The Canadian Wood Packaging Certification Program）；政策指令（CFIA Policy D-03-02）：加拿大木制品热处理指令（The Canadian Heat Treated Wood Products Certification Program）。

（二）监督管理

对进境植物和植物产品，如果需要检疫处理的，CFIA一般要求在入境前，在输出国国家植物保护组织官员的监督下处理并确认处理结果，同时要求在植物检疫证书上注明处理方法及相关信息。进境植物和植物产品如果不符合相关入境要求，检出检疫性有害生物，一般进行焚烧、深埋、加工处理等。

由于加拿大是蒙特利尔议定书的缔约国，加拿大在溴甲烷使用上有严格的要求。对出境货物或运输工具需要做检疫处理时，除溴甲烷之外的化学处理，可以由有资质的有害生物控制人员（Pest Control Operator）决定，但对于需要在植物检疫证书上附加处理说明的检疫处理，必须经CFIA批准并监督。溴甲烷处理一定要向CFIA申请，并获得官方正式批准后方可实施。

CFIA对出口木质包装处理：CFIA制定了“加拿大木质包装认证计划”（Canadian Wood Packaging Certification Program，CWPCP），以政策指令D-01-05“加拿大出口木质包装认证计划”（Canadian Wood Packaging Certification Program for Export）发布。目前对出口货物木质包装检疫处理只批准了热处理方法，所以CFIA又制定了政策指令D-03-02“加拿大木制品热处理认证计划“（Canadian Heat Treated Wood Products Certification Program，CHTWPCP），该指令除木质包装外，还包括其他的木制品：如板材、碎木片等。

按照CWPCP计划要求，木质包装处理企业需要经过CFIA授权认可和注册登记。CFIA授权服务机构（Service Provider），对木质包装处理和生产加工企业进行审核和核查。目前CFIA指定的服务机构为加拿大木托盘和集装箱协会（Canadian Wood Pallet and Container Association，CWPCA-ACMPC）。

CFIA对处理企业和服务机构制定了具体的要求：QSM-02：“CWPCP注册企业质量管理体系要求”（Quality System Requirements for Facility Registration under the CWPCP）；QSM-03：“CWPCP认可服务机构质量管理体系要求”（Quality System Requirements for Service Provider approved under the CWPCP）。

在CWPCP计划中，CFIA职责包括：最终负责处理企业的登记注册，暂停或取消注册。在验证处理企业完全符合CWPCP有关要求后，CFIA将：①发放注册号；②将获得批准的企业名单列入CFIA批准的企业名录中；③与服务机构一起，对申请注册的企业进行评估和核查；④对注册企业进行核查；⑤对指定的服务机构进行核查和授权。CFIA每年对服务企业和至少33%的注册企业要进行一次系统审核和评审。CFIA有权在任何工作时间，对注册企业和指定服务机构进行检查。

服务机构必须完成符合CFIA的要求，建立质量管理体系文件，质量管理体系需涉及员工培训、过程检查和核查次数等。对需要申请注册的企业提供服务。对注册企业进行验证性核查，以确认企业完全符合CWPCP的有关规定。服务机构有责任向CFIA提供核查报告，并及时公正地向CFIA报告企业出现的违规行为。

批准程序：处理企业向服务机构提出注册申请，并提供有关材料，服务企业审核评估材料并到现场检查，以确定企业是否满足CWPCP的有关要求，对存在小的不符合项提出整改建议，对重要的不符合项需报告CFIA。在服务机构评估申请注册的企业符合相关要求后，CFIA将与服务机构一起对企业进行考核，对考核合格的企业进行注册登记。服务机构对通过注册的企业每年至少要进行4次的验证核查，以确定企业是否能持续维持符合CWPCP要求；同时对验证核查中发现的不符合项的整改情况要进行跟踪核查。

（三）技术支撑

CFIA构建了自动进境参考系统（Automated Import Reference System，AIRS），列明了不同国家、不同植物和植物产品的进境检疫要求，对需要进行检疫处理的植物和植物产品，给出了具体的处理技术指标。同时以指令形式发布。出口方面，CFIA以指令形式，发布了针对不同货物、不同贸易国家的管理要求，其中对处理要求也有详细规定。在技术方面制定了标准PI-07：热处理技术指南和操作程序（The Technical Heat Treatment Guidelines and Operating Conditions Manual）等。

第三节　中国植物检疫处理

植物检疫处理的应用在我国已有半个多世纪的历史，伴随着我国外贸事业的发展壮大，植物检疫处理工作也得到了长足发展。以下从法规、监督管理和技术支撑方面介绍我国植物检疫处理。

一、法规与技术标准建设

（一）制定了检疫处理工作的规范性文件

目前，我国相继出台了10多个与植物检疫处理相关规范性管理文件。有关检疫处理规范性文件主要包括《熏蒸消毒管理办法（试行）》《出境货物木质包装检疫处理管理办法》《进境货物木质包装检疫监督管理办法》《关于加强动植物检疫处理工作的意见》《中国进境原木除害处理方法及技术要求》等，此外还根据口岸在日常检疫工作与检疫处理监督管理工作中发现的问题下发警示通报，指导一线工作。

为了加强检疫熏蒸消毒的管理，原国家出入境检验检疫局于1998年12月24日印发并要求实施《熏蒸消毒监督管理办法（试行）》及《帐幕、集装箱、简易熏蒸库熏蒸操作规程》。该文件界定了从事熏蒸消毒单位的资质，规范了检验检疫机构对从业单位的考核批准程序，对于规范我国检疫熏蒸消毒管理起到了很好的促进作用，特别是随附的三个操作规程，在我国首次针对检疫熏蒸处理提出了很多具体要求和技术指标，为确保检疫熏蒸处理的质量提供了强有力的技术支撑。

按照ISPM第15号《国际贸易中木质包装材料管理准则》要求，国家质检总局于2005年1月颁布了69号局令《出境货物木质包装检疫处理管理办法》，于2006年10月颁布了84号局令《进境货物木质包装检疫处理管理办法》。

为加强动植物检疫处理工作，确保检疫处理安全，国家质检总局于2011年9月28日发布了《关于加强动植物检疫处理工作的意见》，从动植物检疫处理的重要性、紧迫性、风险分析、监督管理、基础能力建设等方面就进一步加强检疫处理工作提出了明确的要求。

另外，国家质检总局还发布有《中国进境原木除害处理方法及技术要求》《海运进口木材检疫处理区要求（试行）》等。

（二）编制检疫处理手册

我国的《植物检疫处理手册》描述检疫处理的一般工作程序，分别介绍了美国、法国、英国、澳大利亚等20多个国家对进境粮谷（包括小麦、大麦、黑麦、玉米、大豆等）、水果（苹果、香蕉、柑橘等14种水果）、烟叶、木材及木质包装、植物繁殖材料、进境饲料等进境主要农产品的检疫处理相关工作程序，为方便从事该行业的相关人员使用，该手册还包括了《帐幕熏蒸处理操作程序》、《集装箱熏蒸处理操作程序》、《船舶熏蒸处理操作程序》、《环氧乙烷熏蒸灭菌处理操作程序》等7个化学处理操作程序以及《输往日本热处理操作程序》、《输往日本荔枝热处理操作程序》、《输往美国荔枝冷处理工作程序》等8个物理处理操作程序。用于检疫处理的标准在该手册中也涵盖了65种水果、蔬菜和干果、71种繁殖材料、8种粮谷类、3种饲草和饲料类、4种棉麻、烟草类、3种竹藤柳草及其制品、3种原木及其制品、4种运输工具和5种土壤等产品的处理指标。

（三）制定检疫处理技术标准

近年来，国家质检总局组织人员相继制定了30多个相关技术标准、操作规程，涉及帐幕熏蒸、集装箱熏蒸、船舶熏蒸等处理方式，初步建立了我国植物检疫处理技术标准体系。同时我国已经对水果、粮谷、木质包装以及花卉都制定了相应的检疫处理的技术标准，涉及熏蒸处理、热处理、辐照处理等多种处理技术。

二、规范监督管理

检疫处理的监督管理工作在国家质检总局的指导下，主要由各地检验检疫局负责实施。监管内容主要包括检疫处理的日常监管、年度审核和违规处理等。其中日常监管的范围包括审核处理方案、监督处理操作、监测处理过程（如浓度检测、温度记录检查等）、审核处理结果报告单和签发处理证书。

各直属检验检疫机构对植物检疫处理从业单位实施资质考核认可制度，对植物检疫处理从业人员实行能力评估和核准持证上岗制度。对检测设备和熏蒸药剂实施验证与评价制度，由授权的检测机构开展检测设备和药剂的验证与效果评价，未经验证与效果评价的，不得在植物检疫处理中使用，以确保处理效果和安全。对检疫处理场所、设施实施监督管理，对存在安全隐患的处理场所、设施予以取消。在进出口农产品贸易相对集中、检疫处理业务量较大的区域，设立和建设集中的检疫处理场所、设施。在指定口岸、特定口岸和开放口岸建设规划与验收建设满足动植物检疫处理的条件和要求，并与业务相适应的检疫处理设施设。

此外，我国注重利用新型技术手段，如检疫处理监管系统、木质包装标识防伪技术，热处理监管系统，创新监管模式如熏蒸场所备案、口岸稽查、熏蒸消毒单位的分类管理，有效地提高了检疫处理监管水平。

三、技术支撑建设

目前，检疫处理上最常用的熏蒸、药剂、辐射、冷处理、热处理技术都在不断地改进提高。我国在改进利用溴甲烷熏蒸技术、冷处理、热处理、辐照处理方面进行了大量的研究工作。在水果、花卉种苗、原木、木质包装及粮食检疫处理方面，开展了大量的基础研究。特别是在检疫处理装备方面，中国近些年有了长足发展。在全国各地建有原木熏蒸设施、熏蒸场（库）等基础设施，配置了检测设备、施药设备等。进境木材处理方面，福建莆田、江苏太仓建成了我国进境原木检疫处理区（见图 7 - 1），内蒙古陆运原木熏蒸处理设施，其他部分口岸也建立专用熏蒸处理场地；木质包装处理方面，处理和标识加施企业均建立了热处理和熏蒸库，部分安装了数据远程监控系统；集装箱处理方面，建立了专用处理区域并设立明显警戒标识；大型观赏植物处理方面，广东佛山、宁波梅山建成了大型苗木处理设施；此外，如山东济宁局的全自动检疫处理熏蒸库，广西凭祥口岸的水果辐照处理设施，天津局的辐照处理中心、广东新沙疫麦处理设施等，都很有特色。同时，各直属检验检疫机构配备了熏蒸浓度检测仪和熏蒸残留检测仪，开展溴甲烷、硫酰氟、磷化氢、环氧乙烷、甲醛等熏蒸药剂气体浓度检测和残留浓度监测。

图 7－1　江苏省太仓市港进口木材检疫处理区

第四节　植物检疫处理比较分析与展望

一、植物检疫处理比较分析

中国与美国、加拿大、澳大利亚、新西兰等国家在植物检疫处理管理上基本一致，由官方依法实施或授权实施的强制性措施。官方对检疫处理过程进行监管。从业企业由官方考核，授权批准；处理设施经官方考核认可批准；检疫处理按官方要求的技术标准实施。这些做法均符合国际规则对检疫处理的相关要求。

（一）相关法规和技术标准

美国、加拿大、澳大利亚、新西兰等国家，制定了一系列相关植物检疫处理法规。此外，这些国家还制定了手册、标准或是指令。这些手册、标准或是指令相当于我国部门规章，具有强制执行特性。所有检疫处理必须严格按照检疫处理手册或相关标准进行操作，检疫处理工作针对性强、科学规范。

中国与美国、加拿大、澳大利亚、新西兰等国家一样，在检疫处理方面也制定了一系列的管理规定和技术标准，但是美国、加拿大、澳大利亚、新西兰等国家的技术标准具有法律效力，必须强制执行，而我们目前制定的相关技术标准只是作为推荐性标准，不具有强制执行的效力，并且标准覆盖面较小，检疫处理要求不够明确。

（二）监督管理

1. 进出口检疫处理差别管理

美国、加拿大、澳大利亚、新西兰等国家对进口和出口的植物检疫处理实施差别管理。所制定的入境检疫要求相对严格。只要在货物中检出有害生物，该批货物就有可能被要求实施处理。进口货物的检疫处理均需要在官方监督下进行。而出口货物或出口木质包装检疫处理一般通过一定的程序授权给协会或第三方独立机构管理。

我国在植物检疫处理在进、出的管理模式基本一致。检疫部门对检疫处理从业企业实施资质考核认可制度，对处理从业人员实行能力评估和核准持证上岗制度。为确保处理效果和安全，对检测设备和熏蒸消毒药剂实施验证与评价也正在实践中探索中，即由授权的检测机构开展检测设备和药剂的验证与效果评价，未经验证与效果评价的，不得在检疫处理中使用。

2. 处理过程监管和分类管理

为了加强对检疫处理工作的管理与监督，美国 APHIS 专门设立检疫处理质量保证机构，进一步健全了检疫处理管理体系，强化了进出境植物检疫处理工作质量的监督管理。同时，专门设立检疫处理监管方面的官方电子网站，通过电子数据库来确认和监管，从而避免错误，方便监督，并且增加了透明度，也有利于溯源。

新西兰在木质包装处理企业中，依据有无安装不可修改自动检测记录设备将热处理企业分为两类进行管理，不同类别的企业核查的次数不同。澳大利亚把熏蒸处理企业也分为四种类型进行管理。

中国目前在检疫处理方面，加强了信息化建设，正在建立的动植物检疫处理信息平台（见图 7－2），实现了检疫处理法规和技术标准、设施设备、监管人员及从业企业和人员、风险预警、木质包装标识核查等信息发布和共享。在出境木质包装检疫处理的监管中普遍采用电子监管系统，出境木质包装检疫处理已实现电子申请、处理过程实时监测、效果判定和标识加施电子化管理等。检疫处理的数据通过网络远程实时传输至检验检疫机构监管端，对处理数据实现远程实时传输和监控，通过系统内预先设定的判定标准来自动评定处理效果。同时，要求在风险分析的基础上，对从业企业进行分类管理。按照风险分析和监测结果对处理的有效性和记录的完整性等关键控制环节实施重点监管，对高风险敏感货物的检疫处理实施全过程监测和监督。

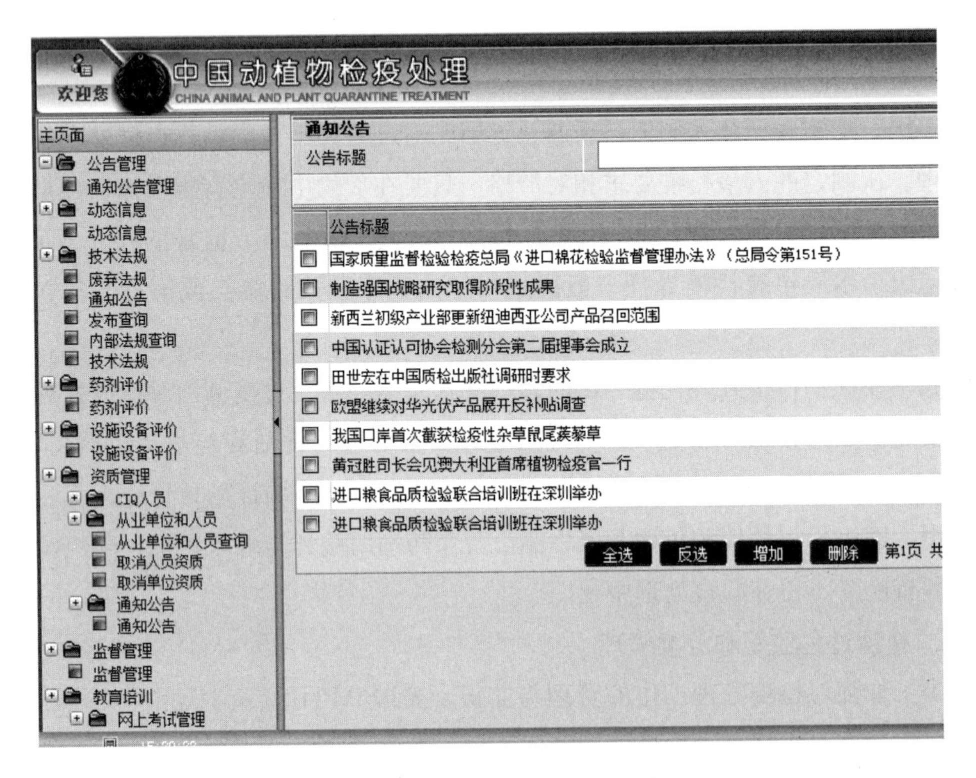

图 7－2　中国动植物检疫处理平台

3. 处理企业注册授权和处理设施的认可批准

加拿大、澳大利亚、新西兰等国家，处理企业分别由 CFIA、DAFF 和 MPI 官方考核注册和授权批准，美国处理企业则由另一个官方机构——外来有害生物防治中心批准。批准的企业均在其网站上分布。这些国家对处理企业有详细的质量管理体系等要求，这些要求一般是以标准或指令的形式发布。处理设施均由官方核查批准。

中国与这些国家一样，处理企业由官方考核、授权批准，并接受官方监督管理。国家质检总局第 69 号局令《出境货物木质包装检疫处理管理办法》对木质包

装处理标识加施企业制定了考核要求。“三检合一”前，曾明确从事疫麦处理、大轮随航熏蒸的从业单位的资质由原国家动植物检疫局认可。迄今，对其他货物的熏蒸处理、冷处理、热处理等企业考核由各直属检验检疫机构制定，但缺乏统一的考核要求。据 2011 年全国检疫处理工作督查结果，已认可的冷/热处理设施 17 个、熏蒸库 980 个、热处理库 949 个。

4. 人员培训

美国、加拿大、新西兰、澳大利亚等国家，对检疫人员和检疫处理从业企业的人员均规定了定期培训、定期考核的要求。在人员资质和考核方面，都规定了具体的要求。

近年来，我国对检疫人员和检疫处理从业人员也加强了培训。对动植物检疫处理从业人员实行能力评估和核准持证上岗制度。

（三）技术支撑

1. 设施设备

美国政府注重检疫处理设施的建设，例如，2006 年，他们在休斯顿机场附近的休斯顿布什国际货物中心内建成一个新型的检疫处理设施，主要用于进境运输工具（军车、货运车）和可能带有泥土的货物外包装，以及发现检疫性有害生物的进境繁殖材料及其他货物的检疫处理。该处理中心是美国最先进的处理设施之一，由货运中心提供场地，政府投资几千万美元建成。该设施具有化学药剂冲洗处理、蒸汽处理和熏蒸处理 3 个检疫处理系统，由 1 个化学药剂冲洗室、1 个蒸汽处理室及 2 个熏蒸处理室、1 个小型真空处理库（约 $20m^3$）和电脑控制中心组成。每个处理室的面积在 $80m^2$ 以上，可直接接纳 40 呎集装箱进入处理。熏蒸处理系统比较先进，熏蒸投药、浓度气体检测、熏蒸温度测定、气体排放等过程全部采用电脑控制；该系统配备了溴甲烷活性炭回收装置，统一回收处理溴甲烷残留气体，同时该系统还具有加温功能。

近几年，我国加强了口岸检疫处理设施的建配置与建设。在莆田、太仓建设 2 个进口原木检疫处理区，在广东佛山、宁波梅山建设了大型苗木除害处理设施，云南昆明建有种苗处理设施，广西凭祥建设水果辐照处理设施，天津检验检疫局辐照处理中心，广东新沙建有 TCK 疫麦处理设施等，有些口岸还建设了水果冷/热处理设施以及负压、全自动、真空循环等新型高效熏蒸库。但这些处理设施覆盖面较小，还不能满足口岸检疫处理工作的需要，仍须加大投入，建设更多规范的、符合要求的处理设施。相关设施设备见图 7－3～图 7－9。

图 7－3　船舶熏蒸

图 7－4　稻草热处理

图 7－5　集装箱帐幕熏蒸

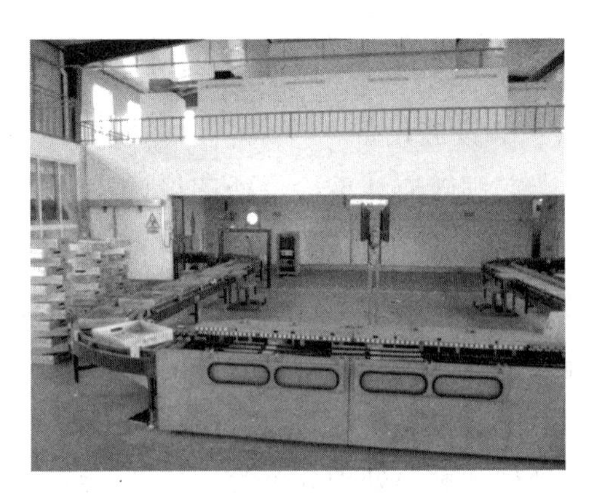

图 7－6　电子加速器辐照处理

图 7－7　智能真空熏蒸器

图 7－8　水果热水浸泡处理

图 7-9 移动熏蒸库

2. 基础研究

美国、加拿大、新西兰和澳大利亚等国家，重视检疫处理基础研究工作，溴甲烷替代技术，如冷处理、辐照处理的研究，磷化氢、甲酸乙酯、氧硫化碳、氰等处理等替代药剂的筛选研究开展得较多。这些国家还设有专门的研究机构，如美国农业部下属的美国植物健康科学与技术中心有 3 个实验室从事与植物检疫处理相关的研究，其中 AQI 实验室以植物检疫处理工作为主，它们主要是研发和改进查验和植物检疫处理技术；评价处理的有效性和技术性，认可和审核处理设施。新西兰 MPI 成立了战略科学团队，在 2007 年推出实施"新西兰生物安全科学战略"，将检疫处理新技术的研究、溴甲烷替代技术的研究以及与处理效果判定相关的设备研究列入优先领域。

近几年，我国也越来越注重检疫处理基础理论，以及技术指标和装备的研究开发。中国检验检疫科学院装备所和相关检验检疫机构，开展了溴甲烷回收利用技术、冷处理、热处理、辐照处理等技术研究，制定了一些相应的技术标准。但相对众多的有害生物而言，仍存在处理技术指标缺乏，造成检疫处理要求不明确，针对性少等问题。

二、展望和建议

通过对国际规则、相关国际标准及美国、加拿大、新西兰、澳大利亚等国家植物检疫处理的研究，结合我国植物检疫处理工作的现状，对加强和提高我国植物检疫处理工作提出几点建议。

（一）加强检疫处理监管人员和从业人员队伍建设

目前，从监管人员配备来看，具备相关专业知识背景人员所占比例较低，部分人员缺乏必备的专业知识，少数在岗人员至今未受过管理规范和专业技术培训，对检测仪器的使用和有关处理技术要求不够了解或不熟悉；从检疫处理从业人员来看，部分处理企业缺乏专业技术人员，相关人员只懂得简单的程序性操作，安全意识淡薄。

因此，应充分发挥检疫处理监管协作组和检疫处理技术协作组的作用，为在实践中培养和形成动植物检疫处理专家梯队提供保障。根据需要，建立动植物检疫处理专家咨询和评估制度。要加强对检疫处理监管人员的培训，从制度上明确监管人员应具备与其相适应的专业知识，经培训考核合格的方可从事动植物检疫处理监管、效果评价、证书签发等工作。同时，进一步加强对检疫处理从业人员的培训。检疫处理从业人员，必须具备相应的专业知识和安全知识，熟悉相关处理的操作规程，方可上岗操作实施检疫处理。

（二）加大规范化符合要求的处理设施和装备的建设

规范化、符合相关要求的处理设施是保证检疫处理有效性和安全性的基础。同时，监管装备，如熏蒸浓度检测仪、熏蒸残留检测仪、温湿度仪等和安全防护装备也是保证监管有效性、安全性的重要支撑。加强规范化符合要求的处理设施和装备的建设，确保检疫处理工作的质量和安全。

近年来，虽然加强了口岸检疫处理设施配置与建设，但覆盖面较小。比如，全国进口原木的口岸中，目前建成和投入使用的仅江苏太仓和福建莆田两个港口建有专门的处理设施；种苗指定口岸中，仅广东佛山、宁波梅山建有大型景观植物处理设施，全国仅广东新沙 1 个口岸建有疫麦处理设施，检疫处理设施不足的局面仍没有得到根本解决。

为应对溴甲烷处理限制使用问题，要通过科研攻关，加快溴甲烷回收与替代技术、大型处理设施环保应用技术等的研究、推广应用，建设规范化符合要求的处理设施，加快研究制定检疫处理设施标准。

（三）加快检疫处理技术标准的研发和应用

近年来，我国相继出台的植物检疫处理相关技术标准、操作规程，完善了植物检疫处理技术标准体系。对水果、粮谷、木质包装以及花卉都制定了相应的标准，这些标准涉及熏蒸处理、热处理、辐照处理等多种处理技术。但随着新技术的应用，需要加快检疫处理新技术的开发和技术标准的制定。同时编制和完善相关检疫处理手册，提高操作的规范性。

检疫处理需要技术、标准、装备及管理有机结合才能有效发挥作用，但由于检疫处理的技术复杂性，致使检疫处理在技术标准制定、装备研发，新型药剂替代技术研究等方面面临很多困难，当前，检疫处理的技术储备不能适应外贸发展需求。因此，需要加强高效、环保、低残留新型熏蒸药剂的研发推广，积极开展进境种苗检疫处理、水果辐照处理等新技术、新方法研究。同时要积极开展检疫处理国际合作研究，参与检疫处理国际标准的制修订工作。

（四）完善检疫处理督查和效果评价制度

检疫处理督查和效果评价制度是强化检疫处理监督管理，保证处理科学、有效、安全、环保，提升检疫处理能力建设水平的重要手段。2011 年国家质检总局组织开展了全国动植物检疫处理专项督查。在此全面摸底调查、分析评估的基础上，质检总局下发了《关于进一步加强动植物检疫处理工作的意见》，并于 2012 年开展了进出境动植物检疫处理专项整治活动，围绕检疫处理关键环节、重点业务进行专项整治，重点抓好对监管人员的专业培训，对检疫处理从业单位的监督管理，对大宗、敏感动植物及其产品检疫处理的有效性检查，强化了检疫处理监督管理，提升了检疫处理能力建设水平，确保检疫处理工作的规范、有序。

此外，应进一步完善检疫处理督查制度，动植物检疫处理从业单位及从业人员准入制度、实施检疫处理场所、设施注册管理制度、实施检测设备和熏蒸消毒药剂的验证与评价制度。通过综合管理将植物检疫处理工作提升到一个新水平。

第八章

实验室检测

植物检疫是一项以技术为基础的行政执法工作，技术能力水平的高低直接影响了植物检疫工作质量。检疫实验室是植物检疫技术水平的重要体现，也是有害生物检测鉴定以及相关技术和方法的研究基地，为检验检疫行政执法工作提供了重要的依据，是行政执法工作的重要组成部分。

第一节　植物检疫国际规则与植物检疫实验室检测

植物检疫实验室检测是通过各种技术（直观检查除外）来确定进出境植物和植物产品及其他应检物中是否存在有害生物及是否是管制的有害生物的官方行为。植物检疫实验室检测的国际规则可以从国际植保公约、世界贸易组织及相关国际组织的相关协定和标准的适用范围、内容要求及 IPPC 成员国国家植物检疫实验室的基本做法等几个方面来体现。

一、国际规则对植物检疫实验室的要求

WTO/SPS 协定、FAO/IPPC 和联合国环境署的《生物多样性公约》(CBD) 与植物检疫相关，这三个国际规则中均有涉及植物检疫实验室的条款。

（一）SPS 对植物检疫实验室的要求

SPS 协定是以保护各成员国境内人类、植物生命和卫生为目的，是最重要的国际惯例之一。坚持与国际标准、准则或建议协调一致是 SPS 协定的基本要求，并且 SPS 协定在鼓励成员积极采用国际标准、准则和建议时，给出多种选择途径：可完全符合、也可依据、还可高于国际标准和准则。成员国实施的 SPS 措施如果没有国际标准支撑，或其实施措施的保护水平高于国际标准、准则和建议时，必须基于科学原理并进行风险分析，该措施也符合 SPS 协定。SPS 协定是框架性协议，并未对实验室提出具体要求，但规定，所有措施的实施必须以风险分析为依据。风险分析主要基于检疫的结果，其中包括植物检疫实验室的检测结果，并由专家进行分析评估。

（二）CBD 对植物检疫实验室的要求

《生物多样性公约》（CBD）是一项保护地球生物资源和防止生物入侵的国际性公约，于 1992 年 6 月 1 日由联合国环境规划署发起。公约第 7 条规定，为了第 8 条～第 10 条的目的，每一缔约国应尽可能通过抽样调查和其他技术，查明对保护和持续利用生物多样性至关重要的生物多样性组成部分，查明对保护和持续利用生物多样性产生或可能产生重大不利影响的过程和活动种类，并以各种方式保存并整理从事查明和监测活动所获得的数据。所有这些部分和种类应该来自于专家或实验室的鉴定结果。

（三）IPPC 对植物检疫实验室的要求

IPPC 公约是联合国粮农组织（FAO）1951 年通过的一个有关植物保护的多边国际协议，后经 2 次修改。IPPC 对每个缔约国制定植物检疫法时明确：植物检疫法律的一项重要任务是确定根据本法实施的权力以及应掌握这些权力的公共机构。按照 FAO（2007 年）公布的《国家植物检疫立法修订指南》，各个国家的植物检疫方面的法规应说明：①负责执行植物检疫法律的行政管理体系，包括基层的国家植物保护组织，现场查验人员队伍和官方实验室以及实验室检测人员；②植物检疫人员的权力和责任；③实验室计划；④如果可能，应建立植物保护咨询委员会并有效运作。IPPC 还要求每个缔约国建立官方国家植物保护组织（NPPO），根据《国家植物检疫立法修订指南》的要求 NPPO 应指定官方植物检疫实验室，拥有强制检疫和取消检疫的权利。

从上述国际规则的规定或要求中，可以看出植物检疫实验室是国家官方植物保护体系的一个重要组成部分，依法承担植物检疫过程中有害生物的检测与鉴定及有关技术的研发工作。

二、国际标准对植物检疫实验室的要求

至今，IPPC 共发布国际植物检疫措施标准 36 项，对国家植物保护组织承担的义务即对进出境的植物和植物产品实施检疫、检疫准入、有害生物风险分析、有害生物状况的确定与区域化原则的实施、有害生物监测与诊断、有害生物通报与紧急行动等方面进行了原则性的规范。

2006 年，ISPM 第 27 号《有害生物诊断规程》在“适用范围”里明确指出，本标准“为 IPPC 管制的有害生物诊断规程的结构和内容提供指导，描述了对与国际贸易相关的管制的有害生物进行官方诊断的程序和方法。要求这些相关的有害生物诊断规程至少提供了对管制的有害生物进行可靠诊断的最低要求”。在“目的和作用”里提及，“诊断规程供进行有害生物诊断的实验室使用，这种实验室可以是国家植物检疫体系中的一部分或者由 NPPO 授权建立，这些实验室执行活动的方式应当使有害生物诊断结果可以作为 NPPO 植物检疫措施的一部分”。

在已公布的 36 项国际植物检疫措施标准中几乎所有的标准均涉及实验室检测，以下简要介绍相关的国际植物检疫措施标准，从中我们可以进一步来了解国际准则对植物检疫实验室的工作要求。

（一）ISPM 第 5 号《植物检疫术语》

按照术语标准，植物检疫措施是“旨在防止检疫性有害生物的传入和扩散，或减少管制的非检疫性有害生物经济影响的任何法律、法规或官方程序”，而植物检疫程序是指“官方规定的执行植物检疫措施的任何方法，包括与管制性有害生物有关的检查、检测、监控或处理的方法”；植物检疫行为是“为执行植物检疫措施而采取的官方行为，如检查、检测、监测或处理等”；检测是指“为确定是否存在有害生物或为鉴定有害生物而采取的除直观检查以外的官方检查”。

《植物检疫术语》标准对植物检疫领域涉及的术语进行规范定义，从上述这些植物检疫的核心定义可以明确界定植物检疫实验室的职能。

（二）ISPM 第 6 号《监测准则》

该标准的“2. 特定调查”条款，在阐述调查方法和质量控制时，明确了实验室检测是抽样和特定检查程序的一个有机组成部分。

在“4. 诊断服务的技术要求”中明确要求“NPPO 应当为协助一般监测和特定调查提供适合的诊断服务”，要求“诊断结果经过其他公认的权威确认，以增加调查结果的可信度”。这些诊断服务包括“提供与有害生物（包括寄主）鉴定相关的专业技能培训”、“足够的设施与设备”、“专家验证”等。

（三）ISPM 第 8 号《确定某地区有害生物状况》

该标准认为“有害生物记录”是确定某个地区有害生物状况的重要因素，也是制定植物检疫措施的基础。有害生物记录的可靠性要充分“考虑有关采集人/鉴定人、技术鉴定的手段、记录地点/时间、记录的记载/公布等”因素，应该由专家根据掌握的所有信息对“当前的有害生物状态”进行综合判断。

（四）ISPM 第 9 号《有害生物根除计划》

有害生物的发生状况决定了应采取的植物检疫措施。该标准认为，“正确鉴定有害生物至关重要，直接关系到选择合适的根除手段。NPPO 应认识到着手鉴定时可能必须接受的科学和法律挑战……，鉴定的方法可能有许多，从形态特征鉴定，到复杂的生物学检测、化学或遗传分析。NPPO 最终采用的方法取决于具体的有害生物和普遍接受并可行的鉴定方法”。

（五）ISPM 第 10 号《关于建立非疫产地和非疫生产点的要求》

该标准的“2.2.3 核实达到或保持无疫状态”条款明确规定，“无疫状态的核实工作由国家植物保护组织的工作人员或该机构授权的人员进行”。他们为评价产地或生产点（以及必要时缓冲区）的无疫状态开展具体调查。“这些调查最常见的形式是大田检查（也可称为生长季节检查），但也可包括其他检测方式如抽样后进行实验室检测”。该标准还强调，“有检测有害生物的有效、敏感的方法，或通过合适季节的直观检查或在大田或实验室进行检测”是建立非疫产地或生产点的关键因素之一。

（六）ISPM 第 12 号《植物检疫证书准则》

该对植物检疫证书的签发进行了规范，在有关证书的声明中明确要求“……已按照有关官方程序进行查验/或检测，被认为无输入国关注的检疫性有害生物……”。在该标准“有关转口情况和过境”时，强调“如转口国的国家植物保护组织未针对输入商品要求植物检疫证书，但目的国的国家植物保护组织有此要求，则通过直观查验和实验室样品检测合格后，转口国可颁发出口植物检疫证书，并在出口植物检疫证书原产地一项的括号中填写原产国”。在颁发转口植物检疫证书时，目的国可能提出转口国无法达到的植物检疫输入要求（例如生长期检验、土壤测试）。在此情况下，如果可根据目的国植物检疫输入要求采取其他被视为等效的植物检疫措施（如对样品进行实验室检测或处理），转口国仍可颁发出口或转口植物检疫证书。

（七）ISPM 第 13 号《违规和紧急行动通知》

该标准在“8. 有害生物鉴定”条款中明确要求“应对输入货物上检出的生物进行鉴定……，以便确定是否需要采取植物检疫措施或紧急行动”，并进一步要求“鉴定有害生物时，输入国应按照本标准的要求说明鉴定和取样的程序，包括鉴定人和/或实验室的名称”，“尽可能鉴定到种的水平或者最低的分类水平，以证明采取官方行动的合理性”。

（八）ISPM 第 18 号《辐照处理作为检疫措施的准则》

该标准“8.1 输出检查”规定，“辐照处理后可能发现活的目标有害生物。如发现有活的有害生物，可根据辐照处理杀灭有害生物的审核标准进行验证，这不得成为拒绝验证的理由。可以进行包括实验室分析在内的审查，以确保实现所需要的反应。这种审查可以作为正常核实计划的内容”。

在“8.3 输入检查”中，“对存活的目标有害生物进行实验室分析或其他分析，以核实处理的效能”。在“8.4 输出和输入检验中的处理效能核实方法”条款中，明确“应输入国提出要求，输出国应说明核实方法，包括实验室检测或分析，以确定是否达到了所要求的反应”。

（九）ISPM 第 24 号《植物检疫措施等同性的确定和认可准则》

该标准 3.5 在确定等同性时要考虑的因素内容中，明确植物检疫措施等同性的一系列因素。这些因素可能包括“在实验室或实地所表明的影响……”。“当确定等效性时，对现行措施和拟议措施的具体技术要求进行比较可能就足够。但是，在某些情况下，确定一项拟议措施是否达到了适当的保护水平，还需要考虑输出国采用该项措施的能力，如果缔约方双方已经开展贸易，这可能涉及提供关于输出国植物检疫系统的知识和经验（如法律、监测、检验、出证等）”。

（十）ISPM 第 26 号《实蝇（实蝇科 Tephritidae）非疫区的建立》与第 30 号《实蝇（实蝇科 Tephritidae）低度流行区的建立》

这 2 项标准主要为具重要经济意义的实蝇非疫区和低度流行区的建立和维护提供准则。在该标准中明确要求 NPPO 将官方认可的实蝇非疫区计划及将所承担的责任委托给关键人员，其中“能将实蝇鉴定到种的权威专家”就是关键人员之一。此外，在这 2 项标准中多次强调“鉴定能力”，要求“NPPO 应具备或拥有适当的基础设施和受过培训的人员以便及时鉴定实蝇的各个虫态，包括卵、幼虫、蛹，以及羽化后的成虫”，明确指出“NPPO 应具备或可拥有对调查过程发现的目标实蝇（成虫或幼虫）进行鉴定的能力。这一能力应持续服务于目标实蝇低度流行区状况的核实”。

（十一）ISPM 第 28 号《管制性有害生物的植物检疫处理》

该标准明确要求“国家植物保护组织（NPPO）和区域性植物保护组织（RP-PO）可以提出对处理的效率、可行性和适用性进行评价的数据和其他信息。信息应包括该项处理的详细说明，其中包括效率数据、联系人姓名和提出该项处理的理由。可评价的处理包括机械、化学、辐射、物理和受控制环境处理。效果的数据应当明确，最好应包括实验室处理或受控制条件下的处理以及实际条件下的处理方面的数据”。

在“3.1 概要情况”中提出了“NPPO 或区域性植保组织应当说明参与产生这些数据的实验室、组织和/或科学家在这一主题领域的经验或专业知识，以及在发展和/或检验植物检疫处理时采用的任何质量保证系统或鉴定计划。对提交的数据进行评价时将考虑到这些情况”。

在“3.2 支持提交一项植物检疫处理的效果数据”条款下，均涉及植物检疫实验室的试验结果，如“提供用于确定有效剂量/处理以表明该项处理的有效范围（如剂量/效果曲线）方法的数据”；“如在实验室条件下开发的处理，应在实际操作条件或模拟实际操作条件下进行验证。这些试验的结果应证实这一处理可达到在所阐述的应用条件下的效果”。

（十二）ISPM第33号《国际贸易中的脱毒马铃薯（茄属）微繁材料和微型薯》

在该标准要求概要中明确了“为了培育脱毒马铃薯微繁材料，候选植物应由国家植物保护组织授权或运营的检测实验室进行检验。上述实验室应该符合总体要求，以确保进入保存和繁殖设施内的所有材料都没有输入国管制的有害生物”。

用于培育脱毒马铃薯微繁材料和无疫检验的设施须符合严格要求，以防止材料的污染或感染。脱毒马铃薯微繁材料的保存和繁殖及微型薯的生产设施也要保持严格的无疫状态。应对工作人员进行培训，达到各方面的技术能力要求，包括脱毒马铃薯微繁材料培育与保存、脱毒微型薯生产、所需诊断检验以及后续管理和记录程序。每个设施和检测实验室的管理系统和程序均应有手册加以规定。在整个生产和检验过程中，应通过适当的文件记录保持对所有繁殖材料的身份确认和追溯。

在“3.1 脱毒马铃薯微繁材料的培育”中，明确了“应对用于培育脱毒马铃薯微繁材料的候选植株进行检查和检验并确认无管制的有害生物，还要经过一个完整的植物生长周期，并进行检查和检验，确认无管制的有害生物。除下文描述的管制的有害生物实验室检测程序之外，还应对马铃薯脱毒繁殖材料进行检查，以保证其不存在其他有害生物或其症状以及一般的微生物污染。所有确认感染的候选植物通常均应废弃。但对于某些种类的管制的有害生物，国家植物保护组织可允许在离体繁殖计划开始之前，利用正式认可的技术（例如茎尖培养、温热疗法）并结合传统微繁，从候选植物中去除有害生物。在这种情况下，必须在离体繁殖开始之前进行实验室检测，以确认此方法成功与否”。

在“3.1.1 脱毒验证检测程序”中指出，“在官方检测实验室应该采用候选植物检测计划。实验室应该符合总体要求，确保进入保存和繁殖设施的所有马铃薯微繁材料均无输入国管制的有害生物。传统微繁不能彻底去除某些有害生物，例如病毒、类病毒、植原体和细菌”。该标准的“6. 文件和记录”规定了要求和实验室程序。

每个设施和检测实验室的管理系统、操作程序以及指令均应在手册中加以记载。在制定手册过程中，应强调验证无疫状态的所有实验室检测程序或过程。

（十三）ISPM第34号《入境后植物检疫站的设计和操作》

在要求概要中明确了“检疫站可由大田、网室、玻璃温室和/或实验室等组成”。所用设施种类应根据输入的植物及其可能携带的检疫性有害生物的种类确定。

在“2. 入境后检疫站的具体要求”中，明确了检疫站可由以下一个或几个设施构成：大田、网室、玻璃温室、实验室等。检疫站所用设施应根据输入的植物的种类及其可能带入的检疫性有害生物决定。在“2.3.2 技术和操作程序”中规定，技术和操作要求应在程序手册中写明，可包括“说明为测试检疫性有害生物而如何对植物进行处理、取样、调运到诊断实验室的方式”。

（十四）ISPM 第 36 号《种植用植物综合措施》

在该标准的“2.2.1.2 有害生物管理计划”中，就“外来植物材料的处理”，标准要求针对外来植物材料的有害生物风险管理方法并记录存档，“对植物材料及生产场所的检验”要详细说明“在产地对所有植物材料进行检验时采用的方法、频率及强度（如采用直观检查、抽样、检测及捕捉），包括对所发现有害生物及所采用方法进行鉴定的实验室详情）”。

在该标准的“附录 2：违规现象”中，将“未按规定开展实验室检测或分析，或未按正确程序鉴定有害生物”视为违规。

从上述这些国际植物检疫措施标准不难看出，植物检疫实验室是植物检疫机构的技术支撑，发挥了其他行政手段不可替代的作用，是植物检疫行政执法的重要组成部分。

第二节　主要贸易国家植物检疫实验室

植物检疫有害生物诊断活动由各国政府实验室来实施是基本做法之一，美国、加拿大和澳大利亚等发达国家均设有植物检疫政府实验室（官方实验室）。总体上，发达国家非常重视植物检疫，不仅建立了健全的植物检疫体系，制定了严格的植物检疫法规制度，设立了完善的各级植物检疫机构，装备了先进的植物检疫设备，配备了高水平的植物检疫技术专家，而且非常重视植物检疫技术人员的培训工作，不断提高检疫人员的业务能力和技术水平。发达国家均设立了官方植物检疫实验室，由中央（联邦）政府拨款支持，开展植物检疫相关的科研和检疫工作。

一、美国植物检疫实验室

美国历来对植物检疫工作十分重视，建成了健全的植物检疫体系，见图 8－1 和图 8－2。美国植物检疫由美国农业部（USDA）全权负责，具体由其下设的动植物健康检疫局（APHIS）负责。其职责是领导开展动植物检疫工作，确保动植物生产安全，促进农业生产及提高农产品的市场竞争力，从而有利于国家经济和公众健康水平的提高。APHIS 的具体任务包括：①防止外来农业有害生物的传入；②发现和监测农业有害生物；③对外来农业有害生物采取紧急检疫措施；④提供检疫相关的科技服务；⑤采用科学的检疫标准促进农产品出口；⑥保护野生和濒危动植物；⑦收集、分析、整理和分发有关信息。

图 8-1　美国植物种植资源检测中心隔离温室

图 8-2 美国植物种植资源检测中心植物生长培养室

（一）美国植物检疫实验室管理架构

在管理体系方面，植物检疫实验室根据行政管辖权，分为联邦政府实验室、州政府实验室、地方实验室以及科研院所的实验室。

联邦政府设立和管理的实验室由美国农业部动植物检疫局负责管理，主要为联邦政府相关动植物检疫活动提供检测服务。

在联邦政府管理和设立的实验室中，绝大多数属于政府实验室或者政府设在大学的检测实验室，少数属于合约、认可的实验室。目前，美国动植物检疫局设立管理的实验室达到60家，其中政府实验室35个，政府设立在大学或者认可的大学实验室25个。

由联邦政府管理的植物检疫实验室分为两个层级：

第一层级是APHIS所属国家植物健康科技中心（Center for Plant Health Science and Technology，CPHST），该中心由分布在全国的7个重点实验室组成，分别是位于佛罗里达和北卡罗来纳的植物检验检疫实验室、马里兰的分子生物学诊断实验室、科罗拉多有害生物鉴定实验室、德克萨斯的昆虫诊断实验室、马萨诸塞的植物检疫处理实验室、亚利桑那的害虫防治实验室。该中心约有230名科学家、分析师和技术人员，总部在北卡罗来纳州立大学的世纪校园内，主要为植物检疫决策和检测提供服务。

第二层级是国家植物诊断实验室网络（National Plant Diagnostic Network，NPDN）。植物检疫实验室网络于2002年由农业部国土安全办公室建立，由APHIS负责管理，是由跨学科的植物疫病诊断实验室组成的全国性实验室网络，其任务是通过快速检测、诊断以及在食品、饲料、纤维、能源作物、林木中发生的有害生物的早期信息交流，保护美国农业安全。该网络具有协调机构，由美国APHIS植物检疫部门、州农业部门以及其他联邦和州的相关政府机构组成。

该实验室网络由60多个分布在全国的实验室组成，这些实验室分属于农业边境管理部门、州农业部门和大学的植物诊断实验室，并由五个地区实验室（东北NEPDN、大平原GPDN、中北NCPDN、西部WPDN、南部SPDN）负责协调，负责与动植物检疫局植物检疫中心科技实验室联系。

（二）美国植物检疫实验室管理机制

美国政府（联邦、州、地方）设立的植物检疫实验室实行公务员管理（政府聘用人员），其他认可的科研机构实验室作为政府购买服务实行合约制管理。

在经费上，政府实验室的建设、运行、维护等由政府负责投入，经费来源实行政府财政预算与检测收费相补充的管理方式。其中，动植物疫病监测、应急处置、诊断和处理方法等基础性研究，通过政府预算解决；出入境检疫诊断检测服务，实行收费政策。

实验室检测收费的依据是联邦法典1990年的《食品、农业、保护和贸易法》以及联邦动物、植物卫生法规的规定，具体标准由农业部制定，由预算管理办公室负责监督审查，并且每年根据情况进行调整。

（三）美国植物检疫实验室管理体系特点

与我国目前的实验室管理相比较，美国植物检疫实验室管理具有以下特点：

（1）充分利用各级政府的实验室资源。在承担联邦政府检测任务的实验室网络中，以政府实验室为主，以购买服务为辅。在政府实验室中，首先充分发挥联邦政府所有实验室的检测资源，其次紧紧依靠州政府和地方政府的实验室资源，其余不足部分通过购买社会服务，认可科研单位的实验室来承担有关政府职能内的检测任务。这样可以使得政府行政资源得到最大化利用。

（2）政府实验室实行公务员管理。美国政府实验室工作人员属于政府雇员（即我国的公务员），享受与其他政府雇员一样的待遇，人员工资除地区差异外，全国有统一薪酬标准（15级10档）。

（3）购买服务是政府资源不足的必要补充。

二、加拿大植物检疫实验室

加拿大食品检验署（Canadian Food Inspection Agency，CFIA）是加拿大政府负责组织实施全国动植物检验检疫及食品安全相关法律法规的联邦政府行政执法机构，负责动植物卫生标准的制定、食品检验和动植物检验检疫。

CFIA共有全职工作人员5500多人，全部实行公务员管理。工作人员包括食品安全专家、兽医专家、农学家、生物学家、化学家、系统管理专家、公共关系专家、科研人员、实验室技术人员、检验员、财务管理和相关的辅助人员。其中21个实验室共有900多名检测人员，每年进行60多万个样品的检测。

CFIA共有5个实验室承担植物检疫研究和诊断工作，其主要的服务对象是植物健康处和植物生物安全办公室与植物产品处。CFIA要求所有CFIA实验室都通过实验室认可，严格按ISO/IEC 17025标准进行管理。

（一）渥太华弗洛费实验室

该实验室位于加拿大渥太华市弗洛费（Fallow. field）地区，是CFIA规模最大的综合性研究、诊断和检测实验室，是支持CFIA国家动物健康、植物健康和食品安全计划的技术中心。

实验室可开展常规鉴定和非常规鉴定，可鉴定所有检疫性有害生物，并承担植物检疫性有害生物、新特性植物品种的鉴别和转基因检测，开展昆虫学、线虫学、植物病理学、真菌学等前沿性研究，还承担无脊椎动物和微生物进口申请评估和审核工作，为签发进口和出口检疫证书开展诊断和鉴定工作。开展了光肩星天牛、外来小蠹虫、舞毒蛾、蓝莓实蝇、菊花白锈病、大豆胞囊线虫等检疫性有害生物的大规模调查监测，为植物检疫政策制定提供技术支持和咨询，为检验人员和有关学者提供培训。

（二）悉尼植物检疫实验室

该实验室位于不列颠哥伦比亚省温哥华岛悉尼市，主要开展分子生物学、转基因、植物病毒及类病毒研究；检测鉴定来自非认证国家和地区的植物病毒；验证经认证的国外证书体系的可靠性；检测鉴定加拿大境内果树、葡萄繁殖材料和种树的病毒；保持国家植物病毒克隆株系，并通过热处理和组织培养方式开展珍贵植物脱毒处理和繁殖工作，检测和鉴定其他植物病害、线虫和水产品病毒。

（三）夏洛特敦实验室

该实验室主要开展检疫性细菌和病毒研究及马铃薯线虫鉴定工作。实验室有一个进境植物检疫设施，可开展进口植物检疫。此外，该实验室还为CFIA马铃薯种薯计划提供检测和参考物质，为认可私人实验室提供技术支持和评审支持。

（四）圣约翰实验室

该实验室主要从事马铃薯病害研究、马铃薯癌肿病诊断和胞囊线虫诊断等。与农业和农业食品部、纽芬兰省政府合作培育马铃薯癌肿病和胞囊线虫的抗性品种，认可马铃薯癌肿病诊断程序的研究，线虫胞囊检测程序研究和胞囊线虫检测方法研究。

（五）萨斯喀通实验室

该实验室承担CFIA的种子检测工作，服务CFIA的种子计划，主要从事谷物种子纯净度、发芽率鉴定、种子病害检测及杂草籽鉴定；研究和验证种子品种、发芽及纯度的检测和鉴定方法，承担种子分级企业的评估和注册工作，通过提供能力验证认可私人种子鉴定实验室，还承担种子检测标准化工作。

加拿大的植物检疫实验室主要承担的是须使用仪器分析及现场检疫不能诊断和鉴定的工作。

三、澳大利亚植物检疫实验室

澳大利亚农林渔业部生物安全局负责澳大利亚边界风险管理和外来的有害生物传入风险控制。担负澳大利亚的植物健康相关政策制定、能力建设、植物生物安全、植物生物安全风险控制、促进国内贸易发展等职责。其植物检疫相关实验室设置在各州或地区政府相关部门，共有8个，分别为：Australian Government Department of Agriculture（Australian Chief Plant Protection Officer）（国家级，首都）、NSW Department of Primary Industries（新南威尔士地区）、Department of Environment and Primary Industries（Victoria）（维克多利亚地区）、Department of Primary Industry and Fisheries（NT）（北部边界区）、Department of Primary Industries，Parks，Water and Environment（Tasmania）（塔斯马尼亚州）、Department of Primary Industries and Regions（SA）（南澳地区）、Department of Agriculture and Food（WA）（西澳地区）、Queensland Government Department of Agriculture，Fisheries and Forestry、Territory and Municipal Services Directorate（ACT）（昆士兰州）。植物检疫实验室为政府实验室，其实验室场所、仪器设备、人员工资福利等均由政府拨款，负责澳大利亚进出境植物检疫的实验室检测，也包括境内植物检疫，并出具官方实验室检疫证书。

澳大利亚联邦政府初级产业部在首都堪培拉设有一个植物检疫站，负责检疫研究，指导全国的检疫技术工作以及引种的审批工作。各州有专职的高级植物病理学家和昆虫学家在研究所及试验站中负责检疫工作的技术把关。州级研究所均配备现代化的实验室和温室及植物检疫隔离苗圃，工作人员由联邦政府检疫部门负责经费和工资福利，属于检疫官员。植物检疫隔离苗圃主要承担高、中度风险植物及繁殖材料的隔离检疫任务，高风险植物的隔离由联邦政府管理的3个隔离圃及州政府管理的3个隔离圃来承担，每年隔离检疫约1万株左右。隔离圃技术人员中专业门类多，包括植物病理、昆虫学、植物学专家及园艺专家等，设施齐全，建有数座温室、网室、检验室、杀虫灭菌室以及工业消毒设施等。联邦政府重视科学管理和人才的培养，全国各专业设有权威的专家，负责编写教材，对各检疫站的技术人员进行专业培训。

四、新西兰植物检疫实验室

植物健康与环境实验室（Plant Health & Environment Laboratory，PHEL）是新西兰初级产业部（Ministry for Primary Industries，MPI）下属的植物检疫实验室，PHEL为影响植物和环境新害虫及有害生物提供诊断测试和技术专家。该实验室设在两个地点（奥克兰和基督城），拥有30余名科学家和技术人员。有害生物的鉴定范围包括昆虫、螨虫、真菌、细菌、植原体、病毒和线虫等有害生物。严格按ISO/IEC 17025标准进行管理。

主要职责包括：监测计划中发现有害生物，疑似外来有害生物，外来入侵有害生物的诊断；植物贸易中管制性有害生物的测试；口岸或检疫中截获植物有害生物的诊断；新西兰未分布重要有害生物测试方法和入境后测试手册的研发；生物安全问题的技术咨询，例如MPI标准，测试程序，有害生物管理/消灭，新西兰病虫害的发生，风险分析和有害生物流行病学。

五、欧洲部分国家植物检疫实验室

（一）德国

德国植物检疫是官方的政府行为，其主管部门是联邦食品、农业和消费者保护部（Federal Ministry for Food，Agriculture and Consumer Protection，BMELV），由植物保护和植物检疫部门负责具体执行。

德国植物检疫实验室由两类组成：一类是在联邦层面上的国家和国际植物检疫研究所，名为JKI（Julus Kuhm-institut，Institute for National and International Plant Health），全国共有15个研究机构，主要承担植物检疫实验室检测和组织实验室比对的职能，由BMELV负责管理和技术指导；另一类是分布在全国各地的植物检疫机构检测实验室，共有16个区域性实验室。上述两类实验室之间进行信息交换并互相协调。

JKI研究所提供专业知识咨询；为联邦各州植物检疫部门提供特定的检测方法或检测服务；不承担常规的检测，但对检测活动包括对特定情况下检测结果确认提供支持；在各地植物检疫部门疫情监测中提供技术服务等。JKI具有欧盟委员会要求的“参考实验室”类似职能。

各州区域性实验室为非官方控制有害生物技术服务；承担官方调查（控制）活动的检测，官方制定有害生物的监测；进出境植物检疫和检测；签发植物护照；生产商或贸易商的注册登记和管理；有害生物爆发时疫情调查等。

（二）法国

法国植物检疫的官方主管机构为农业部（Ministry of Agriculture），下设一个国家植物检疫参考实验室和20个官方植物检疫检测实验室。2007年，国家立法设立植物检疫（LNPV）国家参考实验室（NRL），2011年10月颁布法令规定了法国国家参考实验室，现仅有一个植物检疫国家参考实验室，法律强制性规定了12项植物检疫要求：昆虫、线虫、入侵杂草（植物）、真菌、细菌（热带植物及其他）、病毒（马铃薯、柑橘属植物、热带植物及其他）、植物转基因检测（不包括种子）。

法国国家植物检疫参考实验室（ANSES），现有77名工作人员（8名博士），每年预算为1500万欧元，分布在6个地点（包括一处海外设施）。主要任务是执行EU 882/2004条例规定的工作，包括所有的样品检测和确认（2012年共完成22091个样品）；协调所有官方植物检疫实验室网络；根据国际标准建立官方检测方法；承担研究任务和提供技术支持等。

（三）乌克兰

乌克兰农业部下的乌克兰国家动植物检疫总局（State Veterinary and Phytosanitary Service of Ukraine）负责动植物检疫工作。其中，植物检疫安全局成立于2010年，由边境检疫局和植物保护局合并而成。其工作也分为两大部分：植物保护管理部（Plant Protection Administration）负责国家和私人农田有害生物的防控，预测预报病虫杂草的发生危害、农药生产使用和检测方法、生物防控技术研究和应用，出具农产品国内调运检疫证书。植物检疫管理部（Plant Quarantine Administration）负责口岸检疫、检疫处理、风险分析和口岸检疫出证。植物检疫安全局还负责国际合作，植物品种的登记。植物检疫安全局2012年开始在全国设立24个州植物检疫所，24个州植物检疫实验室和1个位于基辅的国家植物检疫实验室。以上机构均由植物检疫安全局垂直管理。

六、日本植物检疫实验室

日本政府从中央到地方建立有完整的植物防疫体系。中央农林水产省设立植物防疫课主管全国植物防疫工作，地方农政局设立植物防疫系，都道府县也有相应的植物防疫机构，如病虫防治所。植物防疫课主要工作职责是防止病虫害从国外传入，在全国已建立植物防疫所 98 个，并与病虫防治部门结合，对已传入的病虫研究制定防治对策，同时还负责种子苗木和农产品的出口检疫。

日本政府十分重视实验室基础设施建设，一般都道府县病虫害防治所均拥有一幢办公兼实验的大楼，周边有一定面积的试验用地。室内建有工作室、实验室、样本室、资料室、养虫室；室外建有病虫观察圃。实验室设施完备，配备有先进病虫诊断仪器设备。如神奈川县病虫害防治所，拥有一幢面积约 4000m^2 的办公实验大楼，同时拥有面积约 2hm^2 试验用地，并配有先进实验室和病虫观察圃等设施。

农林水产省设植物防疫官，负责植物防疫工作的开展，也设植物防疫员，负责协助植物防疫官进行植物防疫或防除工作。都道府县设立病虫防治员，负责各都道府县的病虫害防治工作，全国共有病虫防治员 4200 人。

第三节　中国植物检疫实验室

进出境植物检疫是一项技术性的行政执法工作，它以先进的科学技术为后盾，以法规为手段，实施有效的把关。植物检疫包括现场检疫、实验室检疫和隔离检疫等过程。实验室是植物检疫执法工作的重要组成部分。实验室检测能力的高低，直接体现植物检疫执法把关水平，反映了植物检疫保障国门安全的履职能力。

中国植物检疫实验室是严格执行《植物检疫国际规则》、《中华人民共和国进出境动植物检疫法》及其配套法规、《农业转基因生物安全管理条例》《关于加强防范外来有害生物传入工作的意见》等法律法规，防止植物危险性病虫、杂草及有毒有害物质的传入，促进对外贸易发展，维护国家生态和经济安全等提供技术支持的实验室，因此，它不同于一般意义的检测实验室。

一、中国植物检疫实验室定位

中国植物检疫实验室是质检系统从事进出境植物及其产品有害生物检疫、资源查验和转基因产品检测的实验室，是检验检疫行政执法的重要组成部分，是检验检疫机构在技术方面的支撑，具有客观性、权威性、准确可靠性，在保障执法有效性、应对技术性贸易壁垒、保障国际贸易和国家公共安全等方面发挥着重要作用。植物检疫实验室的检疫鉴定结果，是植物检疫行政执法工作的直接技术支撑和保障，同时也是国家对外谈判、制定进出口贸易政策的重要依据，并且实验室的所有检测项目均为法定检测项目，按照我国财政部的要求酌情收取少量检测费用。由于检验检疫系统的植物检疫实验室全部由本系统管理，因而可完全为进出境植物检疫行政执法活动服务，是系统独有的进出境动植物检疫官方实验室检测体系。植物检疫实验室出具的检测结果报告可为进出境植物、植物产品或其他检疫物的放行或实施检疫处理或其他的措施提供依据，并可以根据一线查验工作的需求开展技术研究和攻关，为一线提供技术支持。

二、植物检疫实验室架构

中国植物检疫实验室在“三检合一”后，发展迅速，目前已经在全国形成了四个层次的实验室检测网络体系：第一层次国家重点实验室。国家级重点实验室分布于福建、广东、江苏、辽宁、甘肃、天津、上海、深圳、云南、宁波、山东、陕西和厦门等13个省、市、自治区，分别按照产品或有害生物类别或产品结合有害生物类别进行分类命名，其业务涵盖到的植物及植物产品有林木、水果、蔬菜、种子、苗木、花卉、豆类、麦类、烟草和玉米等粮食作物和经济作物；第二层次为区域性中心实验室，为一定区域内检测业务量大、检测能力和技术力量领先的实验室；第三层次为常规实验室，是各地检验检疫机构日常常规检测的实验室；第四层次为检测点，主要分布在一些小的分支局或办事处，主要做一些检疫初筛工作。

当前，国家质检总局在全国31省（自治区、直辖市）共设有35个直属出入境检验检疫局，国家质检总局对出入境检验检疫机构实施垂直管理。每个直属检验检疫局均建有检测技术中心，这些中心拥有的植物检疫实验室基本覆盖全国范围的进出口口岸与产地。直属局中心实验室承担各分支局送样的鉴定、复核工作，负责全省植物检验检疫技术的咨询和指导工作，协同有关部门协调解决全省植物检验检疫技术的疑难问题，开展有害生物风险评估等工作。同时，植物检疫实验室由于本身的特殊性，必须长期收集、整理植物检疫标本用于日常鉴定比对以及实验室科研之用。植物检疫实验室还积极探索检疫新技术、新方法。各口岸一线植物检疫实验室大多属于综合性实验室，业务主要针对分支机构所涵盖的进出境植物及产品，工作重点在于取样、制样及形态鉴定，以满足口岸进出口货物快速通关的要求。

三、植物检疫实验室建设

（一）实验室管理与资质认定

我国植物检疫实验室按照 GB/T 27025/ISO/IEC 17025 认可准则的要求建立实验室质量管理体系，并且要求通过国家认可委（CNAS）的认可和资质认定，确保了实验室的运行科学规范。实验室的鉴定和复核人员需经过申报、确认或考核，取得相应资质后才能开展检测工作，对系统内外的鉴定专家也有资质要求，重要有害生物还必须由权威专家或权威实验室复核确认，并保留样品或标本，形成了检测点初筛，常规实验室初步鉴定，区域实验室或省局实验室复核，国家重点实验室或权威机构专家确认等一系列严谨的检疫鉴定流程，确保了检疫鉴定的准确性。

（二）实验室人才培养

近些年，植物检疫实验室引进了一大批博士、硕士等高层次人才，人员整体素质得到增强。对新进人员，除了必要的岗前培训，同时安排经验丰富的工作人员对新进人员进行一对一指导，帮助其尽快成长。在专业型人才培养的基础上，注重人才个性化发展，培养系统内乃至全国性的检疫鉴定专家和学科带头人。在人员技能的培训和提升上，也采取多种措施，例如在网上教育培训平台，将各种培训材料和教材上传至平台，供人员自学，同时每个季度进行网上专业考试；对重要有害生物或新近发生的有害生物，中国检验检疫科学研究院或直属局及时组织专项培训；举办职工大讲堂，邀请专家进行视频专题讲座，丰富人员知识体系；组建岗位培训基地，不定期举行岗位技能培训；举办各种形式的岗位技能竞赛，以及重大突发事件的应急演练，既达到练兵目的，又提升了人员的技能；另外还有各种形式的能力验证活动和实验室间比对试验，有效保证了检疫鉴定人员的技术能力。

（三）实验室专业范围

植物检疫实验室的专业范围覆盖 3 大领域：①植物有害生物检测，包括植物真菌、细菌、病毒、线虫、昆虫和杂草等有害生物的检测；②转基因成分检测，包括转基因成分的符合性检测和我国未批准或未有安全证书的转基因成分检测；③种质资源查验，包括我国公布的需要查验的禁止出境资源植物名录。

第四节　植物检疫实验室比较分析与展望

国际规则对植物检疫实验室属于官方植物保护组织（NPPO）领导和指导的性质予以了明确，但对植物检疫实验室的规模、人力资源配置、工作量、专业设置、技术标准化程度、资金、管理体系和信息化等实验室的基本要求，国际规则没有具体的建设标准和量化指标。我国与国外发达国家的植物检疫实验室建制体系等方面存在着异同点，各有优劣，整体而言我国植物检疫实验室在技术能力、设备配置、队伍建设等方面均已具备了一定的规模和实力，在出入境检疫把关中发挥了重要作用。

一、我国植物检疫实验室与国外植物检疫实验室比较

（一）我国植物检疫实验室与国外植物检疫实验室的相同点

1. 管理体系

国内外植物检疫实验室均按照国际标准 ISO/IEC 17025 管理要求和技术要求执行。如北美植物保护组织规定植物保护类实验室必须按照以下标准管理，北美植物保护组织区域标准（NAPPO RSPM 9）“The Authorization of Laboratories for Phytosanitary Testing”，该标准等同采用 ISO/IEC 17025。欧盟的 PM7/64 规定了实验室的基本要求，也是按照 ISO/IEC 17025 的要求简化来的。我国的植物检疫实验室均要求建立 GB/T 27025/ISO/IEC 17025 体系，并通过 CNAS 认可后才对外出具检测报告。

2. 实验室定位

目前，国内外植物检疫实验室均为政府或公益类实验室，实验室的运行经费来自于政府财政支持，实验室的工作任务来自于政府机构委托，实验室围绕工作任务开展检测和科学研究，为政府部分提供决策支持，是植物检疫行政执法工作的直接技术支撑和保障，有效防止了植物有害生物传入和传出国境。

3. 检测和研究内容

检测范围包括有害生物的诊断、转基因检测，围绕检测内容开展科研工作，主要是研究诊断、检测技术和检疫处理技术的开发和应用，有害生物的国内外分布危害及可能对货物造成的损失等。

4. 实验室架构

多数国家植物检疫实验室分为国家实验室和地方实验室，国家实验室在某些重点检测领域具有专业特色，地方实验室主要负责辖区内一般样品的检测工作。

国内植检实验室架构基本是三级（少数有四级），即国家级重点实验室、区域中心实验室和综合性实验室，是国家进出境植物检疫的重要技术支撑体系。国外的口岸植物检疫实验室虽然隶属于不同的部门，但其职能和实验室体系建设总体思路都是一致的，即首先实验室建设以政府实验室（官方实验室）为龙头，并合理设置地方级及以下实验室；其次政府实验室必须达到较高的生物安全度，国家为其提供经费维持良好运转。

（二）我国植物检疫实验室的优势

1. 技术能力

近年来，我国植物检疫实验室技术能力逐步提高，全国口岸的植物疫情检出率不断上升，检测技术能力达到了先进国家的水平，得到了国际公认。如：2013 年，上海、宁波口岸多次在意大利进口的植物种苗中检出危险性有害生物——栎树猝死病菌，意大利相关检疫官员和实验室人员来华交流，交流中意方专家认为我国使用的检测技术特异性和灵敏性相对较高，并采用了我国的检测方法。全国各相关口岸使用国家质检总局统一制定的玉米转基因检测标准，准确快速地检出我国未曾批准的转基因品系，有效地保护了我国粮食安全和国门安全。

2. 设备配置

国家质检总局非常重视植物检疫实验室建设，在财政部大力支持下，对设备配置投入了大量财力，质检系统配备了相当数量的高、精、尖设备，达到了国际先进水平。美国、欧盟、日本等国家的植物检疫专家来华访问时，对我国植物检疫实验室的配备给予了高度评价，我国部分实验室的设备配置已超出他们相关实验室的配备。

3. 队伍建设

“三检合一”以来，在国家质检总局统一规划下，植物检疫实验室引进了一大批博士、硕士高级人才，培养了大量的高级职称人员和检测鉴定专家，人员整体素质得到了长足的提高，形成了老中青结合的技术人员梯队。2012 年通过层层筛选，国家质检总局公布了 81 位全国进出境有害生物鉴定专家及相应复核鉴定管理办法，进一步保障了有害生物鉴定结果的准确性，规范了进出境植物有害生物检疫鉴定管理工作。

4. **发挥作用**

国家质检总局统一归口管理进出境植物检验检疫工作，全国35个直属局分管各自辖区内的口岸现场植物检疫和植物检疫实验室工作。较之国外，具有便于检疫现场一线与实验室分工合作的优势。我国质检系统垂直管理的体制也具有全国一盘棋的优势，这是国外较为松散的管理模式所不能比拟的。总之，我国的植物检疫实验室管理体系，有利于全国专家、设备等资源的整合利用，有利于现场一线与实验室之间的合作，有利于实验室技术人员发挥作用，实验室人员随时可以参与口岸现场的检疫取样等工作。

（三）我国植物检疫实验室的不足

1. **体制保障缺乏**

在美国、加拿大等发达国家，市场经济的发展已经非常充分，科研水平也很高，政府也完全有能力购买社会服务，但这些国家无一例外的将植物检疫实验室建成政府实验室，将实验室人员纳入公务员管理，这充分表明植物检疫实验室的特殊性。目前，我国的植物检疫实验室未曾明确为政府实验室或公益一类实验室，面临着改革和创收的压力，尚得不到体制的充分保障。

2. **运行经费不足**

我国植物检疫实验室缺乏足够的经费支持，财政预算尚不能充分保证其运行，部分运行费用需要所在直属局补贴，这在一定程度上限制了我国植物检疫实验室的发展，有待于进一步加大投入，保证其充足的运行经费。

3. **均衡发展不够**

相对于诸多发达国家，我国地域辽阔，东西部发展不够均衡较为明显，沿海与内地的植物检验检疫业务的种类和数量差别较大，导致植物检疫实验室发展的不平衡，沿海口岸的植物实验室相对发达，西部的基层植物检疫实验室存在散而小的现象，人员与设备相对缺乏，有待于建设相对集中并具备较强检测能力的实验室。

二、我国植物检疫实验室展望

通过以上分析，目前我国的植物检疫实验室检测符合国际规则，与国外发达国家的植物检疫实验室相比各有优劣，在技术能力、设备配置、队伍建设等方面均已具备了一定的规模和实力，在出入境检疫把关中发挥了重要作用，具有良好的发展前景。

（一）植物检疫实验室的定位

从国际规则来看，实验室检测是植物检疫不可分割的重要组成部分，许多植物检疫措施的实施离不开植物检疫实验室的支持。

在我国，政府检疫机构也应该保留有自己的实验室，以保证检验检疫执法的整体性，维护检验检疫的权威性、公正性、涉密性。植检实验室作为政府实验室符合国际惯例，是国家主权的体现，是确保国门安全和生物安全的前提条件。因此，植物检疫的本质属性决定了植检实验室应该成为全额拨款的政府实验室或公益一类实验室。

（二）植物检疫实验室的布局

近年来我国植检实验室的建设有了长足的发展，初步形成了由重点实验室、区域中心实验室和常规实验室三层架构的实验室布局，这些实验室熟悉标准方法，理解植物检疫的需求，具备一定的科研开发能力，在植检工作中发挥了巨大的作用。在此基础上，根据我国各口岸的进出境植物、植物产品的种类，我国的三层架构的植物检疫实验室将进一步得到合理规划和布局，充分利用有限和宝贵的实验室资源，突出重点实验室建设，形成集约型区域实验室。同时，加强基层常规实验室建设，解决影响通关速度的难题。

（三）植物检疫实验室的标准

实验室通过建立和引进标准菌株或虫样等，建设统一的“标准物质库”，使开发的检测技术更具可靠性，植物检疫实验室有害生物鉴定的权威性和准确性将进一步加强。近年来，各实验室除形态特征鉴定外，已采用分子生物学检测技术或血清学检测技术，缩短了检测周期，为保证检测结果的准确性和有效性，需将检测试剂进行统一规范和评估，以保证检测质量。

（四）植物检疫实验室的网络

进一步加强植物检疫实验室的网络建设，充分利用设备和专家资源，依托信息化技术，完善有害生物鉴定网络。通过计算机网络图像传输技术，实现昆虫等有害生物形态特征图像的实时传输和存储，提高有害生物检测准确度和便捷度，通过实验室网络，有害生物复核等方面的工作力度也将加大，我国的有害生物鉴定工作进一步规范。同时，加强系统内外的交流，更有利于引进有害生物检测鉴定的新技术，提高实验室水平。

（五）植物检疫实验室的作用

随着我国对植物检疫事业的重视和财政投入的加大，植物检疫实验室的技术能力、设备配置、队伍建设等方面将进一步得到提升，实验室与口岸检疫一线的合作将更加紧密，在出入境检疫把关中继续发挥重要作用，不断提高检测准确性和有效性，缩短检测周期，加快“通关”速度，提升检验检疫社会影响力，继续促进对外贸易的发展，保护国门安全、农林牧渔业生产安全和生态环境安全。

第九章

植物检疫信息化

将信息化引入植物检疫工作，既是实施国际植物检疫规则的必要手段，也是新形势下开展植物检疫工作的必然要求。它不仅能提高植物检疫工作水平，还能在植物检疫工作规范化、程序化、制度化方面发挥重要作用。

第一节　国际植物检疫规则中的信息化需求

一、信息化的基本概念

信息化的概念起源于20世纪60年代的日本，首先是由日本学者梅棹忠夫提出来的，而后被译成英文传播到西方，西方社会普遍使用“信息社会”和“信息化”的概念是从20世纪70年代后期开始的。

关于信息化的表述，在中国学术界和政府内部作过较长时间的研讨。如有的认为，信息化就是计算机、通信和网络技术的现代化；有的认为，信息化就是从物质生产占主导地位的社会向信息产业占主导地位社会转变的发展过程；有的认为，信息化就是从工业社会向信息社会演进的过程，如此等。

1997年召开的首届全国信息化工作会议，对信息化的定义为：“信息化是指培育、发展以智能化工具为代表的新的生产力并使之造福于社会的历史过程”。其中智能化工具又称信息化的生产工具，它一般必须具备信息获取、信息传递、信息处理、信息再生、信息利用的功能。

其实，自从有了人类社会，就已经存在“信息化”的问题，随着人类文明和科学技术的进步，信息的传播和在社会经济中的作用也在逐渐加强。但是，直到现代电子信息技术的出现，才使得电子信息的高速处理、大范围与规范传输、可靠储存、方便使用成为可能，信息的传播空前地快速和广泛，信息的应用空前地丰富，信息在人类生产生活中的作用终于完成了量变到质变的过程。信息成为比资金、劳动更重要的经济增长的要素，信息资源和网络成为社会经济的基础设施，电子信息产业成为经济发展的中坚力量。此时，我们所说的“信息化”真正诞生了。可见，现代的“信息化”主要指电子信息的信息化。正是电子信息的易处理、易传输、易储存、易接收的特性成就了今天的信息化。

二、国际规则中的信息化需求

（一）信息资源利用方面的信息化需求

信息资源利用包括信息采集、加工、存储、传输和使用等多个方面。由于计算机技术、现代通讯技术等信息化技术相比传统手工方式具有快速、高效、智能化、存储记忆和自动处理等一系列的特点，因此在信息资源利用领域被广泛使用。

植物检疫对信息的需求和利用极为广泛和深入，许多 IPPC 国际植物检疫措施标准对此都有明确的表述，如：有害生物基本信息及其利用、法律法规及进境检疫要求信息及其利用、检疫执法和管理工作流程产生的各种信息及其利用等。

ISPM 第 11 号《检疫性有害生物风险分析》指出“信息收集是有害生物风险分析所有阶段的一个必要组成部分。在开始阶段信息收集很重要，以便阐明有害生物的特性、其现有分布及其与寄主植物、商品等的联系。随着有害生物风险分析的继续，将视需要收集其他信息，以做出必要的决定。”ISPM 第 17 号《有害生物报告》规定“有害生物报告应包含有关该有害生物的特征、地点、有害生物状况以及当前或潜在危险的性质的情况，报告应及时提供，最好通过电子手段、直接通讯、可公开获得的出版物和/或国际植物检疫门户网站提供。”根据 ISPM 第 6 号《监测准则》，有害生物报告的信息可从两种有害生物监测系统，即一般监视或特定调查的任何一种系统中获得。同时指明，应当建立这些系统以确保向国家植物保护组织提供或由这些机构收集此类信息。ISPM 第 19 号《管制性有害生物名单准则》规定

“各国应向 IPPC 秘书处、缔约方所属的区域植保组织并根据要求向其他缔约方提供清单。并明确规定了包括对有害生物名称、类别及所有与其寄主产品及其他物品的相关信息”。

ISPM 第 12 号《植物检疫证书》规定“签发植物检疫证书是为了证明植物、植物产品或其他应检物达到输入国的植物检疫输入要求，并与证明声明相一致。”说明正确掌握各国进境检疫要求的必要性。ISPM 第 7 号《植物检疫出证体系》规定“植物检疫出证应依据输入国的官方信息。输出国国家植物保护组织应尽可能获得相关输入国植物检疫输入要求的当前官方资料。”

ISPM 第 6 号《监测准则》还有关于信息源的规定，“在一个国家内，有许多有害生物信息来源，这些来源可能包括：国家植物保护组织、国家的其他和当地政府机构、研究所、大学、科学界（包括业余专家）、生产者、咨询人员、博物馆、一般公众、科学和贸易杂志、未公布的资料和同期观察。另外，国家植物保护组织可能从粮农组织、区域植物保护组织等国际来源得到信息。为了利用这些来源的资料，建议国家植物保护组织建立一个系统来收集、证实和汇编需注意的有害生物的有关信息。”ISPM 第 2 号《有害生物风险分析框架》还就信息搜集专门列出一节进行规范，要求“应根据需要搜集和分析信息，以便提出建议和得出结论。可利用科学出版物以及从调查和截获所得到的数据等技术信息。随着分析的进行，可能发现信息不足，从而必须进行进一步询问和研究。当信息不足或者不得要领时，可酌情采用专家判断。在提供信息方面以及满足通过官方联络点提出的信息要求方面开展合作，是国际植保公约的义务（第Ⅷ条第 1 款 c 项和第Ⅷ条第 2 款）。当其他缔约方提出信息要求时，应当尽可能具体并限于该项分析所必需的信息。可与其他机构联系以便获得适用于该项分析的信息。”

ISPM 第 20 号《植物检疫进境管理系统准则》和 ISPM 第 23 号《查验准则》对检疫管理的相关信息做了规定，“应酌情将拟定的输入法规或其中有关部分提供给感兴趣的和受影响的缔约方、IPPC 秘书处以及为其成员的区域植物保护组织。通过适当程序，还可将它们提供给其他有关方面（如进出口行业组织及其代表）。鼓励国家植物保护机构以出版物的形式提供输入管理信息，尽可能使用电子手段，包括因特网站和通过 IPPC 门户网站与这些网站的链接”和“在发现有有害生物或有害生物迹象的许多情况下，就该批货物的植物检疫状况作出决定之前，可能需要在实验室或者有一位专家予以鉴定或者进行专门分析。在发现新的或者以前不知道的有害生物的情况下，可以决定需要采取紧急措施。应当建立适当记录和保持样品/标本的系统，以确保追踪有关货物，便于以后对结果进行必要审查。”

目前，很多国家都建立了政策法规数据库、检疫要求和检疫措施数据库、有害生物数据库，实现了重要信息资源的数字化，为信息获取、分析、处理、共享奠定了基础。

（二）工作机制变革方面的信息化需求

信息化不仅是办公手段和工作方式的简单变化，也不仅是原有业务的简单计算机化，更重要的是一个持续不断地运用技术手段改造传统工作模式和工作机制的实践过程，是对原有业务进行规范、合并与提升的过程。信息化的工作机制具有不可比拟的优势，使得工作更加协调一致；信息化能够解决标准化问题，使得工作具有一致的标准，便于信息的交流和共享；使工作流程具有一定的刚性，便于工作的贯彻和落实。信息化还能实现工作流程的集约化、综合化、高效化，从而减小组织规模，使组织结构向扁平化发展。组织的高层能与基层进行直接的协调和沟通，不仅加快了信息的传递速度，还克服了传统多层次管理组织带来的信息过滤、堵塞、失真和扭曲等诸多弊端。

关于植物检疫工作机制变革，许多 IPPC 国际植物检疫措施标准中也有明确表述。ISPM 第 1 号《国际贸易中植物保护和植物检疫措施应用的植物检疫原则》指出“《国际植物保护公约》（1997）中的业务原则和概念分成三类：制定植物检疫措施、实施植物检疫措施、管理官方植物检疫系统。业务原则和概念是：有害生物风险分析，列出有害生物清单，承认非疫区和有害生物低发生率地区，对管制性有害生物进行官方防治，综合植物检疫措施，紧急措施，植物检疫认证，植物检疫完整性和货物安全，监视，有害生物报告，迅速采取行动，建立一个国家植物保护组织，争端解决，行政延误，违约通知，信息交流和技术援助”。这些业务既独立又紧密联系，因此，需要利用信息化手段对各业务的具体工作予以规范、合并和提升，促进植物检疫业务的集约化、综合化、高效化开展。

ISPM 第 7 号《植物检疫出证体系》要求“国家植物保护组织应有记录应用的相关程序的系统，并保持记录（包括文件的储存和检索）。该系统应便于植物检疫证书、相关货物、其组成部分的可追踪性。该系统还应便于核实植物检疫输入要求的遵守情况”。此要求明确强调了植物检疫机构应采用信息化手段创新工作机制，以帮助植物检疫出证追踪和核查植物检疫输入要求的遵守情况。

ISPM 第 9 号《有害生物根除计划准则》规定“一旦决定着手执行一项根除计

划，即应建立一个管理小组。管理小组应负责落实一项信息管理系统，包括计划文件及适当的记录保管”。

ISPM 第 12 号《植物检疫证书》规定“电子植物检疫证书是纸质形式的植物检疫证书包括证明声明在内的文字和数据的电子等效物，以有效可靠的电子方式从输出国国家植物保护组织传输给输入国国家植物保护组织。在输入国国家植物保护组织接受的情况下，可颁发电子植物检疫证书”。这也是区别于传统纸质证书传递方式的一种变革。

ISPM 第 14 号《采用系统综合措施进行有害生物风险治理》规定“系统方法综合有害生物风险治理措施，提供了替代单一措施的一种方法以达到输入国的有关植物检疫保护程度。它们还可以加以发展，在没有单项措施的情况下提供植物检疫保护。系统方法要求综合利用各种措施其中至少两种可以独立发挥作用，产生累计效果”。

ISPM 第 23 号《查验准则》在阐述查验和有害生物风险分析的关系时提到“有害生物风险分析为制定植物检疫输入要求的技术公正性提供依据。有害生物风险分析还为拟定需要采取植物检疫措施的管制的有害生物清单提供了手段，可以确定查验时何种查验是适合的方式或确定需要检验的商品。如果检验期间报告有新的有害生物，可酌情采取紧急行动。在采取紧急行动时，应利用有害生物风险分析评价这些有害生物，必要时提出下一步适当行动建议”。

ISPM 第 25 号《过境货物》规定“缔约方可与本国的国家植物保护组织、海关和其他相关部门合作建立一个过境货物植物检疫控制的过境系统。建立这样一个过境系统的目的是，防止过境货物及其运输工具所带来的管制的有害生物在过境国的传入和/或扩散”。

ISPM 第 32 号《基于有害生物风险的商品分类》规定“根据有害生物风险对商品分类的概念考虑商品是否经过加工，如果是，则需考虑其加工的方法和程度，以及该商品的拟定用途以及因此而引入和传播管制的有害生物的可能性。这样做可以使特定的商品与有害生物风险相联系，从而可进行分类。这种分类的目的是为进口国提供标准，以便更好地确定识别引进管制的有害生物途径一引起的有害生物风险分析的必要性，并有助于有关可能需要建立进口要求的决策过程”。

ISPM 第 36 号《种植用植物综合措施》规定“综合措施可由输出国国家植保组织制定和实施。常规综合措施可包括对产地图样进行存档备案、对植株实施检验、记录存档、对有害生物进行处理和卫生要求等。当理由充分，需采用其他补充综合措施时，则可要求引入其他内容，如编制一份内容包括有害生物管理计划的产地手册、合理的人员培训、具体的包装及运输要求、内部和外部核查等”。

（三）能力水平提升方面的信息化需求

“工作质量和效率”是评价植检工作能力水平的两大要素。建立植物检疫的信息系统和管理系统能大大提高检疫工作的质量和效率，并在检疫信息化的过程中增强了检疫的规范化，进而提升了检疫工作的质量。

ISPM 第 12 号《植物检疫证书》规定“在使用电子植物检疫证书时，国家植物保护组织应开发使用规范性语言、信息结构生成证书并交换文本的系统”。ISPM 第 13 号《违规和紧急行动通知准则》规定“通知国应当在通知日期后保持通知文件、说明信息和有关记录至少一年。只要可能应当使用电子通知，以提高其效率和速度”。

ISPM 第 11 号《检疫性有害生物风险分析》在定殖可能性分析时规定“可以利用气候模拟系统将已知的有害生物分布区的气候数据与有害生物风险分析地区的气候数据进行比较”。ISPM 第 26 号《实蝇（实蝇科）非疫区的建立》规定可以采用信息化手段，“在一项实蝇非疫区计划中，应当在整个地区安排一个广泛诱集网络。诱集网络的安排将取决于该地区的特点、寄主分布和有关实蝇的生物学。诱集装置安置的一个最重要特点是选择适当地点和寄主植物上的诱集点。采用全球定位系统和地域信息系统是诱集网络管理的有效手段。”

目前，很多国家都已应用遥测遥感技术、地理信息技术、物联网技术进行疫情鉴定、监测和跟踪，使用信息化系统进行日常办公、风险分析和预警，制作电子证书并与其他国家进行联网核查。

第二节　国际植物检疫信息化

一、信息利用类信息化系统

（一）有害生物信息系统

有害生物信息系统作为风险分析重要工具之一，越来越受到各国政府和学界重视，特别是一些发达国家及地区都已建立了相关信息系统。

美国联邦政府极为重视有害生物基础信息的研究，强调政府部门、研究机构间的互相协作，形成以国家中心为核心支持，专业分中心为框架的研究和管理体系。针对国内外有害生物，美国动植物检疫局（APHIS）牵头，联合高校、科研院所等力量，建设多个有害生物数据库，如：美国国家农业有害生物信息系统（NAPIS）、美国境外有害生物信息系统（OPIS）、全球有害生物数据库（GPDD）等。

美国国家农业有害生物信息系统（NAPIS）（见图9－1）是APHIS植物保护和检疫处与各州合作进行农业有害生物合作调查项目，重点关注外来的有害生物在美国本土分布情况，供国家有关部门使用。该系统收集了有害生物的生物学特性、地理分布、植物保护和检疫管理措施等方面的信息，在有害生物快速反应体系、疫情监测、风险分析和应急处置行动等方面发挥了重要作用。

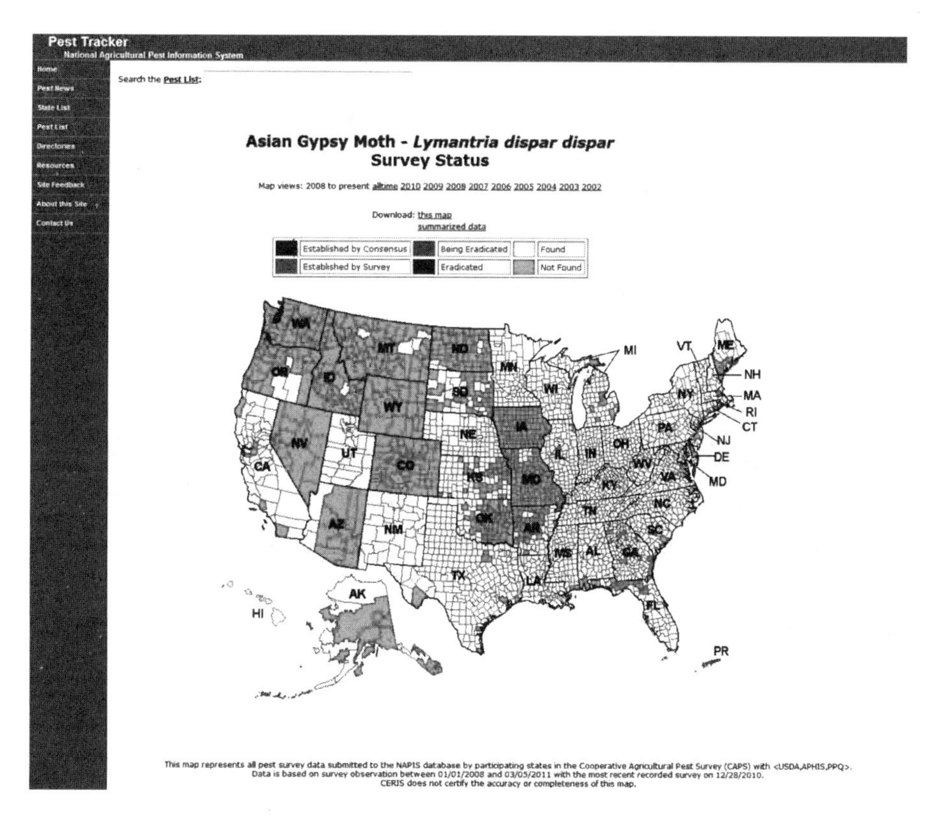

图9－1 美国国家农业有害生物信息系统

美国境外有害生物信息系统（OPIS）（见图9－2）主要收集、综合分析美国尚未发生的有害生物相关信息，主要用于境外有害生物风险分析和管理、开展相关有害生物早期调查、改进口岸检查程序和重新评估检疫政策等。该系统为APHIS等相关部门提供交流平台和信息支持，为政府决策者提供及时、准确和安全的有害生物信息和专家评估报告，有效地应对外来的有害生物的传入。

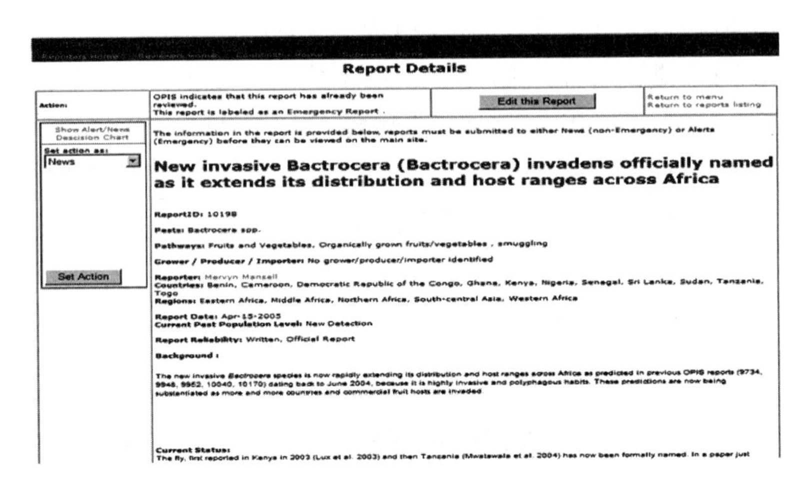

图9-2　美国境外有害生物信息系统

全球有害生物数据库（GPDD）（见图9-3）主要收集新发生的、对美国有威胁的有害生物，目前包括3700余种有害生物的寄主、地理分布、生物学、检疫重要性、控制措施等信息。主要目标是支持有害生物风险评估，关注新出现的有害生物，识别对美国有威胁的有害生物，强调口岸调查和口岸活动，重视分类学和鉴定学的需求，以及关注外来有害生物在本土分布。

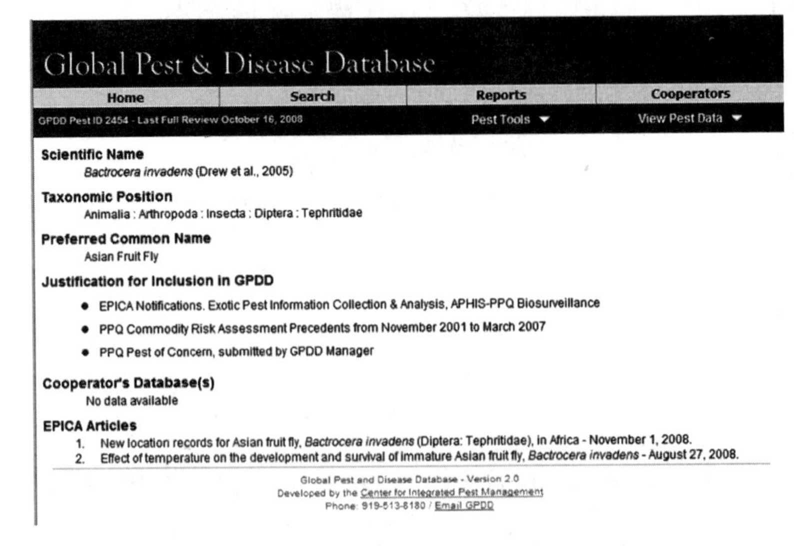

图9-3　全球有害生物数据库

美国的这些信息系统侧重内容各不相同，内容全面，重点突出，在防范有害生物传入方面起到重要的作用。

澳大利亚在 1996 年前建立了与有害生物相关的多个数据库，在此基础上，2001 年起开始建立全国性的有害生物信息系统——澳大利亚植物有害生物数据库（The Australian Plant Pest Database，APPD）（见图 9－4）。目前该系统包含 20 多个独立数据库，系统收集的每种有害生物信息涉及内容较多，包括学名和常用名、分类、收集地点、寄主植物等方面信息，信息数量已超过 100 万余项，涵盖澳大利亚所有本地和非本地有害生物数据。该系统能够为政府、大学、科研机构在制定检疫政策、风险分析和防治管理工作提供信息支持，在完善国家检疫体系、阻止外来生物入侵、保护国内产业和生态安全、促进本国产品出口等方面发挥了积极作用。

Plant Health Australia > Resources > Australian Plant Pest Database

Australian Plant Pest Database

The Australian Plant Pest Database (APPD) is a national, online database of pests and diseases of Australia's economically important plants, providing the rapid location of voucher specimens and efficient retrieval of detailed data.

With access to over 18 existing plant pest collections ('contributing databases') the APPD has access to over one million pest voucher specimens making it possible to quickly retrieve details of insects, nematodes, fungi, bacteria and viruses that affect plants of economic and ecological significance.

This information provides a powerful tool to assist bids for market access and to justify measures to exclude potentially harmful, exotic organisms, help in emergency plant pest management, and support relevant research activities.

Access the Australian Plant Pest Database

More information on the APPD is available from the following links:

- **Data contributors**
- **Management and access guidelines**
- **Legal notice and disclaimer**

In referencing this database, the preferred citation is 'Plant Health Australia (2001) Australian Plant Pest Database, online database, accessed [insert date]'.

For further enquiries or comments, please contact:
APPD Administrator
Plant Health Australia
Tel: (02) 6215 7700 or **APPD@phau.com.au**

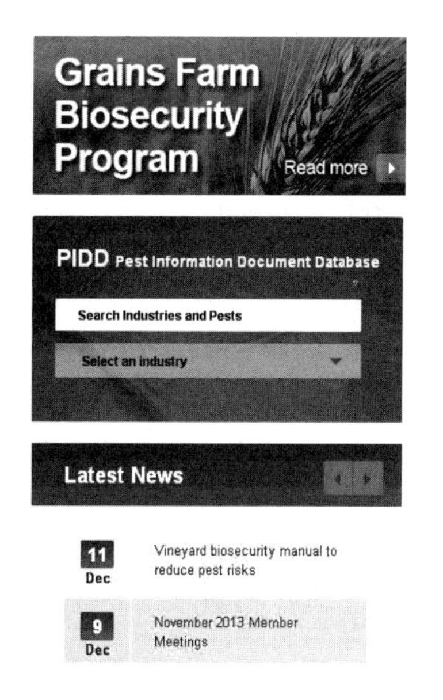

图 9－4 澳大利亚有害生物信息系统

此外，澳大利亚建立有“有害生物信息文档数据库（PIDD）”、“有害生物图片库（PaDIL）”等相关的数据库。其中，PIDD 以搜集澳大利亚种植业重点关注的有害生物信息为主要目标，包括有害生物一些寄主、天敌等基本信息、鉴定方法、风险评估报告以及管理措施等。PaDIL 提供病虫害鉴定需要的高清彩色图片及相关信息。

欧盟通过欧洲和地中海植物保护组织（EPPO）建立了植物检疫数据检索系统

(EPPO-PQR)，该系统主要搜集 EPPO 所有检疫性有害生物（A1、A2）名单、EPPO 警示名单（Alter List）、EPPO 公布的外来入侵植物名单，及其他国家地区的重要检疫性和入侵有害生物的相关信息。为使欧盟植物检疫建立在统一的检疫条款上，EPPO 还与国际应用生物科学中心（CABI）合作，编制了植物检疫资料数据库，内容涵盖有害生物基本信息、寄主、地理分布、生物学、检测和鉴定、传播和扩散方式、有害生物的重要性和植物检疫措施等。为防止外来有害生物入侵，欧盟针对非欧洲本地物种，建立了外来有害生物名录（DAISIE）数据库，主要收集有害生物地理分布、生物生态习性、经济影响、社会影响、生态影响、防控措施等信息。

国际应用生物科学中心（CABI）是农业科研领域的一个非盈利性国际组织，该组织出版的作物保护大全检索系统（Crop Protection Compendium）是植物保护领域的大型综合数据库，收录全球上万余种植保方面的著作、文章、会议资料等出版物信息资源，合作单位在全球范围内超过 40 余家，包括政府职能部门、技术研究单位以及相关公司。该系统已收集病害、虫害、杂草、寄主和天敌 2.6 万余种，信息包括生物分类、形态特征、寄主、为害特性、地理分布、生物生态习性、经济影响、控制措施、天敌情况及参考文献，为风险分析和检疫决策提供重要的信息支持。

此外，还有一些专业数据库，如法国的 HYPPZ 数据库、物种 2000 和综合分类学信息系统（ITIS）合作的全球生物物种名录等也是重要的植物有害生物信息系统。

（二）检疫要求和措施检索系统

WTO 推出了一个动植物卫生检疫措施信息检索网站（http：//spsims. wto. org）（见图 9－5），为用户提供 WTO 成员国的检疫措施通知和特别贸易关注、成员国咨询点和其他机构的联络方式以及 WTO 动植物卫生检疫委员会的文件等信息。这个信息检索系统允许公众按照多种检索规则寻找自己需要的信息，如地理或经济集团、国家或地区、检疫措施通知类型、产品代码、时间、关键词等等。信息检索系统的建立使人们能够更加方便和快捷地获取动植物卫生检疫和食品安全方面的信息，也有助于 WTO 秘书处更好地管理和分析不同来源的数据。

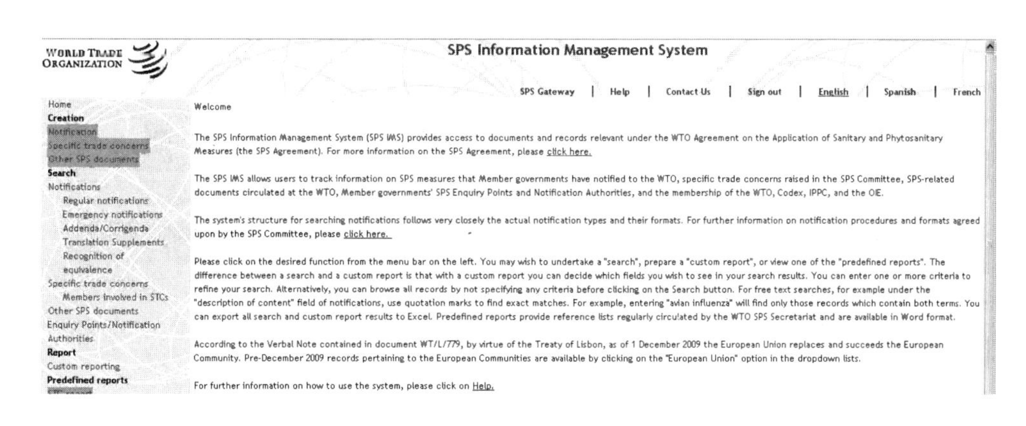

图 9-5　动植物卫生检疫措施信息检索网

2008 年 10 月，美国农业部动植物检疫局（APHIS）宣布推出一个针对水果和蔬菜的进口要求的检索数据库，称之为 FAVIR。FAVIR 数据库允许用户按商品或国家类别来检索某种水果和蔬菜，既快又容易确定其进口到美国的总体要求。这个数据库包括病虫害紧急通知，提醒用户某种商品或国家的进口条件有变化。它还便于检疫局官员和国土安全部的海关和边境保护局（CBP）的农业检查官迅速确定某种商品是否被允许进入美国，以及关于该商品的具体进口要求。

加拿大食品安全检验署（CFIA）的 AIRS 自动检索系统、澳大利亚农林渔业部生物安全局（BA）的 ICON 检索系统、新西兰初级产业部生物安全局的 IHSS 检索系统也有类似功能。由于这些国家禁止入境的食品和植物的名单每天都有增加，因此无法公布统一的名录，旅客和进口商在入境前可以利用上述系统快速识别所带物品是否许可入境。

二、机制变革类信息化系统

（一）检疫管理信息系统

美国农业部动植物健康检疫局（APHIS）的综合植物卫生信息系统（IPHIS）是一个典型的检疫管理信息系统（见图 9-6）。此系统于 2005 年启动，2009 年发布了第一个版本，2010 年发布了第二个版本。通过该系统，植物检疫人员可以对口岸疫情截获情况进行登记，对全国农业进行检疫监测，采集 PPQ 业务相关的调查、鉴定、管理、防控信息，发布紧急措施。系统还能够基于地理信息系统（GIS）提供植物检疫实时信息，为不同的人群提供可用的针对性信息。

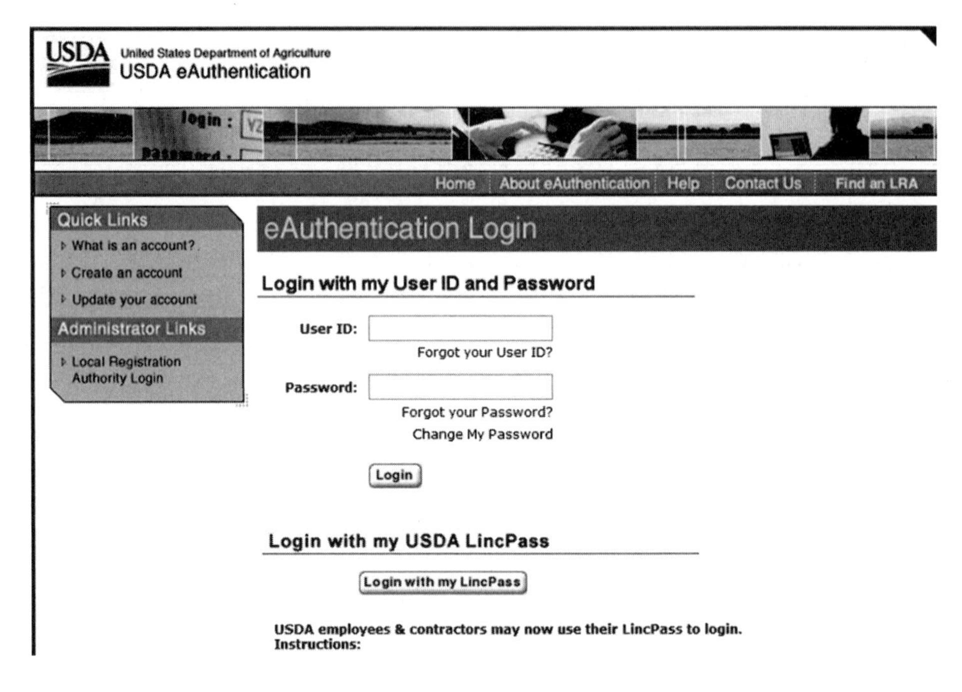

图 9-6 综合植物卫生信息系统

（二）电子证书交换系统

随着国际贸易的快速发展和信息化技术应用水平的不断提高，电子证书已作为国际贸易植物检疫的一种合格放行凭证，输出国检疫机构一旦完成货物检验，通过标准交换手册、信息结构和内容，使用 Extensible Markup 语言将相关信息（包括产地、品名、货物说明、处理、附加声明和授权官员签字等）通过电子方式传递给输入国检疫机构。越来越多的国家开始探索通过实施国际电子证书合作，促进贸易便利化、防止贸易欺诈、打击假冒证书、确保出入境产品质量安全。

国际上最早开展并推动电子证书发展的国家是新西兰和澳大利亚。自 1992 年起，原澳大利亚检验检疫局（AQIS）开始使用针对 SPS 证书的电子数据交换系统，使用 UN/EDIFACT 规定的电子数据交换标准——国际 SANCRT 格式将证书数据进行编码，通过 X400/X25 连接进行证书交换。自 1998 年起，原新西兰食品安全局（NZFSA）使用了以互联网为基础的电子证书系统（E-Cert），用于对动物、牛奶和植物产品的加工监管和卫生证书以及植物检疫证书的签发工作。相应地，国外边境官方机构也能够通过互联网实现信息的读取和交互式的检验结果的记录。在

2001以及2002年的APEC会议上，各国代表高度评价了澳新两国使用的这种全新的数据交换途径，电子证书吸引了各方的关注。此后，澳大利亚与新西兰合作，致力于推进SPS电子证书数据国际标准。两国官方组织技术代表于2002年8、9月召开会议，对双方系统进行整合，并首次提出SPS电子证书的数据传输新标准。新标准规定了电子证书结构、数据内容和相关业务程序的全球最低标准。证书数据采用XML程序语言传输。2008年，该标准获得UN/CEFACT的批准。其后，随着电子证书在其他国家的不断推广，该标准不断修订完善，并成为目前在电子证书交换中广泛使用和遵循的标准。

随着一些国家采用UN/CEFECT国际电子证书开展双边电子证书合作，这些国家NPPO逐渐意识到要推动IPPC建立全球化的植物检疫电子证书标准，以适应国际电子证书发展的需要。

2009年5月，由北美植物保护组织（NAPPO）和加拿大食品检验局共同发起，在加拿大召开的国际电子植物检疫证书研讨会，共有来自阿根廷、巴西、比利时、加拿大、智利、中国、法国、意大利、韩国、墨西哥、新西兰、荷兰、英国、美国、中国台湾等15个国家和地区，以及世界海关组织（WCO）、联合国贸易便利化和电子商务中心（UN/CEFACT）和国际植物保护公约植物检疫措施委员会（IPPC/CPM）等国际组织的约50人参加会议。会议的主要目的是在IPPC公约框架下制定实现电子植物检疫证书标准化的战略计划，加速国际电子植物检疫证书发展进程。此次会议上，北美植物保护组织（NAPPO）提出了该组织对ISPM12号《植物检疫证书》标准的补充建议，建议在该标准中增加电子植物检疫证书XML数据格式，并提交了该组织草拟的电子植物检疫证书XML数据格式和XML结构定义标准。此次会议之后，IPPC定期在不同的国家，如韩国、法国、新西兰等国召开电子证书工作会议，主要是对ISPM12号标准《植物检疫证书》中增加电子植物检疫证书XML数据格式和XML结构定义标准进行讨论和修订。目前已形成了标准的草稿，该草稿于2012年8月经各国NPPO进行评议后修改，于2013年8月再次组织了评议。

目前，电子证书发展走在世界前列的国家主要有澳大利亚、新西兰、荷兰、美国等国，另外加拿大、智利、韩国、泰国、新加坡等国也在不同程度的致力于电子证书的国际合作。

三、能力提升类信息化系统

（一）疫情监测和分析系统

Sutherst 和 Maywald（1985）研制了用于生态气候评估的计算机模型 Climex 系统，该系统采用生态气候指标定量地表征生物种群在不同时空的生长潜力，目前已广泛用于微生物、节肢动物昆虫和植物的生态气候适生地研究。

美国在密执安州进行的舞毒蛾综合治理项目中，Gage 等（1991）利用诱剂诱集到的雄舞毒蛾数目并采用距离权重法进行内插计算，得到诱器捕获量的内插图，同时利用历史数据建立线性模型并得到该虫的危害图，最后将内插图和危害图进行叠加分析得到防治区域预测图，用于指导舞毒蛾的综合治理。

（二）植物检疫官方网站

Internet 和 Intranet 的发展，使世界的两极不再遥远，使沟通无处不在。在植物检疫领域，联网部门间加强了检疫专业信息的共享，提高了工作效率。在 Internet 和 Intranet 上运行的官方网站以及一些专业网站，为用户提供了丰富的检疫信息，特别是检疫法规、检疫新闻、疫情动态、预警通报等方面的内容。

目前，世界上多数国家和区域组织都建立了植物检疫的官方网站。美国动植物检疫网（http：//www. aphis. usda. gov，见图 9－7），是美国农业部动植物检疫局（APHIS）的官方网站。该站为用户提供动植物检疫相关咨询和服务，包括植物健

图 9－7　美国动植物检疫网

康、外来植物病虫害、国家标准、有害生物风险分析等相关信息，目的在于加强国际合作，促进植物及其产品的出口。

澳大利亚农林渔业网（http：//www. daff. gov. au，见图9－8），是澳大利亚农林渔业部（DAFF）的官方网站。在该网站的主页上设有"澳大利亚生物安全"的内容链接，对DAFF的性质和工作做了介绍，并就一些公众关心的热点问题进行了详细描述，如植物及植物产品如何出口等。

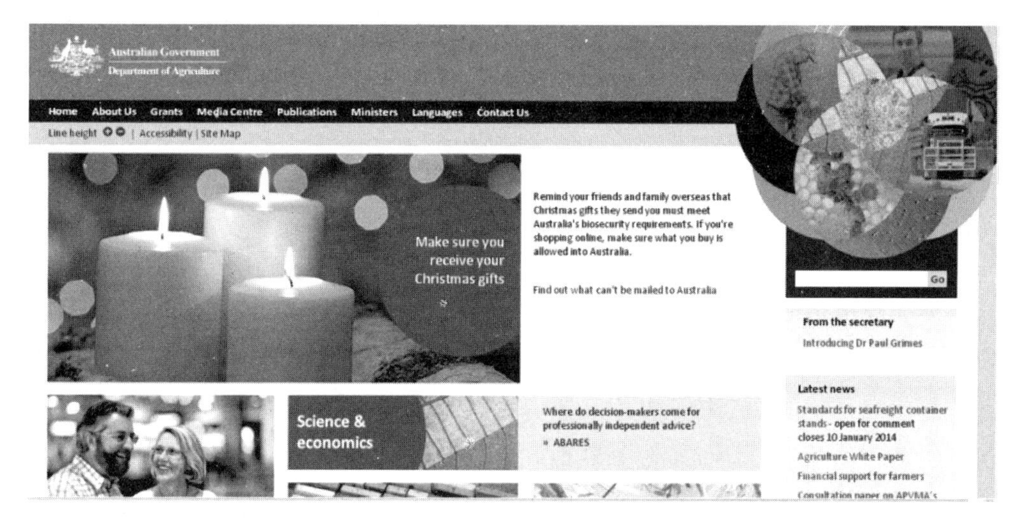

图9－8 澳大利亚农林渔业网

第三节 中国植物检疫信息化

一、中国植物检疫信息化历程

中国的植物检疫信息化起始于20世纪80年代中期，最初主要用于文字处理方面。90年代前期，植物检疫机构开始应用计算机进行业务、人事、财务管理，部分单位建立了局域网。这期间比较典型的业务管理软件有原动植检机构的中国动植物检疫业务管理系统（QAPQ）、原商检部门的商检业务综合管理系统（ICI）、产地证管理系统等。它们的共同特征是基于DOS系统，采用关系数据库，单机应用模式较多。到90年代后期，植物检疫信息化工作取得了较大的发展，建立了基于网络的综合业务管理系统，办公自动化程度得到了较大程度的提高。这期间应用软件的开发工具、应用平台、运行模式和数据库支持系统得到了较大改善，其先进性、可靠性和可扩充性也得到了较大提高。进入21世纪后，植物检疫信息化的步伐进一步加大。以数据库技术、网络技术、管理信息技术、专家系统、地理信息技术、移动信息化、数据挖掘技术、物联网技术等为代表的高新技术已逐渐用于植物检疫工作，并成为植物检疫工作中不可缺少的技术手段和重要组成部分，贯穿于风险分析、检疫许可、检疫审批、现场检疫、实验室检测、检疫处理、出证放行、检疫监管等植物检疫的各个环节，为履行《中华人民共和国进出境动植物检疫法》赋予的职责，防止植物危险性病、虫、杂草以及其他有害生物传入传出国境，保护农林生产和人体健康，促进对外经济贸易的发展起到了重要支撑作用。

二、中国植物检疫信息化现状

（一）数据库、数据仓库、数据挖掘技术及其应用

数据库技术是通过研究数据库的结构、存储、设计、管理以及应用的基本理论和实现方法，并利用这些理论来实现对数据库中的数据进行处理、分析和理解的技术。它是信息系统的一个核心技术，是一种计算机辅助管理数据的方法，主要研究如何组织和存储数据，如何高效地获取和处理数据。

数据仓库是支持管理决策过程的、面向主题的、集成的、随时间而变的、持久的数据集合。数据仓库系统负责从操作型数据库中抽取数据，实现对集成和综合后的数据的管理，并把数据呈现给一组数据仓库前端工具，以满足用户的各种分析和决策的需求。

数据挖掘是从大量的数据中提取有效、新颖、有潜在作用和最终可被用户理解的模式的高级处理过程，是数据库、机器学习、统计学和人工智能等多学科交叉的产物。

1. 在植物有害生物信息管理工作中的应用

为贯彻落实国家质检总局提出“建立以预防为主的风险管理工作机制，把风险分析工作作为保安全的第一道防线”的工作要求，2005年，国家质检总局下属的国际检验检疫标准与技术法规研究中心组织有关直属检验检疫局、中国检验检疫科学研究院、中国农业大学、中国科学院等单位，历时5年，研发了“中国国家有害生物检疫信息系统”（见图9-9）。该系统共收录有害生物4.5万余种，包括有害生物的寄主、地理分布、生物学特性等相关数据100多万条；整理了50多个国家和地区的植物检疫法律法规和2000多种植物及其产品的进境检疫要求；存储了有关

国家风险分析报告、风险评估方法和模型等。该系统可为一线检疫人员开展有害生物风险分析提供人机结合的风险评估模型和疫情信息数据，以及有关国家和地区植物检验检疫法律法规及检疫要求。

图 9-9　中国国家有害生物检疫信息系统

2013 年江苏检验检疫局借鉴荷兰国家植物标本馆的做法，起草了《植物有害生物数字化制作规范》行业标准，将标本图像信息作为主体地位，对其基本要素、格式、内容、标尺等作了具体规定。

2. 在检验检疫决策工作中的应用

国家质检总局开发的检验检疫决策支持系统（见图 9-10），以数据仓库技术为基础，利用具有查询、动态分析功能的联机分析处理和数据挖掘软件工具，将多年积累在出入境检验检疫综合业务管理系统、集中审单系统、电子监管系统、原产地证管理系统等各类业务系统的数据资源，按不同的业务主体进行抽取、转换和加载处理，构建起了统一规范、高度共享的综合性主体数据库。在此基础上建设了一套能对包括植物检疫在内的我国检验检疫业务发展的水平、规模、构成、速度和规律等进行综合分析评述，对检验检疫业务管理决策给予有效信息支撑的决策支持系统。该系统已于 2008 年上线应用，可以从数据仓库中进行各类植物及植物产品的进出口情况分析，了解进出口的总体情况和各类商品的发展情况等，有利的指导了决策，提高了指导的功效。

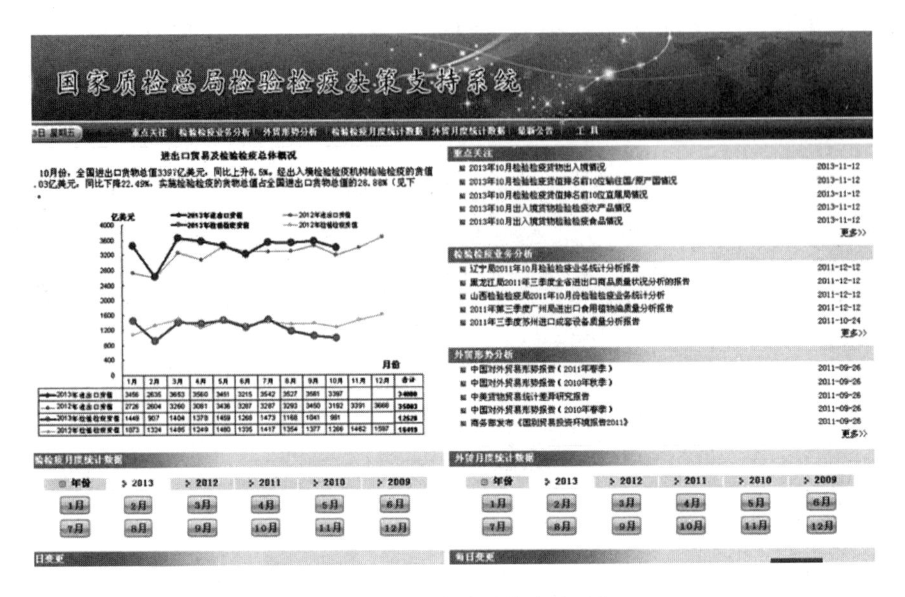

图 9－10　检验检疫决策支持系统

3. 在风险分析及预警工作中的应用

为进一步加强中国出入境货物预警管理，国家质检总局组织开发了具有相关信息收集、分析、决策及预警发布、监管功能的出入境货物风险预警系统。系统包括预警原始信息登记、预警原始信息评估、预警信息审核、预警信息发布、统计查询、风险预警接口等六项功能。其中预警原始信息登记和预警原始信息评估功能采用了数据仓库和数据挖掘技术，能够从多个检验检疫业务信息系统自动提取包括植物疫情在内的各类疫情信息，并能在系统知识库的辅助下自动完成疫情风险评估，供相关专家审核，以形成指导植物检疫等业务的出入境货物风险预警通报。

深圳检验检疫局结合其辖区风险预警工作实际情况，开发的风险评估分类管理系统也用到了数据挖掘技术。该系统是集风险信息收集与预警、业务数据汇总加工、数据挖掘分析、业务指引及监控于一体的业务系统，通过实时在线监测出入境货物申报信息，全方位智能采集分析产品的风险信息，自动开展风险评估，综合“产品风险等级和企业类别”实施“二维”分类管理，对植物及植物产品的风险评估和分类管理进行了有效探索和实践。

（二）网络技术及其应用

国际互联网是目前应用最为广泛的网络系统，它在中国的应用是从 1994 年开始的，通过国际互联网的有效连接，有机地整合了之前的各种信息孤岛，实现了资

源的全面共享和协作。

1. 在政务公开工作中的应用

国家质检总局在国际互联网上建立的官方网站（http：//www. aqsiq. gov. cn)，是向国内外宣传中国商品质量监督与检验、动植物检疫及卫生检疫的窗口。该网站主要包括新闻报道、组织机构、政策法规、质量监督、检验检疫、认证认可、标准化工作、国际合作、科技管理、办事指南等内容。在植物检疫相关信息中，重点介绍与植物检疫相关的政策法规、联系方式、植物检疫、生物安全、检疫许可和公共信息、警示通报、外来有害生物预警和国际植物疫情等信息（见图 9－11)。

图 9－11　国家质检总局官方网站

2. 在检疫性有害生物监测工作中的应用

为了解决实蝇监测、数据传输、疫情分析、统计查询等问题，广东出入境检验检疫局和中国农业大学植物检疫实验室运用网络技术，建立了实蝇监测信息管理系统。中国农业大学还针对动植物检疫图像素材的信息查询和管理研制了动植物检疫图像素材库（APQIWD)。该系统是一个网络数据库系统，能支持系统管理员对图像素材库实行远程扩充和完善。

3. 在植物检疫信息资源共享工作中的应用

疫情资源共享关系到植物疫情监测、调查等工作，影响到植物疫情的紧急预防措施的实施。国家质检总局为了提升疫情疫病上报速度，增强外来植物疫情检出率及风险分析和预警能力，提高出入境检验检疫工作有效性，强化口岸检验检疫工作考核、评价及督查力度，委托中国检验检疫科学研究院开发了基于国家质检总局全国广域网的动植物检验检疫信息资源共享服务平台（见图 9－12）。该系统汇总了国内进境有害生物截获情况，收集整理了大量有害生物信息、风险分析文献和动植物检验检疫相关资料，使检验检疫人员能够及时掌握国内进境疫情疫病截获工作进展、了解国际疫情动态、强化检验检疫技术交流、提高疫情疫病防控水平。

图 9－12　动植物检验检疫信息资源共享服务平台

4. 在入境货物口岸内地联合执法工作中的应用

为了加快入境货物口岸验放速度，检验检疫机构对有些商品签发《入境货物通关单》，在报检人申报的目的地实施检验检疫。国家质检总局利用网络技术开发的“入境货物口岸内地联合执法系统”（见图 9－13）作为出入境检验检疫综合业务管理系统（CIQ2000）的辅助系统，可以使货物流向信息从口岸到内地的传递时间大大缩短。该系统能够自动提取 CIQ2000 系统中的入境电子转单数据，对其整理后分拨到施检部门，施检人员可根据电子转单数据进行督办，并在系统中记录督办过程和督办结果。“入境货物口岸内地联合执法系统”通过网络提升了口岸与内地检验检疫机构协同执法能力，实现了对入境货物的全程电子化监管。

图 9－13　入境货物口岸内地联合执法系统

5. 在签证及证书核查工作中的应用

为促进贸易便利化，打击伪造假冒证书行为，实现严密监管，国家质检总局组织开发了基于政务网的检验检疫电子签证管理系统和基于互联网的电子证书信息交换核查系统（见图 9－14）。国家质检总局通过检验检疫电子签证管理系统统一管理证单格式，在证单格式定制完成后通过网络统一下发到各直属检验检疫局。电子签证工作人员通过网络访问检验检疫电子签证管理系统进行证单拟制、电子签证和打印。电子证书信息交换核查系统实现了对国内外官方证书的集中管理，对国外官方

图 9－14　检验检疫电子证书信息交换核查系统

证书的查询和核销，对假证的电子化追溯核查，同时将检验检疫机构签发的证书信息提供给国外的官方机构。限定身份的用户可以通过 Internet 网络登录本系统查询相关出证信息。国外主管当局用户可以通过本系统向国家质检总局发送退证查询的请求。国家质检总局可以通过本系统将退证查询的调查情况反馈给国外主管当局。国外主管当局可定期或实时将电子核查结果、证书的使用和享受优惠情况通过本系统反馈给国家质检总局。国家质检总局还可通过本系统向国外海关提供签证印章和手签人员的签字笔迹。

自 2010 年 1 月以来，通过“系统对系统”的方式，国家质检总局已顺利接收来自新西兰、澳大利亚和荷兰的电子证书信息约 7 万份。电子证书的应用，加深了中方与各国的理解与合作，在方便进口货物清关、增强官方证书的安全性、有效防范假冒证书，确保进出口产品质量卫生安全，促进国际贸易便利化等方面发挥了积极的作用。

（三）管理信息系统

管理信息系统（MIS）是一个由人、计算机及其他外围设备等组成的，能进行信息的收集、传递、存贮、加工、维护和使用的系统。它是一门新兴的科学，其主要任务是最大限度的利用现代计算机及网络通讯技术加强企业的信息管理，通过对企业拥有的人力、物力、财力、设备、技术等资源的调查了解，建立正确的数据，加工处理并编制成各种信息资料及时提供给管理人员，以便进行正确的决策，不断提高企业的管理水平和经济效益。

1. 在植物检疫许可中的应用

植物检疫许可是进境植物检疫的一项基本制度。为了提高检疫审批的效率和准确性，更好地发挥审批制度的作用，加强对进境植物检疫审批的规范化、标准化管理，国家质检总局组织开发了进境动植物检疫许可证管理系统（见图 9－15）。系统通过建立国家禁令和解禁令、国际植物疫情、双边条款协议等方面的数据库来实现审批签发决策辅助，为初审或终审提供必要的参考信息，得出申请许可或不许可的警告。系统能够自动采集存储有关审批植物及其产品进境时的检验检疫情况，如检疫截获、处理情况等，自动核销进境植物检疫许可证，自动生成检疫审批相关的各种统计报表，公布与审批有关的信息。

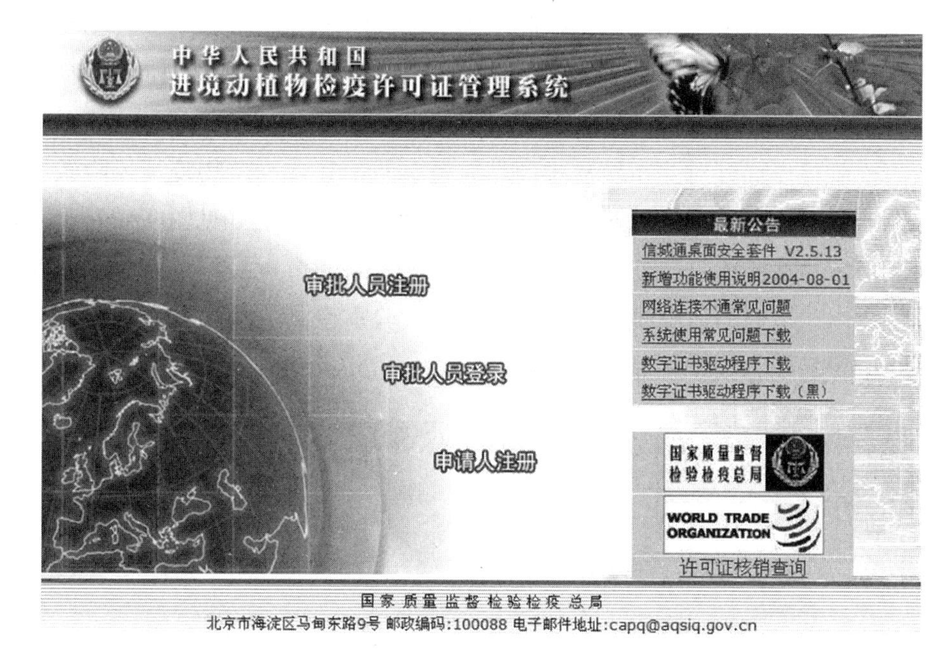

图 9-15　进境动植物检疫许可证管理系统

2. 在出入境检疫工作中的应用

国家质检总局开发的出入境检验检疫综合业务管理系统（简称 CIQ2000，见图 9-16），采用了统一的计算机网络、软硬件平台、数据库平台和开发工具，建立了以出入境检验检疫综合业务计算机管理系统为主环，以与海关间的电子通关和与企业间的电子报检为辅环的网络运行机制，实现了对报检、计收费、检验检疫、签证

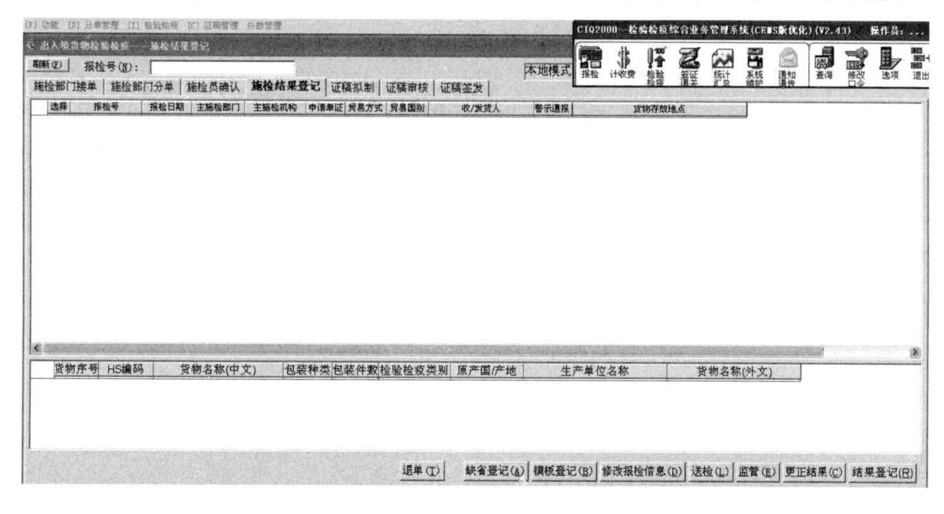

图 9-16　出入境检验检疫综合业务管理系统

通关、统计等的网络电子化管理。在此基础上增加的电子申报、电子转单和电子通关等功能，加快了通关速度，提高了工作效率，节省了整体费用，推进了检验检疫机构由管理型向管理服务型的转变。

云南检验检疫局针对互市贸易中商品质量参差不齐，动植物疫情风险较大等问题，开发的B/S架构的云南边境检验检疫综合业务管理系统（见图9－17），不仅实现了对互市贸易检验检疫工作的全流程管理，其针对互市贸易特点设置的从业对象诚信预警、出入境商品风险预警、现场检疫与实验室检测信息关联等功能还极大地提高了互市贸易植物检疫工作的有效性。

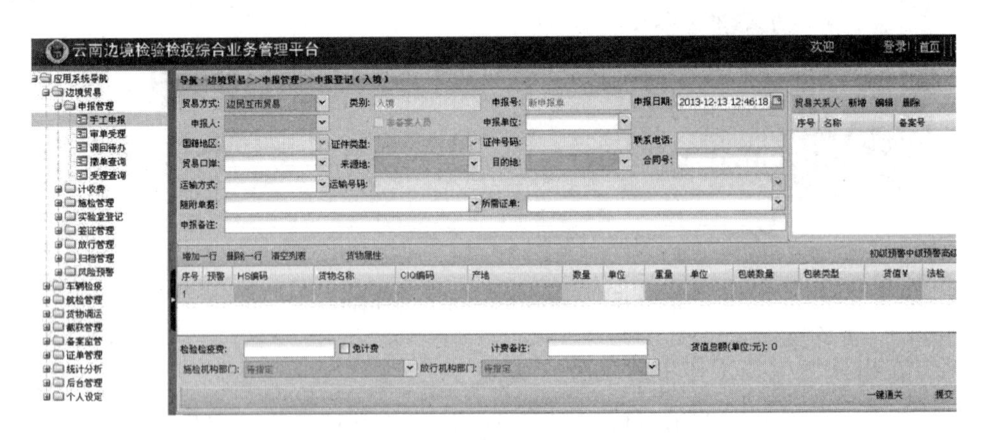

图9－17　互市贸易检验检疫业务管理系统

3. 在实验室检测工作中的应用

近年来许多直属检验检疫局陆续开发了用于实验室检测的数据库，如江苏检验检疫局的数字动植检系统，福建检验检疫局的实验室管理系统，深圳检验检疫局的实验室综合业务管理系统等。这类系统具有信息支撑、业务管理、实验室管理和人员培训等功能，涵盖有害生物鉴定资料数据库、有害生物标本数据库、企业管理数据库、植物疫情疫病数据库等基础信息，能够进行远程监管、远程鉴定和视频培训。

4. 在出入境旅客携带物查验工作中的应用

深圳检验检疫局针对出入境旅客携带入境物的种类和数量增加，植物病虫害随入境旅客携带物传入的可能性越来越大的问题，在收集、整理深圳口岸出入境人员携带物检疫信息及各技术检测中心实验室疫情数据的基础上，研制开发了“出入境人员携带物检验检疫管理系统”。实现了旅检现场携带物查验的快速处理、携带物（截留）数据的实时传输、携带物处理数据的快速发布、携带物截获数据的统计分析、携带物疫情和物品送样结果的快速查询。

5. 植物检疫除害处理方面的应用

针对目前入境疫情导致国内植物环境损害的实际情况，天津检验检疫局开发了检疫处理监管系统。该系统包括检疫处理流程监管、在线视频监管、木质包装防伪码查询等功能，可与木质包装生产企业前端电烫滚码设备进行数据通信及同步，对木质包装的热处理、熏蒸处理过程进行电子监控，对处理库进行视频监控，通过互联网或手机短信方式查询木质包装 IPPC 标识真伪，并对木质包装生产和处理过程进行追溯。

6. 为出境货物植物检疫管理提供支撑

为了及时、全面掌握和分析我国出口农产品植物检疫违规案例，有针对性地查清原因，发布预警及采取改进措施，避免国外采取进一步限制措施，2007 年国家质检总局国际检验检疫标准与技术法规研究中心建立了出境货物植物检疫违规信息系统。该系统通过 IPPC 联络点、驻外与驻华使领馆等渠道搜集了 49 国家和地区关于中国出口花卉、蔬菜、木材及木制品、竹藤柳草类及制品、繁殖材料、水果、粮谷及油料的违规通报，实现了在线下发调查反馈任务、提交调查反馈情况、审核调查反馈结果等功能，形成了快速反应的调查反馈机制。

（四）专家系统

专家系统是人工智能的一个重要分支，也称作以知识库为基础的系统，是一个以人类专家水平在特定领域内解决困难问题的计算机程序。中国高度重视专家系统特别是农业专家系统的研究扩展，如 863 计划信息技术领域智能应用专题，专门针对农业专家系统平台及关键技术进行研究和示范应用。专家系统在植物保护和植物检疫领域有着广泛的应用，如解决作物的选育、施肥、灌溉、病虫害防治等生产问题，开展植物有害生物种类的辅助鉴定，进行风险评估和检疫许可的管理工作。

1. 在病虫害鉴定工作中的应用

中国农业大学研制的植物检疫害虫辅助鉴定多媒体专家系统（PQ-Pick Bugs）、检疫性有害生物信息管理与辅助鉴定系统（QPIIS）、植物检疫图像系统，可帮助一线检疫人员对口岸截获的有害生物进行快速准确鉴定，及时提出处理和放行措施，提高口岸的进出境货物的把关能力和通关速度。

中国检验检疫科学研究院针对口岸一线植物检疫人员的工作特点开发了远程鉴定系统。该系统通过客户端和服务器软件集成了显微图像采集设备、超景深照片合成模块、远程视频会议系统、有害生物辅助鉴定系统、口岸截获有害生物鉴定复核系统等与口岸检疫工作相关的各种软件资源，实现了远程实时显微视频交流、专家在线音/视频远程鉴定指导、计算机辅助鉴定以及鉴定档案管理等多种与有害生物鉴定相关的功能。一线工作人员依靠该系统所提供的辅助鉴定知识库，或连线远程鉴定专家，能够准确快速对未知生物标本进行鉴定，并将鉴定结果归档到全国统一的鉴定复核数据库中，在提高工作效率的同时保证鉴定结果的权威性。

2. 在出入境货物审单受理工作中的应用

国家质检总局利用专家系统的相关技术，开发了集中审单管理系统（见图 9-18），使得审单工作实现了从传统审单模式向集中审单模式的转变。

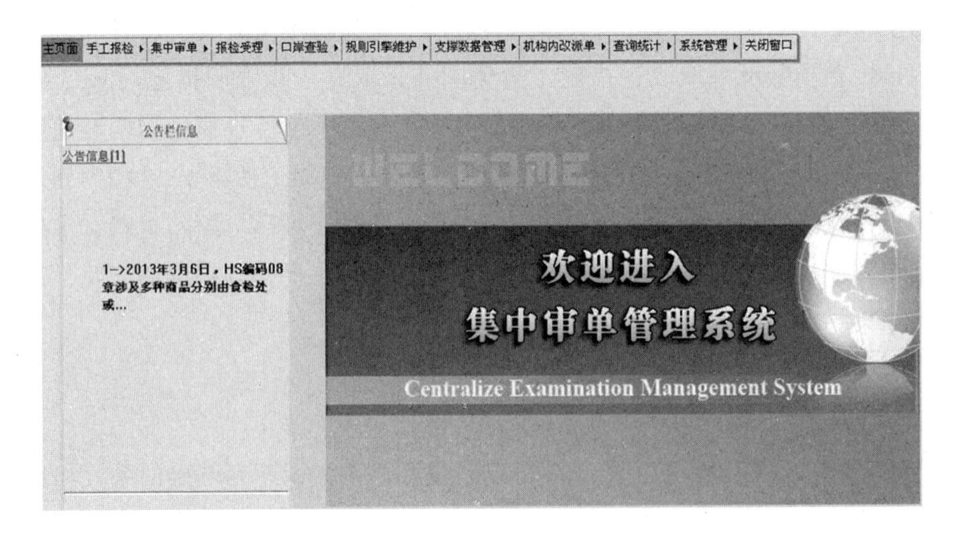

图 9-18　集中审单管理系统

集中审单模式是运用信息化手段将检验检疫各项业务管理要求转化成业务规则，通过规则过滤对所有进出口报检电子数据进行审核处理，形成预定式风险布控和预警式风险提示等风险管理指令，并使风险管理指令贯穿于检验检疫业务的各个环节，成为指导和管理各项检验检疫业务工作的依据，从而构建“责权明确、监管有效、监督制约”的全新检验检疫管理模式。集中审单管理系统的核心是机器审单，业务流程是在规则引擎的引导下，根据机器审单规则对电子报检数据进行比对，形成对每一个申报单数据的机器审单结论。集中审单管理系规范了企业报检数据，统一了执法依据和执法口径，消减了自由裁量权，加强了风险识别和风险控制能力，为风险评估工作提供了准确适用的数据源。

3. 在出入境货物施检及监督管理工作中的应用

电子监管系统是国家质检总局利用专家系统技术开发的以报检批的合格评定为核心的检验检疫与监督管理并重的核心信息化系统。它将进出口商品的法规标准、风险预警、许可备案、抽批检验、现场查验、实验室检测和监督管理等检验检疫监管工作有机结合，实现进出口商品的科学、智能的合格评定。

（五）地理信息系统

地理信息系统（GIS）是一种为了获取、存储、检索、分析和显示地理数据的空间信息系统，其核心是用计算机处理和分析地理信息。

1. 在有害生物适应性分析中的应用

从20世纪90年代以来，中国植物检疫专家运用GIS工具对梨火疫病、小麦矮腥黑穗病、小麦印度腥黑穗病、苹果蠹蛾、地中海实蝇、红火蚁、松材线虫、谷斑皮蠹等多种检疫性有害生物进行了适生性分析工作，划出了中国的适生区和非适生区，提出了进口要求和检疫对策。

2. 在出口植物产品基地备案中的应用

按照国际通行做法和我国《食品安全法》规定，需对出口蔬菜、茶叶、水果等农产品的种植基地实行备案管理制度，从源头上对上述产品农业化学品的投入和使用进行有效管理。由于生产基地零星分散、人工方法很难对基地规模实施准确定位和测量。吉林检验检疫局应用GIS技术，全面掌握了基地的位置、实际面积、作物分布、水源以及土壤等一系列准确数据，从根本上提高了对基地源头管理的有效性和针对性。

3. 在植物检疫监管中的应用

为实现检验检疫业务数据的快速检索定位，利用地理分布特征进行有关的统计和分析，实现资源的整合和统一的管理和监控，黑龙江检验检疫局开发了具有组织机构、卫生监管、动植物监管、进出口食品安全、监管企业、认证监管、统计分析、系统管理等功能的综合监管地理信息系统。该系统以GIS系统为基础，构建了可视化的数据库管理系统，能够以可视方式直观地对植物检疫等检验检疫对象实现监督管理，大大提高了监管水平。

4. 在植物检疫应急处置中的应用

福建检验检疫局利用GIS技术，开发的GIS应急指挥管理平台，是GIS技术在植物检疫等应急指挥领域的典型应用。该系统基于基础地理信息数据库，对接

CIQ2000业务系统，具有组织机构分布、卫生检疫监管、动植物检验检疫、进出口食品监管、企业监管、认证监管、检验检疫分析、国外通报分析、统计专题、视频监控、GPS跟踪、实时报检信息等功能，能够快速直观地提取辖区内的企业与进出口相关的数据信息，为决策和指挥提供服务。

（六）移动信息化

移动信息化是指在现代移动通信技术、移动互联网技术构成的通信平台基础上，通过掌上终端、服务器、个人计算机等多平台的信息交互沟通，实现管理、业务以及服务的移动化、信息化、电子化和网络化，向社会提供高效优质、规范透明、适时可得、电子互动的全方位管理与服务。通俗来讲，移动信息化就是要在手机、PDA等掌上终端，以电信、互联网通讯技术融合的方式，实现政府、企业的信息化应用，最终达到随时随地可以进行随身的移动化信息工作的目的。

1. 在政务工作中的应用

近年来，国家质检总局以及北京、河南、西藏、江苏、深圳、广西、天津、上海、山东、广东、湖南、厦门、重庆、贵州、四川、云南等地检验检疫局已陆续研发启用了检验检疫移动平台。工作人员可以通过平台利用手机进行网上移动办公，有关植物检疫的待办事项、公文处理、信息公告、会议通知等都能通过移动办公平台推送到工作人员的手机上，有效提高了业务处理和日常办公效率。

2. 在现场检疫工作中的应用

天津检验检疫局利用移动信息化技术开发了“PDA现场检疫系统”，包括“报检信息查询”“现场检验检疫记录”“施检结果登记”三个应用子系统。检验员使用PDA设备，通过无线网络远程连接到业务服务器，输入本人的用户名和口令，选择进入其中一个子系统。在现场检验检疫记录子系统中，检验员通过PDA可以将检验检疫依据、包装检验检疫情况、货物检验检疫情况、是否霉变、是否发现检疫性有害生物等现场检疫情况录入业务系统。在施检结果登记子系统中，检验员可以将报检信息的各项内容及报检货物各项信息与现场实际情况进行核对，登记检验检疫结果。

3. 在检疫监管工作中的应用

国家质检总局开发的“金质工程（一期）掌上巡查业务系统”，采用在线方式与离线方式相结合的技术路线，能够让基层业务人员通过掌上巡查业务系统在巡查现场查询企业相关信息，查看以前的监管记录，以及历史监管过程中发现的问题是否整改完成，同时在巡查过程提供专家支持信息，随时查阅政策法规、标准规范等

专业知识，保证巡查的合规性和正确性。

（七）物联网技术

物联网是通过各种信息传感设备及系统（传感网、射频识别系统、红外感应器、激光扫描器等）、条码与二维码、全球定位系统，按约定的通信协议，将物与物、人与物连接起来，通过各种接入网、互联网进行信息交换，以实现智能化识别、定位、跟踪、监控和管理的一种信息网络。物联网的核心技术主要包括射频识别技术，传感技术，网络与通信技术和数据的挖掘与融合技术等。

1. 在溯源管理工作中的应用

在物联网应用方面，质检系统进行很多探索和应用。如广东、深圳等检验检疫局利用物联网技术开发了“供港蔬菜溯源系统”，主要利用 RFID 技术，实现从产地检验检疫局到口岸检验检疫局的快速通关新模式，并建立对供港蔬菜生产、加工和销售全过程的监管溯源体系。主要功能包括：蔬菜加工包装管理、监装环节功能、口岸查验功能、客户端查询机等。

2. 在监装查验工作中的应用

上海、广东等检验检疫局开发的“电子监装查验系统”，在出入境集装箱（车辆）运输过程中引入“RFID 电子铅封”技术手段，在产地监装后对集装箱（车辆）加施“RFID 电子铅封”，实现集装箱（车辆）物流与该集装箱（车辆）所运输的货物信息流（报检信息、检验信息、监装信息、货物详细信息等）的有效绑定。在口岸部署电子闸口，带有“RFID 电子铅封”的集装箱（车辆）通过时，实现电子铅封信息的自动采集和自动比对。苏州检验检疫局采用 RFID 技术对进境货物进行监管，在不同的监管区域移动时有效监管。

第四节 植物检疫信息化比较分析与展望

一、植物检疫信息化比较分析

（一）国际植物检疫信息化特点

1. 高度重视，政府主导

随着信息技术的不断创新，信息网络的广泛普及，很多国家的政府都将植物检疫信息化建设列入国家发展战略。

英国政府发布了一系列政策指令，明确把植物检疫信息化列入电子政务建设的基本任务。英国政府首席信息官负责电子政务建设进程的协调和汇总，按月度和年度向首相汇报建设工作，中央政府植物检疫部门根据各自的目标任务，发布信息化建设年度报告和行动计划。

芬兰政府早在20世纪90年代就把植物检疫信息化列入《芬兰迈向信息社会的国家战略》。政府还成立了由总理牵头、5位部长（包括财政部长）以及来自政界、企业界、社会团体代表组成的信息社会委员会，负责推动和协调包括植物检疫信息化在内的信息化建设。

2. 统一规划，加强共享

国外，特别是发达国家的植物检疫信息化已经跨越了政府部门独立发展、信息系统相互孤立的阶段，目前正在着力推进不同部门和单位之间的信息资源共享与协同工作。一方面，不同部门和单位相同或相似业务全国只建立一套统一的管理系统，特别是统一基础数据库，规避了重复建设，节省了大量经费和人力；另一方面，不同部门和单位高度共享同一个相关系统，利用该系统开展工作和维护信息。统一规划从顶层设计实现了植物检疫信息化的科学、有序发展，加强共享则实现了信息系统经济效益和社会效益的最大化，这种做法不仅使政府管理职能得到充分发挥，政府公信力明显上升，公众满意度得到提升，而且减少了政府行政费用及信息系统的运维支出。

3. 注重宣传，强化服务

很多政府都确立了植物检疫信息化服务公众的理念，注重全民植物检疫相关知识和信息化技能的提高。政府不仅建立了官方网站广泛宣传植物检疫相关法规和知识，为出入境旅客和外贸企业提供服务，还针对国民需求，开发了各类植物检疫相关的检索系统，如植物鉴定检索系统，有害生物检索系统，本国及其他国家检疫要求和措施检索系统等。广泛宣传和服务，不仅增长了国民植物检疫相关知识，也在公众的普遍参与下更加有效地防止了植物检疫风险的发生，推动了本国产品的出口。

（二）中国植物检疫信息化特点

经过多年发展，中国走出了具有本国特色的植物检疫信息化工作道路，稳步提升了植物检疫部门的服务水平，全面保障了植物检疫工作的高效开展。

1. 信息化管理体制和协调机制日趋完善

从国家层面编制了植物检疫信息化发展战略、总体规划，对植物检疫信息化建设进行了统一部署，拟定了重点工程项目和关键技术的实施和攻关方案，加强了对跨部门信息化应用建设的协调和领导能力。同时，地方部门也成立了信息化工作领导小组及办事机构，对于植物检疫信息化建设的推动起到了很好的作用。

2. 信息化基础设施建设不断加强

植物检疫信息化基础设施建设已初具规模。借助国家统一电子政务网络，充分利用公共通信网络，初步形成了政务内网、政务外网、互联网、移动互联网、物联网等“五网”支撑的布局模式，为应用系统和数据的集中化管理提供了支撑。建成了全国性植物检疫信息化系统广州异地灾备中心。植物检疫部门基本完成了机房新建或改造，并配备了小型机双机系统、高端服务器、网络存储、网络安全等较高规格的硬件设备。

3. 信息系统建设不断扩展和深化

建设了覆盖植物检疫各项工作的信息化系统，发布了66个工程标准与规范，全面增强了业务监管能力。在国家级重点工程建设带动下，地方部门积极争取本级财政资金配套和本地口岸建设资金投入，在硬件建设、软件开发到应用维护都达到了较高水平。植物检疫基层单位注重与一线业务相结合，探索出了许多很好的做法，建立了满足本部门特定需求的信息化系统，提高了植物检疫实际业务的操作效率，其经验为建设全国性信息化系统提供了借鉴。

（三）信息化工作的不足

与欧美等发达国家相比，中国植物检疫信息化还存在以下不足：

1. 信息化认识还不到位

信息化建设的重要性不言而喻，但在实际工作中，很多人对信息化的认识还往往停留在感性层面，全面理解信息化建设，主动抓好信息化建设做得还不够到位。

2. 缺乏具有前瞻性的顶层设计

信息系统建设中，区域性的自行开发现象普遍，兼容能力和整合水平低，亟需从国家层面进行统一的植物检疫信息化顶层设计，明确方向、统一标准。

3. 技术、管理的创新应用需进一步推广

物联网、云计算等相关新技术在植物检疫的信息化中仅限于局部试点应用，滞后于技术发展与工作需求。以降低成本、降低风险、提高质量为目的的管理手段的创新应用不足，影响建设效率与效果。

4. **信息资源开发、整合、利用能力不足**

数据的采集机制有待完善，数据库资源仍处在独立系统应用的层面，尚未形成有效的、跨越系统的综合类数据库群，导致信息资源共享和利用水平较低。

二、植物检疫信息化展望

（一）提高信息化工作质量

1. **提高信息化规划质量**

充分研究、精心准备、稳步推进植物检疫信息化顶层设计，把实施植物检疫信息化“十二五”规划与落实国家重大信息化专项规划密切结合，把信息技术与植物检疫业务深度融合，高起点地做好全国性植物检疫信息化系统的规划立项。

2. **提高信息化建设质量**

植物检疫信息化建设项目大、投资大，技术复杂、质量要求高。必须认真听取各方意见，认真进行调研论证，确保开发一个，成功一个，力争精品、不出次品、杜绝废品，全面提高植物检疫信息化建设质量。

3. **提高信息化管理质量**

植物检疫信息化涉及方方面面，综合性强，需要大量艰苦细致的组织协调工作，必须实施科学严格的管理，最大限度地实现信息资源整合与共享。

4. **提高信息化运维质量**

信息系统开发建设只占20％，80％在于运行维护，后续配套的运维保障格外重要，要认真搞好信息系统的修改完善，抓好信息系统的运行维护，切实提高信息化的实用性和便捷性。

（二）提高信息化服务能力

1. **提升服务行政执法的能力**

开发适合移动办公需要的移动工作终端，实现风险分析、督促检查、决策支持、执法检查记录公开等功能。整合行政审批数据、检测资源、检测数据，并加以统计分析，为行政执法提供数据支撑。整合应用物联网、GIS等技术，通过支持植物疫情的监测与防控，提升检疫、防疫水平，基本满足对疫情风险监控、伤害监测、预警分析、信息披露等业务需求。全面实现植物检疫相关数据采集自动化、监测数据应用分析智能化。

2. 提高服务领导决策的能力

充分利用数据仓库、数据挖掘、联机分析处理等决策支持技术，基于各类植物检疫数据建立分析和评估模型，建设决策支持系统，实现对宏观和微观植物检疫工作的统计分析与辅助决策支持。

3. 提高服务信息公开的能力

进一步完善植物检疫部门门户网站群建设，增强网络沟通能力和交互支持能力，将门户网站建成植物检疫信息公开和获取的最主要渠道。通过网站群及一系列应用系统及其信息资源整合，实现法律法规和规章制度、技术标准、业务动态、办事指南等资源信息的公开。

4. 提高服务社会应急的能力

充分利用 RFID、GPS、GIS 等技术实现突发事件、疫情信息的数字化和网络化管理。综合利用网络、视频电话、电子地图、应急指挥车等技术，在指挥中心实现公共安全应急视频会议会商、图像监控、数据网络互联、电话调度等功能。积极利用中央与地方各级政府提供的协同办公与信息资源共享平台，实现部门间应急信息共享、预案管理与应急联动。建立覆盖全国的植物疫情防控应急指挥体系。

（三）推进信息化资源整合

1. 建立信息资源整合与交换体系

完善植物检疫工作基层数据采集机制。完善专项采集、实验室采集、重点监控采集、行政办事采集、企业网络终端报送和相关部门协同交换采集等多种数据采集方式；应用物联网技术，采用电子标签、传感设备、GPS 定位等手段实现基层数据采集，实现一数一源。

建设整合信息统一管理机制。推动部门间信息共享的机制规范建设，促进植物检疫信息资源在部门间的快速流动和优化配置，避免信息的重复采集和系统重复建设；建立信息资源使用机制，依托信息资源目录库，实现各部门依据权限获得业务需求信息资源，实现各部门协同互动，为政府决策提供辅助建议。

搭建跨部门的信息资源交换机制。联合农业部门、质检部门、认证认可、工商、海关、商务以及科研机构等，建成跨部门、跨机构的植物检疫信息资源联合目录；促进公益性元数据交换平台建设，展示各部门的信息资源，逐步实现全国数字资源的调度与指挥，为实现植物检疫信息资源的共知、共建、共享及开展网上服务奠定基础。

2. 推动全国植物检疫信息资源整合中心与平台建设

建设植物检疫信息资源整合中心。整合全国植物检疫信息资源，扩大信息资源的存储、传播和利用，实现信息资源的共建共享；搭建信息资源联网系统，依托政务外网推动信息资源省级分中心和专业分中心建设。

建设信息资源交换平台。统一建设支撑电子文件、业务信息交换、协查交换、协同交换等四大公共应用的信息交换平台，实现植物检疫部门内部和跨部门之间信息和文件的上传下达、协同交互。

3. 推进一批重点信息资源库建设

建设覆盖国内公共检测机构及管理部门的公共检测资源基础库，全面整合检验机构、技术人才、设备、检验能力等国内公共检测资源数据；完善建设国家技术标准基础信息库，全面整合国内外标准资源，建立涵盖国际标准、主要贸易国国家标准、国外专业协学会标准、中国国家标准、行业标准、地方标准以及 WTO TBT/SPS 资源的基础信息数据库；建设植物疫情基础信息库，增强信息溯源能力；建设空间转移轨迹信息库，实现过程控制、全程监管；完善法律法规库，加强法制信息化建设。

（四）提高信息化技术装备水平

1. 提高数字化水平

不断加强信息基础设施建设，普及信息化基本装备，加快信息源、信息传输网络、信息应用系统的开发应用，重点抓好植物检疫工作基础数据库、宏观和微观分析数据库等数据库群建设，建立信息收集和反馈的快速通道，以数字化建设提升信息化水平。

2. 提高网络化水平

建设覆盖植物检疫工作的信息化网络。用现代网络及通讯技术将植物检疫部门、研究机构、监管对象连接起来，彻底打破地域及部门限制，以网络化建设促进植物检疫工作和信息的互联互通、资源共享。全面推广有害生物远程鉴定系统，研发移动终端远程鉴定系统、有害生物辅助鉴定系统等，实现实验室资源向口岸一线的延伸；开发实验室管理系统，建立流程、标准统一的中心实验室、区域实验室、基层实验室一体化的管理网络。实现远程教育为目标，开发实时交流、远程培训等模块，增加视频培训、专题讲座等，丰富培训形式和内容，打造“内容全面、形式鲜活、使用便捷、功能齐全”的数字教育培训体系，实现人才培养方式的多元化。

3. **提高智能化水平**

重视智能化硬件、软件的开发和应用。大量应用传感、测量、控制技术装备，包括无线射频技术、GPS定位系统等，形成大量微型处理节点，适时嵌入到植物检疫监管对象和场所。重视开发利用计算技术、模拟技术等，对植物检疫信息进行分析，对安全风险进行预警，对需要创新的监管机制进行虚拟演算，对防疫决策进行预测评估。通过智能化建设，将植物检疫信息化系统从单纯的信息收集、反馈，向信息综合分析、科学预测、自动服务和效能管理转变。结合植物检疫工作特点，有针对性地开发应用数据监控、视频监控、溯源管理、防伪管理等系统；开发面向一线的警示通报、境外疫情、货物和有害生物信息查询等应用软件模块；开展证书核查、境内外企业注册等信息系统，满足一线检疫监管工作的需要。

结 语

掩卷长思，中国植物检疫经历近百年的发展，从简单到相对完善，从单纯的禁止进口到运用系统综合方法对风险进行科学管理，从单一的禁令法律到相对完善的涉及多领域的综合性系统工程。在这一发展历程中，凝聚了数代植物检疫人的辛勤付出和智慧结晶。

本书通过对国际植物检疫规则和中国现行植物检疫做法的比较研究，可以看出，在中国经济和贸易发展不断融入世界过程中，中国植物检疫正在与世界接轨，并且已经按照相关植物检疫国际规则建立起一整套法律法规体系的制度框架，从基本方法到技术手段，从检疫范围到检疫程序基本与国际准则和要求相适应。通过应用植物检疫措施，进出境植物检疫在保护我国农林业生产和生态环境安全、促进贸易健康发展、维护外交外贸大局发挥了重要作用。

进入21世纪，伴随着全球经济一体化、贸易自由化进程不断加快，建立和遵守统一的国际规则，维护良好世界政治经济秩序势不可挡。作为国际农产品贸易大国和WTO成员国，遵守国际贸易规则，履行国际义务，是促进中国发展和融入世界的必然要求。与此同时，中国积极与国际接轨，认真履行相关国际义务和责任，特别是2005年加入《IPPC公约》以来，为加强对国际标准研究评议工作，组织了系统内外专家成立了“国际植物检疫标准专家组”，加强了国际标准的研究和参与力度。专家组不仅牵头完成了2项亚太国际植物检疫标准，提交的多项国际植物检疫标准评议意见也被 IPPC 采纳使用。其中对一些不科学或不成熟的国际标准草案如昆士兰实蝇冷处理、木材的电磁波处理技术、木瓜实蝇热处理指标、地中海实蝇冷处理等，提出的反对意见被 IPPC 成功采纳，导致这些标准尚未通过。

从国际上看，伴随着贸易总量快速增加和贸易方式的不断创新，加之受地球气候变暖、环境污染等外界因素影响，植物危险性有害生物跨境传播效率越来越高、风险越来越大，给世界植物检疫带来前所未有的压力和挑战。而同时，在当今贸易便利化的形势下，各国利用技术贸易措施保护本国利益的做法不断翻新，对植物检疫提出了更高要求，所有这些都需要世界各国植物检疫战线的同仁们运用智慧，共同建立和维护更加科学的国际规则，在更高层面和更广阔领域建立协调一致的植物检疫措施，为保护地球良好生态环境、建设美好家园而努力。

目前，IPPC 已出台了 36 项国际标准。从 IPPC 公布的植物检疫措施标准可以看出，国际标准已从基本原则的制定逐步向更加细化的业务方面发展，正在并且已经建立了针对具体货物的措施准则，进一步强化了国际标准的系统性，并对各国的植物检疫措施的建立提出更加明确和具有操作性的指导意见。中国在积极遵循国际植物检疫标准的原则和理念，充分考虑《SPS 协定》和《IPPC 公约》中的相关原则，建设具有中国特色进出境动植物检疫检疫的法规体制。对于国际植物检疫措施标准，除《辐射用作植物检疫措施的准则》（ISPM 第 18 号）为低度执行外，其他 35 项标准在我国均为高度执行。

纵观国际、国内植物检疫的发展，总体上呈现以下四种发展趋势：

一是植物检疫的内涵进一步丰富、外延进一步扩大。从内涵上看，植物检疫最初主要关注危害农林业生产安全的植物有害生物，逐步拓展到对生态环境安全和生物多样性造成重大威胁的生物入侵检疫防范、转基因检测及物种资源查验等更为广义的生物安全检疫查验工作。植物检疫措施发展为涵盖范围更为广泛的植物卫生措施。从外延上看，植物检疫的查验范围，从传统的植物及其产品，逐步扩展到运输工具、包装物和铺垫材料、集装箱、旅客携带物和邮寄物。近年来，又进一步延伸到所有可能携带植物有害生物的特殊物品，如进口矿砂、废物原料、船舶压舱水等。

二是植物检疫的管理理念更加科学，管理手段更加先进。随着经济社会的发展，国际动植物检疫在理论和实践方面都得到了较大的发展。在理论基础上，从最初的“零风险”管理理念转向了以风险分析为基础的风险管理理念。经过多年的发展，许多国际公约先后制定并形成了一系列协调、指导和规范植物检疫工作的重要原则。在管理手段上，风险分析、风险管理、区域化、分类管理等许多重要管理方法以及现代化的检测技术和手段已经得到了普遍运用，使植物检疫的管理更加科学高效。

三是植物检疫与政治经济社会的发展联系更加紧密。一方面，植物检疫对于保障安全进口的作用更加突出，另一方面，对促进出口也发挥了良好的保障作用。毋庸置疑，植物检疫已经成为国际贸易中一项极其的重要技术性贸易措施，在平衡国际外交外贸、维护农产品贸易和经济社会稳定发展等发面发挥了愈来愈重要的作用。

四是植物检疫的公共服务性更加突出。植物检疫从诞生之日起，就是一种依靠国家法律的强制力来保证实施的、保障社会共同利益、满足社会公共需要的行为，它不以营利为目的，注重社会效益和长远效益，是市场机制和任何单位或个人都难以满足的一种公共需求，是一种只有政府才有动力和能力运用公共权力向全体社会成员提供的公共服务，惠及全体国民乃至全人类。

总而言之，国际植物检疫规则是 WTO、IPPC 等国际组织成员为保护本国生物安全、便利国际贸易，经反复磋商而确定的，这些规则本身适应市场经济的要求，这与中国新一轮政府改革目标相契合。在借鉴国际规则的过程中，不仅要在法规建设内容上遵守国际规则，更要在科学决策和工作程序方面促进法制化和科学化。要在风险管理理念下，不断完善各个层级法规制修订工作，使其成为植物检疫工作的基础。

此外，要关注有关转基因农产品、生物物种资源检疫检验等植物检疫新兴领域的国际规则和标准的发展步伐，不断跟进和完善中国相关法规内容。进一步加强中国国家植物保护的保障机制，学习、借鉴国际规则、国际标准中有关植物检疫设施、人员、技术等方面的要求，加强相关保障机制的顶层设计，建立公共服务定位下的植物检疫行政资源保障机制，促进植物检疫在机构设置、人员培训、信息建设、技术保障等方面的科学配置，从而不断更好地服务于中国经济社会发展需要。

附录1

《国际植物保护公约》（IPPC）成员机构

（按国家中文名称字母顺序排序）

编号	国家	IPPC 联络点
1	阿尔巴尼亚	农业和食品部动物健康和植物保护局食品安全和消费者保护总司
2	阿尔及利亚	农业和乡村发展部
3	阿富汗	农业、灌溉和畜牧部
4	阿根廷	国家卫生和农业食品质量局
5	阿拉伯联合酋长国	农渔业部 植物保护和农业推广局
6	阿拉伯叙利亚共和国	农业和土地改革部
7	阿曼	农渔部 植物检疫局
8	阿塞拜疆	农业部
9	埃及	农业和土地开垦部
10	埃塞俄比亚	农业与农村发展部 动植物卫生监督管理部门
11	爱尔兰	农业、渔业与食品部
12	爱沙尼亚	爱沙尼亚农业局
13	安哥拉	农业与农村发展部 植物保护处
14	安提瓜和巴布达	农业、土地及渔业部 植物保护司
15	奥地利	联邦农林部

续表

编号	国家	IPPC 联络点
16	澳大利亚	农渔林业部 植物保护办公室
17	巴巴多斯	农业部 植物病理学办公室
18	巴布亚新几内亚	农业检疫检验局 技术及咨询服务处
19	巴基斯坦	植物保护局
20	巴拉圭	植物和种子质量局
21	巴林	市政事务及城市规划部 植物保护局
22	巴西	植物健康署
23	保加利亚	食品安全局
24	比利时	联邦公共健康、食品链安全和环境局；动物、植物和食物署；动物和植物卫生政策局；植物保护处 欧洲二部
25	冰岛	食品兽医局 植物保护服务局 进出口办公室
26	波兰	国家植物健康和种子检验局
27	波斯尼亚和黑塞哥维那	对外贸易与经济关系部 植物卫生保护管理局
28	伯利兹	农业卫生局 植物卫生部门
29	博茨瓦纳	植物保护司
30	不丹	农业部 农业食品条例管理局
31	布基纳法索	农业、水利和渔业资源部　蔬菜生产总局　植物保护局
32	布隆迪	农业和畜牧业部　植物保护局
33	朝鲜民主主义人民共和国	全国委员会
34	赤道几内亚	农业部农业和林业部植物保护司
35	丹麦	农业渔业司
36	德国	联邦食品农业及消费者保护部
37	多哥	农业、畜牧业和渔业部
38	多米尼克	农林部 植物保护和检疫局
39	多米尼加共和国	农林部
40	俄罗斯联邦	农业部 联邦兽医和植物卫生监督服务局
41	厄瓜多尔	农业、畜牧、水产养殖、渔业部
42	厄立特里亚	农业部 监管服务局
43	法国	农业部　健康风险预防的初级生产局

续表

编号	国家	IPPC 联络点
44	斐济	生物安全管理局
45	芬兰	食品和动植物卫生司
46	佛得角	农业、林业和养殖业总局
47	刚果	农业生产和植物保护局
48	哥斯达黎加	农业部
49	格林纳达	农业土地林业渔业和环境部 有害生物管理司
50	格鲁吉亚	国家食品局
51	古巴	国家植物健康中心
52	危地马拉	农业、家畜和食品部
53	圭亚那	国家农业研究拓展所
54	海地	农业、自然资源和农村发展部　植物保护局
55	韩国	农业、食品和农村事务部 动植物检疫局
56	荷兰	经济、农业及创新部 国家植物保护局
57	黑山共和国	黑山共和国政府
58	洪都拉斯	国家农牧业卫生局，农业和畜牧业秘书处
59	吉布提	农业、畜牧业和海洋部 农业和林业局
60	几内亚	农业部 国家植物保护和仓储食品局
61	几内亚的比绍	农业和农村发展部，植物保护局
62	加拿大	加拿大食品检验署
63	加纳	食品和农业部 植物保护和监管服务局
64	加蓬	农业总局 生产和植物保护局 植物检疫法规处
65	柬埔寨	农林渔业部 农业总司
66	捷克共和国	国家植物检疫局
67	津巴布韦	农业、机械化和灌溉发展部 植物检疫局 农业研究和专家服务部门
68	喀麦隆	农业与乡村发展部 农产品及进口条例和质量监督部门
69	卡塔尔	市政和农业部 农业发展局 植物保护处
70	科摩罗	国家农业、渔业和环境研究所
71	科特迪瓦	农业部

续表

编号	国家	IPPC 联络点
72	科威特	农业与渔业资源公共机构
73	克罗地亚	农林水利部
74	肯尼亚	植物健康监察局
75	库克群岛	农业部
76	拉脱维亚	国家植物保护局
77	老挝人民民主共和国	农林部 农业局
78	黎巴嫩	农业部 进出口植物检疫局
79	利比里亚	农业部 国家检疫和环境局 技术事务部
80	利比亚	农业动物和海洋生物资源秘书处 农业有害生物防治中心
81	英国	环境、食品和农村事务部 植物卫生局
82	卢森堡	植物保护局 农业技术服务管理局
83	罗马尼亚	农业、林业和农村发展部 植物检疫局
84	马达加斯加	农业部
85	马尔代夫	农渔部
86	马耳他	植物卫生部 植物生物技术中心
87	马来西亚	农业部 农业作物保护和植物检疫局
88	毛里求斯	农业和食品安全部 国家植保办公室
89	毛里塔尼亚	农业局植物保护处
90	美国	动植物卫生检验局 植物保护检疫处
91	孟加拉国	农业推广部　植物保护局
92	秘鲁	国家农业卫生局
93	密克罗尼西亚	资源与发展部 农业局
94	缅甸	农业部 植物保护司
95	摩尔多瓦共和国	国家植物检疫总督察处
96	摩洛哥	国家食品卫生安全局
97	莫桑比克	农业部，植物保护司
98	墨西哥	农业、畜牧业、农村发展、渔业和食品秘书处
99	南非	农林渔业部
100	尼泊尔	植物保护局

续表

编号	国家	IPPC联络点
101	尼日尔	植物保护总局
102	尼日利亚	农业检疫局
103	纽埃	农林渔业部
104	帕劳群岛	自然资源、环境与旅游部 农业局
105	葡萄牙	农业和农村发展总局
106	前南斯拉夫的马其顿共和国	农林水利部　经济、植物检疫局
107	日本	农业林业和渔业部　食品安全和消费者事务局　植物保护司
108	瑞典	瑞典农业委员会　植物保护局
109	瑞士	联邦农业办公室　联邦植物保护服务机构
110	萨尔瓦多	植物和动物健康总局
111	萨摩亚	农渔业部　检疫司
112	塞尔维亚	农林水利部
113	塞拉利昂	农业、林业和粮食安全部　作物司
114	塞内加尔	农业和农村设备部　植物保护局
115	塞浦路斯	农业、自然资源和环境部
116	塞舌尔	自然资源和工业部　农业局　作物和动物健康服务项目　国家植物保护办公室
117	沙乌地阿拉伯	农业水利部 动植物检疫局
118	圣多美和普林西比	农渔和农村发展部　植物局，植物保护处
119	圣基茨和尼维斯	农业部
120	圣露西亚	农林渔业部
121	圣文森特和格林纳丁斯	农林渔业部
122	斯里兰卡	国家植物检疫局
123	斯洛伐克	农业部 植物货物局
124	斯洛文尼亚	食品安全、兽医和植物保护管理局
125	斯威士兰	农业部 农业研究和专家服务部门
126	苏丹（前）	植物保护局
127	所罗门群岛	农业和畜牧业部

续表

编号	国家	IPPC 联络点
128	塔吉克斯坦	国家植物检疫局
129	泰国	农业合作部 国家农业商品和食品标准局
130	坦桑尼亚	农业、食品安全与合作部
131	汤加	农业食品林业渔业部　检疫及质量管理司
132	特立尼达和多巴哥	食品生产部　研究司 中央实验站
133	突尼斯	农产品质量控制与保护总局
134	图瓦卢	自然资源和土地部　农业局
135	土耳其	食品、农业和畜牧业部　食品管理总司
136	瓦努阿图	牲畜和检疫服务部
137	文莱	工业和初级资源部　植物保护局
138	乌干达	农业、畜牧业和渔业部　作物保护局
139	乌克兰	国家植物检疫局
140	乌拉圭	农牧渔业部
141	西班牙	农业、食品与环境部
142	希腊	农村发展与食品部　植物保护局
143	新加坡	农业食品与兽医局　植物卫生检验司
144	新西兰	初级产业部
145	匈牙利	农村发展部 食物链控制部门
146	牙买加	农业部
147	亚美尼亚	农业部 食品安全植物检验检疫局
148	也门	植物保护局
149	伊拉克	农业部 植物保护局
150	伊朗（伊斯兰共和国）	植物保护机构
151	以色列	植物保护与检验检疫局
152	意大利	农业、食品和林业政策部　农村发展总局
153	印度	农业部　农业与合作局
154	印度尼西亚	农业部　农业检疫局
155	越南	农业与农村发展部 植物保护局

续表

编号	国家	IPPC 联络点
156	赞比亚	植物检疫局 农业研究所
157	乍得	农业和灌溉部 植物和包装保护局
158	智利	农业部　农畜局
159	中非共和国	农村发展部 植物检疫局

附录2

《国际植物保护公约》(1997年)

序　言

各缔约方，

——认识到国际合作对防治植物及植物产品有害生物，防止其在国际上扩散，特别是防止其传入受威胁地区的必要性；

——认识到植物检疫措施应在技术上合理、透明，其采用方式对国际贸易既不应构成任意或不合理歧视的手段，也不应构成变相的限制；

——希望确保对针对以上目的的措施进行密切协调；

——希望为制定和应用统一的植物检疫措施以及制定有关国际标准提供框架；

——考虑到国际上批准的保护植物、人畜健康和环境应遵循的原则；

——注意到作为乌拉圭回合多边贸易谈判的结果而签订的各项协定，包括《卫生和植物检疫措施实施协定》；

达成如下协议：

第Ⅰ条　宗旨和责任

1. 为确保采取共同而有效的行动来防止植物及植物产品有害生物的扩散和传入，并促进采取防治有害生物的适当措施，各缔约方保证采取本公约及按第ⅩⅥ条

签订的补充协定规定的法律、技术和行政措施。

2. 每一缔约方应承担责任，在不损害按其他国际协定承担的义务的情况下，在其领土之内达到本公约的各项要求。

3. 为缔约方的粮农组织成员组织与其成员国之间达到本公约要求的责任，应按照各自的权限划分。

4. 除了植物和植物产品以外，各缔约方可酌情将仓储地、包装材料、运输工具、集装箱、土壤及可能藏带或传播有害生物的其他生物、物品或材料列入本公约的规定范围之内，在涉及国际运输的情况下尤其如此。

第Ⅱ条　术语使用

1. 就本公约而言，下列术语含义如下：

"有害生物低度流行区"——主管当局确定的由一个国家、一个国家的一部分、几个国家的全部或一部分组成的一个地区；在该地区特定有害生物发生率低并有效的监测、控制或消灭措施；

"委员会"——按第Ⅺ条建立的植物检疫措施委员会；

"受威胁地区"——生态因素有利于有害生物定殖、有害生物在该地区的存在将带来重大经济损失的地区；

"定殖"——当一种有害生物进入一个地区后在可以预见的将来长期生存；

"统一的植物检疫措施"——各缔约方按国际标准确定的植物检疫措施；

"国际标准"——按照第Ⅹ条第 1 款和第 2 款确定的国际标准；

"传入"——导致有害生物定殖的进入；

"有害生物"——任何对植物和植物产品有害的植物、动物或病原体的种、株（品）系或生物型；

"有害生物风险分析"——评价生物或其他科学和经济证据以确定是否应限制某种有害生物以及确定对它们采取任何植物检疫措施的力度的过程；

"植物检疫措施"——旨在防止有害生物传入和/或扩散的任何法律、法规和官方程序；

"植物产品"——未经加工的植物性材料（包括谷物）和那些虽经加工，但由于其性质或加工的性质而仍有可能造成有害生物传入和扩散风险的加工品；

"植物"——活的植物及其器官，包括种子和种质；

"检疫性有害生物"——对受其威胁的地区具有潜在经济重要性、但尚未在该地区发生，或虽已发生但分布不广并进行官方防治的有害生物；

“区域标准”——区域植物保护组织为指导该组织的成员而确定的标准；

“管制物”——任何能藏带或传播有害生物的植物、植物产品、仓储地、包装材料、运输工具、集装箱、土壤或任何其他生物、物品或材料，特别是在涉及国际运输的情况下；

“管制的非检疫性有害生物”——在栽种植物上存在、影响这些植物本来的用途、在经济上造成不可接受的影响，因而在输入缔约方境内受到限制的非检疫性有害生物；

“管制有害生物”——检疫性有害生物和/或非检疫性管制有害生物；

“秘书”——按照第Ⅻ条任命的委员会秘书；

“技术上合理”——利用适宜的有害生物风险分析，或适当时利用对现有科学资料的类似研究和评价，得出的结论证明合理。

2. 本条中规定的定义仅适用于本公约，并不影响各缔约方根据国内的法律或法规所确定的定义。

第Ⅲ条　与其他国际协定的关系

本协定不妨碍缔约方按照有关国际协定享有的权利和承担的义务。

第Ⅳ条　与国家植物保护组织安排有关的一般性条款

1. 每一缔约方应尽力成立一个官方国家植物保护组织。该组织负有本条规定的主要责任。

2. 国家官方植物保护组织的责任应包括下列内容：

(a) 为托运植物、植物产品和其他限定物颁发与输入缔约方植物检疫法规有关的证书；

(b) 监视生长的植物，包括栽培地区（特别是大田、种植园、苗圃、园地、温室和实验室）和野生植物以及储存或运输中的植物和植物产品，尤其要达到报告有害生物的发生、爆发和扩散以及防治这些有害生物的目的，其中包括第Ⅷ条 1 (a) 款提到的报告；

(c) 检查国际货运业务承运的植物和植物产品，酌情检查其他限定物，尤其为了防止有害生物的传入和/或扩散；

(d) 对国际货运业务承运的植物、植物产品和其他管制物货物进行杀虫或灭菌

处理以达到植物检疫要求；

(e) 保护受威胁地区，划定、保持和监视非疫区和有害生物低度流行区；

(f) 进行有害生物风险分析；

(g) 通过适当程序确保经有关构成、替代和重新感染核证之后的货物在输出之前保持植物检疫安全；

(h) 人员培训和培养。

3. 每一缔约方应尽力在以下方面作出安排：

(a) 在缔约方境内分发关于管制有害生物及其预防和治理方法的资料；

(b) 在植物保护领域内的研究和调查；

(c) 颁布植物检疫法规；

(d) 履行为实施本公约可能需要的其他职责。

4. 每一缔约方应向秘书提交一份关于其国家官方植物保护组织及其变化情况的说明，如有要求，缔约方应向其他缔约方提供关于其植物保护组织安排的说明。

第Ⅴ条　植物检疫证明

1. 每一缔约方应为植物检疫证明做好安排，目的是确保输出的植物、植物产品和其他限定物及其货物符合按照本条第 2 (b) 款出具的证明。

2. 每一缔约方应按照以下规定为签发植物检疫证书做好安排：

(a) 应仅由国家官方植物保护组织或在其授权下进行导致发放植物检疫证书的检验和其他有关活动。植物检疫证书应由具有技术资格、经国家官方植物保护组织适当授权、代表它并在它控制下的公务官员签发，这些官员能够得到这类知识和信息，因而输入缔约方当局可信任地接受植物检疫证书作为可靠的文件。

(b) 植物检疫证书或有关输入缔约方当局接受的相应的电子证书应采用与本公约附件样本中相同的措辞。这些证书应按有关国际标准填写和签发。

(c) 证书涂改而未经证明应属无效。

3. 每一缔约方保证不要求进入其领土的植物或植物产品或其他限定物货物带有与本公约附件所列样本不一致的检疫证书。对附加声明的任何要求应仅限于技术上合理的要求。

第Ⅵ条　管制有害生物

1. 各缔约方可要求对检疫性有害生物和非检疫性管制有害生物采取植物检疫

措施，但这些措施应：

（a）不严于该输入缔约方领土内存在同样有害生物时所采取的措施；

（b）仅限于保护植物健康和/或保障原定用途所必须的、有关缔约方在技术上能提出正当理由的措施。

2. 各缔约方不得要求对非管制有害生物采取植物检疫措施。

第Ⅶ条　对输入的要求

1. 为了防止管制有害生物传入它们的领土和/或扩散，各缔约方应有主权按照适用的国际协定来管理植物、植物产品和其他管制物的进入，为此目的，它们可以：

（a）对植物、植物产品及其他管制物的输入规定和采取植物检疫措施，如检验、禁止输入和处理；

（b）对不遵守（a）项规定，采取植物检疫措施的植物、植物产品及其他管制物，或将其货物拒绝入境，或扣留，或要求进行处理、销毁，或从缔约方领土上运走；

（c）禁止或限制管制有害生物进入其领土；

（d）禁止或限制植物检疫关注的生物防治剂和声称有益的其他生物进入其领土。

2. 为了尽量减少对国际贸易的干扰，每一缔约方在按本条第1款行使其权限时保证依照下列各点采取行动：

（a）除非出于植物检疫方面的考虑有必要并在技术上有正当理由采取这样的措施，否则各缔约方不得根据它们的植物检疫法采取本条第1款中规定的任何一种措施。

（b）植物检疫要求、限制和禁止一经采用，各缔约方应立即公布并通知它们认为可能直接受到这种措施影响的任何缔约方。

（c）各缔约方应根据要求向任何缔约方提供采取植物检疫要求、限制和禁止的理由。

（d）如果某一缔约方要求仅通过规定的入境地点输入某批特定的植物或植物产品，选择的地点不得妨碍国际贸易。该缔约方应公布这些入境地点的清单，并通知秘书、该缔约方所属区域植物保护组织以及该缔约方认为直接受影响的所有缔约方并应要求通知其他缔约方。除非要求有关植物、植物产品或其他管制物附有检疫证

书或提交检验或处理，否则不应对入境的地点作出这样的限制。

(e) 某 缔约方的植物保护组织应适当注意到植物、植物产品或其他管制物的易腐性，尽快地对供输入的这类货物进行检验或采取其他必要的检疫程序。

(f) 输入缔约方应尽快将未遵守植物检疫证明的重大事例通知有关的输出缔约方，或酌情报告有关的转口缔约方。输出缔约方或适当时有关转口缔约方应进行调查并应要求将其调查结果报告有关输入缔约方。

(g) 各缔约方应仅采取技术上合理、符合所涉及的有害生物风险、限制最少、对人员、商品和运输工具的国际流动妨碍最小的植物检疫措施。

(h) 各缔约方应根据情况的变化和掌握的新情况，确保及时修改植物检疫措施，如果发现已无必要应予以取消。

(i) 各缔约方应尽力拟定和增补使用科学名称的管制有害生物清单，并将这类清单提供给秘书、它们所属的区域植物保护组织，并应要求提供给其他缔约方。

(j) 各缔约方应尽力对有害生物进行监视，收集并保存关于有害生物状况的足够资料，用于协助有害生物的分类，以及制定适宜的植物检疫措施。这类资料应根据要求向缔约方提供。

3. 缔约方对于可能不能在其境内定殖、但如果进入可能造成经济损失的有害生物可采取本条规定的措施。对这类有害生物采取的措施必须在技术上合理。

4. 各缔约方仅在这些措施对防止有害生物传入和扩散有必要且技术上合理时方可对通过其领土的过境货物实施本规定的措施。

5. 本条不得妨碍输入缔约方为科学研究、教育目的或其他用途输入植物、植物产品和其他管制物以及植物有害生物作出特别规定，但须充分保障安全。

6. 本条不得妨碍任何缔约方在检测到对其领土造成潜在威胁的有害生物时采取适当的紧急行动或报告这一检测结果。应尽快对任何这类行动作出评价以确保是否有理由继续采取这类行动。所采取的行动应立即报告各有关缔约方、秘书及其所属的任何区域植物保护组织。

第Ⅷ条 国际合作

1. 各缔约方在实现本公约的宗旨方面应通力合作，特别是：

(a) 就交换关于植物有害生物的资料进行合作，尤其是按照委员会可能规定的程序报告可能构成当前或潜在危险的有害生物的发生、爆发或蔓延情况；

(b) 在可行的情况下，参加防治可能严重威胁作物生产并需要采取国际行动来应付紧急情况的有害生物的任何特别活动；

（c）尽可能在提供有害生物风险分析所需要的技术和生物资料方面进行合作。

2. 每一缔约方应指定一个归口单位负责交换与实施本公约有关的情况。

第Ⅸ条　区域植物保护组织

1. 各缔约方保证就在适当地区建立区域植物保护组织相互合作。

2. 区域植物保护组织应在所包括的地区发挥协调机构的作用，应参加为实现本公约的宗旨而开展的各种活动，并应酌情收集和传播信息。

3. 区域植物保护组织应与秘书合作以实现公约的宗旨，并在制定标准方面酌情与秘书和委员会合作。

4. 秘书将召集区域植物保护组织代表定期举行技术磋商会，以便：

（a）促进制定和采用有关国际植物检疫措施标准；

（b）鼓励区域间合作，促进统一的植物检疫措施，防治有害生物并防止其扩散和/或传入。

第Ⅹ条　标准

1. 各缔约方同意按照委员会通过的程序在制定标准方面进行合作。

2. 各项国际标准应由委员会通过。

3. 区域标准应与本公约的原则一致；如果适用范围较广，这些标准可提交委员会，供作后备国际植物检疫措施标准考虑。

4. 各缔约方开展与本公约有关的活动时应酌情考虑国际标准。

第Ⅺ条　植物检疫措施委员会

1. 各缔约方同意在联合国粮食及农业组织（粮农组织）范围内建立植物检疫措施委员会。

2. 该委员会的职能应是促进全面落实本公约的宗旨，特别是：

(a) 审议世界植物保护状况以及对控制有害生物在国际上扩散及其传入受威胁地区而采取行动的必要性；

(b) 建立并不断审查制定和采用标准的必要体制安排及程序，并通过国际标准；

（c）按照第XⅢ条制定解决争端的规则和程序；

(d) 建立为适当行使其职能可能需要的委员会附属机构；

(e) 通过关于承认区域植物保护组织的指导方针；

(f) 就本公约涉及的事项与其他有关国际组织建立合作关系；

(g) 采纳实施本公约所必需的建议；

(h) 履行实现本公约宗旨所必需的其他职能。

3. 所有缔约方均可成为该委员会的成员。

4. 每一缔约方可派出一名代表出席委员会会议，该代表可由一名副代表、若干专家和顾问陪同。副代表、专家和顾问可参加委员会的讨论，但无表决权，副代表获得正式授权代替代表的情况除外。

5. 各缔约方应尽一切努力就所有事项通过协商一致达成协议。如果为达成协商一致穷尽一切努力而仍未达成一致意见，作为最后手段应由出席并参与表决的缔约方的三分之二多数作出决定。

6. 为缔约方的粮农组织成员组织及为缔约方的该组织成员国，均应按照粮农组织《章程》和《总规则》经适当变通行使其成员权利及履行其成员义务。

7. 委员会可按要求通过和修改其议事规则，但这些规则不得与本公约或粮农组织《章程》相抵触。

8. 委员会主席应召开委员会的年度例会。

9. 委员会主席应根据委员会至少三分之一成员的要求召开委员会特别会议。

10. 委员会应选举其主席和不超过两名的副主席，每人的任期均为两年。

第Ⅻ条　秘书处

1. 委员会秘书应由粮农组织总干事任命。

2. 秘书应由可能需要的秘书处工作人员协助。

3. 秘书应负责实施委员会的政策和活动并履行本公约可能委派给秘书的其他职能，并应就此向委员会提出报告。

4. 秘书应：

(a) 在国际标准通过之后六十天内向所有缔约方散发；

(b) 按照第Ⅶ条第2（d）款向所有缔约方散发缔约方提供的入境地点清单；

(c) 向所有缔约方和区域植物保护组织散发按照第Ⅶ条第2（i）款禁止或限制进入的管制有害生物清单；

(d) 散发从缔约方收到的关于第Ⅶ条第2（b）款提到的植物检疫要求、限制和禁止的信息以及第Ⅳ条第4款提到的国家官方植物保护组织介绍。

5. 秘书应提供用粮农组织正式语言翻译的委员会会议文件和国际标准。

6. 在实现公约目标方面，秘书应与区域植物保护组织合作。

第ⅩⅢ条　争端的解决

1. 如果对于本公约的解释和应用存在任何争端或如果某一缔约方认为另一缔约方的任何行动有违后者在本公约第Ⅴ条和第Ⅶ条条款下承担的义务，尤其关于禁止或限制输入来自其领土的植物或其他管制物品的依据，有关各缔约方应尽快相互磋商解决这一争端。

2. 如果按第1款所提及的办法不能解决争端，该缔约方或有关各缔约方可要求粮农组织总干事任命一个专家委员会按照委员会制定的规则和程序审议争端问题。

3. 该委员会应包括各有关缔约方指定的代表。该委员会应审议争端问题，同时考虑到有关缔约方提出的所有文件和其他形式的证据。该委员会应为寻求解决办法准备一份关于争端的技术性问题的报告。报告应按照委员会制定的规则和程序拟订和批准，并由总干事转交有关缔约方。该报告还可应要求提交负责解决贸易争端的国际组织的主管机构。

4. 各缔约方同意，这样一个委员会提出的建议尽管没有约束力，但将成为有关各缔约方对引起争议的问题进行重新考虑的基础。

5. 各有关缔约方应分担专家的费用。

6. 本条条款应补充而非妨碍处理贸易问题的其他国际协定规定的争端解决程序。

第ⅩⅣ条　代替以前的协定

本公约应终止和代替各缔约方之间于1881年11月3日签订的有关采取措施防止 *Phylloxera vastatrix* 的国际公约、1889年4月15日在伯尔尼签订的补充公约和1929年4月16日在罗马签订的《国际植物保护公约》。

第ⅩⅤ条　适用的领土范围

1. 任何缔约方可以在批准或参加本公约时或在此后的任何时候向总干事提交一项声明，说明本公约应扩大到包括其负责国际关系的全部或任何领土，从总干事接到这一声明之后三十天起，本公约应适用于声明中说明的全部领土。

2. 根据本条第 1 款向粮农组织总干事提交声明的任何缔约方，可以在任何时候提交另一声明修改以前任何声明的适用范围或停止使用本公约中有关任何领土的条款。这些修改或停止使用应在总干事接到声明后第三十天开始生效。

3. 粮农组织总干事应将所收到的按本条内容提交的任何声明通知所有缔约方。

第ⅩⅥ条　补充协定

1. 各缔约方可为解决需要特别注意或采取行动的特殊植物保护问题签订补充协定。这类协定可适用于特定区域、特定有害生物、特定植物和植物产品、植物和植物产品国际运输的特定方法，或在其他方面补充本公约的条款。

2. 任何这类补充协定应在每一有关的缔约方根据有关补充协定的条款接受以后开始对其生效。

3. 补充协定应促进公约的宗旨，并应符合公约的原则和条款以及透明和非歧视原则，避免伪装的限制，尤其关于国际贸易的伪装的限制。

第ⅩⅦ条　批准和加入

1. 本公约应在 1952 年 5 月 1 日以前交由所有国家签署并应尽早加以批准。批准书应交粮农组织总干事保存，总干事应将交存日期通知每一签署国。

2. 本公约根据第ⅩⅫ条开始生效，即应供非签署国和粮农组织的成员组织自由加入。加入应于向粮农组织总干事交存加入书后生效，总干事应将此通知所有缔约方。

3. 当粮农组织成员组织成为本公约缔约方时，该成员组织应在其加入时依照粮农组织《章程》第Ⅱ条第 7 款的规定，酌情通报其根据本公约接受书对其依照粮农组织《章程》第Ⅱ条第 5 款提交的权限声明作必要的修改或说明。本公约任何缔约方均可随时要求已加入本公约的成员组织提供情况，即在成员组织及其成员国之间，哪一方负责实施本公约所涉及的任何具体事项。该成员组织应在合理的时间内告知上述情况。

第ⅩⅧ条　非缔约方

各缔约方应鼓励未成为本公约缔约方的任何国家或粮农组织的成员组织接受本公约，并应鼓励任何非缔约方采取与本公约条款及根据本公约通过的任何标准一致的植物检疫措施。

第XIX条　语言

1. 本公约的正式语言应为粮农组织的所有正式语言。

2. 本公约不得解释为要求各缔约方以缔约方语言以外的语言提供和出版文件或提供其副本，但以下第3款所述情况除外。

3. 下列文件应至少使用粮农组织的一种正式语言：

(a) 按第Ⅳ条第4款提供的情况；

(b) 提供关于按第Ⅶ条第2（b）款传送的文件的文献资料的封面说明；

(c) 按第Ⅶ条第2（b）、（d）、（i）和（j）款提供的情况；

(d) 提供关于按第Ⅷ条第1（a）款提供的资料的文献资料和有关文件简短概要的说明；

(e) 要求主管单位提供资料的申请及对这类申请所做的答复，但不包括任何附带文件；

(f) 缔约方为委员会会议提供的任何文件。

第XX条　技术援助

各缔约方同意通过双边或有关国际组织促进向有关缔约方，特别是发展中国家缔约方提供技术援助，以便促进本公约的实施。

第XXI条　修正

1. 任何缔约方关于修正本公约的任何提案应送交粮农组织总干事。

2. 粮农组织总干事从缔约方收到的关于本公约的任何修正案，应提交委员会的例会或特别会议批准，如果修正案涉及技术上的重要修改或对各缔约方增加新的义务，应在委员会之前由粮农组织召集的专家咨询委员会审议。

3. 对本公约提出的除附件修正案以外的任何修正案的通知应由粮农组织总干事送交各缔约方，但不得迟于将要讨论这一问题的委员会会议议程发出的时间。

4. 对本公约提出的任何修正案应得到委员会批准，并应在三分之二的缔约方同意后第三十天开始生效。就本条而言。粮农组织的成员组织交存的接受书不应在该组织的成员国交存接受书以外另外计算。

5. 然而，涉及缔约方承担新义务的修正案，只有在每一缔约方接受后第三十天开始对其生效。涉及新义务的修正案的接受书应交粮农组织总干事保存，总干事

应将收到接受修正案的情况及修正案开始生效的情况通知所有缔约方。

6. 修正本公约附件中的植物检疫证书样本的建议应提交秘书并应由委员会审批。已获批准的本公约附件中的植物检疫证书样本的修正案应在秘书通知缔约方九十天后生效。

7. 从本公约附件中的植物检疫证书样本的修正案生效起不超过十二个月的时期内，就本公约而言，原先的证书也应具有法律效力。

第XXII条　生效

本公约一经三个签署国批准，即应在它们之间开始生效。本公约应在后来每一个批准或参加的国家或粮农组织的成员组织交存其批准书或加入书之日起对其生效。

第XXIII条　退出

1. 任何缔约方可在任何时候通知粮农组织总干事宣布退出本公约。总干事应立即通知所有缔约方。

2. 退出应从粮农组织总干事收到通知之日起一年以后生效。

附录

植物检疫证书样本

编号____________

植物保护机构____________

致：植物保护机构____________

Ⅰ 货物说明

输出单位名称和地址：____

申报的收货人姓名和地址：____

包装编号和说明：____

识别标记：____

原产地：____

申报的运输方式：____

申报的入境地点：____

申报的产品名称和数量：____

植物的植物学名称____

兹证明上述植物、植物产品或其他管制物已按照有关官方程序进行检查和/或检验，被认为无输入缔约方规定的检疫性有害生物，因而符合输入缔约方的现行植物检疫要求，包括对管制的非检疫性有害生物的要求。

它们基本无其他有害生物*。

Ⅱ 附加声明

Ⅲ 杀虫和/或灭菌处理

日期________ 处理方法________ 化学药物（有效成分）________

持续时间和温度____

浓度____

其他情况____

____

签证地点____

（印章）授权签字人____

日期____________ （签名）____________

（植物保护机构名称）或其任何官员或代表，不承担签发此证书的任何财政义务。*

* 选择性条款

转口植物检疫证书样本

编号＿＿＿＿＿＿

＿＿＿＿＿＿（转口缔约方）植物保护机构

致＿＿＿＿＿＿（输入缔约方）植物保护机构

Ⅰ货物说明

输出单位名称和地址：＿＿＿＿＿＿＿＿＿＿＿＿＿＿＿＿＿＿＿＿＿＿＿＿

申报的收货人姓名和地址：＿＿＿＿＿＿＿＿＿＿＿＿＿＿＿＿＿＿＿＿＿

包装编号和说明：＿＿＿＿＿＿＿＿＿＿＿＿＿＿＿＿＿＿＿＿＿＿＿＿＿＿

识别标记：＿＿＿＿＿＿＿＿＿＿＿＿＿＿＿＿＿＿＿＿＿＿＿＿＿＿＿＿＿

原产地：＿＿＿＿＿＿＿＿＿＿＿＿＿＿＿＿＿＿＿＿＿＿＿＿＿＿＿＿＿＿

申报的运输方式：＿＿＿＿＿＿＿＿＿＿＿＿＿＿＿＿＿＿＿＿＿＿＿＿＿＿

申报的入境地点：＿＿＿＿＿＿＿＿＿＿＿＿＿＿＿＿＿＿＿＿＿＿＿＿＿＿

申报的产品名称和数量：＿＿＿＿＿＿＿＿＿＿＿＿＿＿＿＿＿＿＿＿＿＿＿

植物的植物学名称＿＿＿＿＿＿＿＿＿＿＿＿＿＿＿＿＿＿＿＿＿＿＿＿＿＿＿

兹证明上述植物、植物产品或其他限定物从＿＿＿＿＿＿＿＿（原产缔约方）运入＿＿＿＿＿＿＿＿（转口缔约方），附有植物检疫证书第＿＿＿＿号，其原本□＊经签署的正本□附于本证书后；并证明这些植物及植物产品用原来的□＊新的□容器进行包装□再包装□；根据原来的植物检疫证书□和进一步检验□，它们被认为符合输入缔约方的现行植物检疫要求，而且在＿＿＿＿＿＿＿＿（转口缔约方）存放期间，该批货物无污染或感染风险。

＊ 在有关的□方框内划勾

Ⅱ附加声明

Ⅲ杀虫和/或灭菌处理

日期＿＿＿＿＿＿ 处理方法＿＿＿＿＿＿化学药物（有效成分）＿＿＿＿＿＿

持续时间和温度＿＿＿＿＿＿＿＿＿＿＿＿＿＿＿＿＿＿＿＿＿＿＿＿＿＿＿＿

浓度＿＿＿＿＿＿＿＿＿＿＿＿＿＿＿＿＿＿＿＿＿＿＿＿＿＿＿＿＿＿＿＿＿

其他情况＿＿＿＿＿＿＿＿＿＿＿＿＿＿＿＿＿＿＿＿＿＿＿＿＿＿＿＿＿＿＿

签证地点＿＿＿＿＿＿＿＿＿＿＿＿＿＿＿＿＿＿＿＿＿＿＿＿＿＿＿＿＿＿＿

（印章）授权签字人＿＿＿＿＿＿＿＿

日期＿＿＿＿＿＿（签名）＿＿＿＿＿＿

（植物保护机构名称）或其任何官员或代表，不承担签发此证书的任何财政义务。＊＊

＊＊ 选择性条款。

附录3

《实施卫生与植物卫生措施协定》（SPS协定）

各成员，

重申不应阻止各成员为保护人类、动物或植物的生命或健康而采用或实施必需的措施，但是这些措施的实施方式不得构成在情形相同的成员之间进行任意或不合理歧视的手段，或构成对国际贸易的变相限制；

期望改善各成员的人类健康、动物健康和植物卫生状况；

注意到卫生与植物卫生措施通常以双边协定或议定书为基础实施，期望有关建立规则和纪律的多边框架，以指导卫生与植物卫生措施的制定、采用和实施，从而将其对贸易的消极影响减少到最低程度；

认识到国际标准、指南和建议可以在这方面作出重要贡献；

期望进一步推动各成员使用协调的、以有关国际组织制定的国际标准、指南和建议为基础的卫生与植物卫生措施，这些国际组织包括食品法典委员会、国际兽疫组织以及在《国际植物保护公约》范围内运作的有关国际和区域组织，但不要求各成员改变其对人类、动物或植物的生命或健康的适当保护水平；

认识到发展中国家成员在遵守进口成员的卫生与植物卫生措施方面可能遇到特殊困难，进而在市场准入及在其领土内制定和实施卫生与植物卫生措施方面也会遇到特殊困难，期望协助它们在这方面所做的努力；

因此期望对适用 GATT 1994 关于使用卫生与植物卫生措施的规定，特别是第

20条（b）项[①]的规定详述具体规则；

特此协定如下：

第1条

总　则

1. 本协定适用于所有可能直接或间接影响国际贸易的卫生与植物卫生措施。此类措施应依照本协定的规定制定和适用。

2. 就本协定而言，适用附件A中规定的定义。

3. 各附件为本协定的组成部分。

4. 对于不属本协定范围的措施，本协定的任何规定不得影响各成员在《技术性贸易壁垒协定》项下的权利。

第2条

基本权利和义务

1. 各成员有权采取为保护人类、动物或植物的生命或健康所必需的卫生与植物卫生措施，只要此类措施与本协定的规定不相抵触。

2. 各成员应保证任何卫生与植物卫生措施仅在为保护人类、动物或植物的生命或健康所必需的限度内实施，并根据科学原理，如无充分的科学证据则不再维持，但第5条第7款规定的情况除外。

3. 各成员应保证其卫生与植物卫生措施不在情形相同或相似的成员之间，包括在成员自己领土和其他成员的领土之间构成任意或不合理的歧视。卫生与植物卫生措施的实施方式不得构成对国际贸易的变相限制。

4. 符合本协定有关条款规定的卫生与植物卫生措施应被视为符合各成员根据GATT 1994有关使用卫生与植物卫生措施的规定所承担的义务，特别是第20条（b）项的规定。

第3条

协　调

1. 为在尽可能广泛的基础上协调卫生与植物卫生措施，各成员的卫生与植物

---

① 在本协定中，所指的第20条（b）项也包括该条的起首部分。

卫生措施应根据现有的国际标准、指南或建议制定，除非本协定、特别是第 3 款中另有规定。

2. 符合国际标准、指南或建议的卫生与植物卫生措施应被视为为保护人类、动物或植物的生命或健康所必需的措施，并被视为与本协定和 GATT 1994 的有关规定相一致。

3. 如存在科学理由，或一成员依照第 5 条第 1 款至第 8 款的有关规定确定动植物卫生的保护水平是适当的，则各成员可采用或维持比根据有关国际标准、指南或建议制定的措施所可能达到的保护水平更高的卫生与植物卫生措施。① 尽管有以上规定，但是所产生的卫生与植物卫生保护水平与根据国际标准、指南或建议制定的措施所实现的保护水平不同的措施，均不得与本协定中任何其他规定相抵触。

4. 各成员应在力所能及的范围内充分参与有关国际组织及其附属机构，特别是食品法典委员会、国际兽疫组织以及在《国际植物保护公约》范围内运作的有关国际和区域组织，以促进在这些组织中制定和定期审议有关卫生与植物卫生措施所有方面的标准、指南和建议。

5. 第 12 条第 1 款和第 4 款规定的卫生与植物卫生措施委员会（本协定中称“委员会”员应制定程序，以监控国际协调进程，并在这方面与有关国际组织协同努力。

第4条

等　效

1. 如出口成员客观地向进口成员证明其卫生与植物卫生措施达到进口成员适当的卫生与植物卫生保护水平，则各成员应将其他成员的措施作为等效措施予以接受，即使这些措施不同于进口成员自己的措施，或不同于从事相同产品贸易的其他成员使用的措施。为此，应请求，应给予进口成员进行检查、检验及其他相关程序的合理机会。

2. 应请求，各成员应进行磋商，以便就承认具体卫生与植物卫生措施的等效性问题达成双边和多边协定。

---

① 就第 3 条 3 款而言，存在科学理由的情况是，一成员根据本协定的有关规定对现有科学住处进行审查和评估，确定有关国际标准、指南或建议不足以实现适当的动植物卫生保护水平。

第5条

风险评估和适当的卫生与植物卫生保护水平的确定

1. 各成员应保证其卫生与植物卫生措施的制定以对人类、动物或植物的生命或健康所进行的、适合有关情况的风险评估为基础，同时考虑有关国际组织制定的风险评估技术。

2. 在进行风险评估时，各成员应考虑可获得的科学证据；有关工序和生产方法；有关检查、抽样和检验方法；特定病害或虫害的流行；病虫害非疫区的存在；有关生态和环境条件；以及检疫或其他处理方法。

3. 各成员在评估对动物或植物的生命或健康构成的风险并确定为实现适当的卫生与植物卫生保护水平以防止此类风险所采取的措施时，应考虑下列有关经济因素：由于虫害或病害的传入、定居或传播造成生产或销售损失的潜在损害；在进口成员领土内控制或根除病虫害的费用；以及采用替代方法控制风险的相对成本效益。

4. 各成员在确定适当的卫生与植物卫生保护水平时，应考虑将对贸易的消极影响减少到最低程度的目标。

5. 为实现在防止对人类生命或健康、动物和植物的生命或健康的风险方面运用适当的卫生与植物卫生保护水平的概念的一致性，每一成员应避免其认为适当的保护水平在不同的情况下存在任意或不合理的差异，如此类差异造成对国际贸易的歧视或变相限制。

各成员应在委员会中进行合作，依照第12条第1款、第2款和第3款制定指南，以推动本规定的实际实施。委员会在制定指南时应考虑所有有关因素，包括人们自愿承受人身健康风险的例外特性。

6. 在不损害第3条第2款的情况下，在制定或维持卫生与植物卫生措施以实现适当的卫生与植物卫生保护水平时，各成员应保证此类措施对贸易的限制不超过为达到适当的卫生与植物卫生保护水平所要求的限度，同时考虑其技术和经济可行性。[①]

7. 在有关科学证据不充分的情况下，一成员可根据可获得的有关信息，包括

---

① 就第5条第6款而言，除非存在如下情况，否则一措施对贸易的限制不超过所要求的程序：存在从技术和经济可行性考虑可合理获得的另一措施，可实现适当的卫生与植物卫生保护水平，且对贸易的限制大大减少。

来自有关国际组织以及其他成员实施的卫生与植物卫生措施的信息，临时采用卫生与植物卫生措施。在此种情况下，各成员应寻求获得更加客观地进行风险评估所必需的额外信息，并在合理期限内据此审议卫生与植物卫生措施。

8. 如一成员有理由认为另一成员采用或维持的特定卫生与植物卫生措施正在限制或可能限制其产品出口，且该措施不是根据有关国际标准、指南或建议制定的，或不存在此类标准、指南或建议，则可请求说明此类卫生与植物卫生措施的理由，维持该措施的成员应提供此种说明。

第6条

适应地区条件，包括适应病虫害非疫区和低度流行区的条件

1. 各成员应保证其卫生与植物卫生措施适应产品的产地和目的地的卫生与植物卫生特点，无论该地区是一国的全部或部分地区，或几个国家的全部或部分地区。在评估一地区的卫生与植物卫生特点时，各成员应特别考虑特定病害或虫害的流行程度、是否存在根除或控制计划以及有关国际组织可能制定的适当标准或指南。

2. 各成员应特别认识到病虫害非疫区和低度流行区的概念。对这些地区的确定应根据地理、生态系统、流行病监测以及卫生与植物卫生控制的有效性等因素。

3. 声明其领土内地区属病虫害非疫区或低度流行区的出口成员，应提供必要的证据，以便向进口成员客观地证明此类地区属、且有可能继续属病虫害非疫区或低度流行区。为此，应请求，应使进口成员获得进行检查、检验及其他有关程序的合理机会。

第7条

透明度

各成员应依照附件B的规定通知其卫生与植物卫生措施的变更，并提供有关其卫生与植物卫生措施的信息。

第8条

控制、检查和批准程序

各成员在实施控制、检查和批准程序时，包括关于批准食品、饮料或饲料中使用添加剂或确定污染物允许量的国家制度，应遵守附件C的规定，并在其他方面保

证其程序与本协定规定不相抵触。

第9条

技术援助

1. 各成员同意以双边形式或通过适当的国际组织便利向其他成员、特别是发展中国家成员提供技术援助。此类援助可特别针对加工技术、研究和基础设施等领域，包括建立国家管理机构，并可采取咨询、信贷、捐赠和赠予等方式，包括为寻求技术专长的目的，为使此类国家适应并符合为实现其出口市场的适当卫生与植物卫生保护水平所必需的卫生与植物卫生措施而提供的培训和设备。

2. 当发展中国家出口成员为满足进口成员的卫生与植物卫生要求而需要大量投资时，后者应考虑提供此类可使发展中国家成员维持和扩大所涉及的产品市场准入机会的技术援助。

第10条

特殊和差别待遇

1. 在制定和实施卫生与植物卫生措施时，各成员应考虑发展中国家成员、特别是最不发达国家成员的特殊需要。

2. 如适当的卫生与植物卫生保护水平有余地允许分阶段采用新的卫生与植物卫生措施，则应给予发展中国家成员有利害关系产品更长的时限以符合该措施，从而维持其出口机会。

3. 为保证发展中国家成员能够遵守本协定的规定，应请求，委员会有权，给予这些国家对于本协定项下全部或部分义务的特定的和有时限的例外，同时考虑其财政、贸易和发展需要。

4. 各成员应鼓励和便利发展中国家成员积极参与有关国际组织。

第11条

磋商和争端解决

1. 由《争端解决谅解》详述和适用的GATT 1994第22条和第23条的规定适用于本协定项下的磋商和争端解决，除非本协定另有具体规定。

2. 在本协定项下涉及科学或技术问题的争端中，专家组应寻求专家组与争端各方磋商后选定的专家的意见。为此，在主动或应争端双方中任何一方请求下，专家组在其认为适当时，可设立一技术专家咨询小组，或咨询有关国际组织。

3. 本协定中的任何内容不得损害各成员在其他国际协定项下的权利，包括援用其他国际组织或根据任何国际协定设立的斡旋或争端解决机制的权利。

第12条

管 理

1. 特此设立卫生与植物卫生措施委员会，为磋商提供经常性场所。委员会应履行为实施本协定规定并促进其目标实现所必需的职能，特别是关于协调的目标。委员会应经协商一致作出决定。

2. 委员会应鼓励和便利各成员之间就特定的卫生与植物卫生问题进行不定期的磋商或谈判。委员会应鼓励所有成员使用国际标准、指南和建议。在这方面，委员会应主办技术磋商和研究，以提高在批准使用食品添加剂或确定食品、饮料或饲料中污染物允许量的国际和国家制度或方法方面的协调性和一致性。

3. 委员会应同卫生与植物卫生保护领域的有关国际组织，特别是食品法典委员会、国际兽疫组织和《国际植物保护公约》秘书处保持密切联系，以获得用于管理本协定的可获得的最佳科学和技术意见，并保证避免不必要的重复工作。

4. 委员会应制定程序，以监测国际协调进程及国际标准、指南或建议的使用。为此，委员会应与有关国际组织一起，制定一份委员会认为对贸易有较大影响的与卫生与植物卫生措施有关的国际标准、指南或建议清单。在该清单中各成员应说明那些被用作进口条件或在此基础上进口产品符合这些标准即可享有对其市场准入的国际标准、指南或建议。在一成员不将国际标准、指南或建议作为进口条件的情况下，该成员应说明其中的理由，特别是它是否认为该标准不够严格，而无法提供适当的卫生与植物卫生保护水平。如一成员在其说明标准、指南或建议的使用为进口条件后改变其立场，则该成员应对其立场的改变提供说明，并通知秘书处以及有关国际组织，除非此类通知和说明已根据附件B中的程序作出。

5. 为避免不必要的重复，委员会可酌情决定使用通过有关国际组织实行的程序、特别是通知程序所产生的信息。

6. 委员会可根据一成员的倡议，通过适当渠道邀请有关国际组织或其附属机构审查有关特定标准、指南或建议的具体问题，包括根据第4款对不使用所作说明的依据。

7. 委员会应在《WTO协定》生效之日后3年后，并在此后有需要时，对本协

定的运用和实施情况进行审议。在适当时，委员会应特别考虑在本协定实施过程中所获得的经验，向货物贸易理事会提交修正本协定文本的建议。

第13条

实　施

各成员对在本协定项下遵守其中所列所有义务负有全责。各成员应制定和实施积极的措施和机制，以支持中央政府机构以外的机构遵守本协定的规定。各成员应采取所能采取的合理措施，以保证其领土内的非政府实体以及其领土内相关实体为其成员的区域机构，符合本协定的相关规定。此外，各成员不得采取其效果具有直接或间接要求或鼓励此类区域或非政府实体、或地方政府机构以与本协定规定不一致的方式行事作用的措施。各成员应保证只有在非政府实体遵守本协定规定的前提下，方可依靠这些实体提供的服务实施卫生与植物卫生措施。

第14条

最后条款

对于最不发达国家成员影响进口或进口产品的卫生与植物卫生措施，这些国家可自《WTO协定》生效之日起推迟5年实施本协定的规定。对于其他发展中国家成员影响进口或进口产品的现有卫生与植物卫生措施；如由于缺乏技术专长、技术基础设施或资源而妨碍实施，则这些国家可自《WTO协定》生效之日起推迟2年实施本协定的规定，但第5条第8款和第7条的规定除外。

附件 A

定　义[①]

1．卫生与植物卫生措施——用于下列目的的任何措施：

(a) 保护成员领土内的动物或植物的生命或健康免受虫害或病害、带病有机体或致病有机体的传入、定居或传播所产生的风险；

(b) 保护成员领土内的人类或动物的生命或健康免受食品、饮料或饲料中的添加剂、污染物、毒素或致病有机体所产生的风险；

(c) 保护成员领土内的人类的生命或健康免受动物、植物或动植物产品携带的病害或虫害的传入、定居或传播所产生的风险；或

(d) 防止或控制成员领土内因有害生物的传入、定居或传播所产生的其他损害。

卫生与植物卫生措施包括所有相关法律、法令、法规、要求和程序，特别包括：最终产品标准；工序和生产方法；检验、检查、认证和批准程序；检疫处理，包括与动物或植物运输有关的或与在运输过程中为维持动植物生存所需物质有关的要求；有关统计方法、抽样程序和风险评估方法的规定；以及与粮食安全直接有关的包装和标签要求。

2．协调——不同成员制定、承认和实施共同的卫生与植物卫生措施。

3．国际标准、指南和建议

(a) 对于粮食安全，指食品法典委员会制定的与食品添加剂、兽药和除虫剂残余物、污染物、分析和抽样方法有关的标准、指南和建议，及卫生惯例的守则和指南；

(b) 对于动物健康和寄生虫病，指国际兽疫组织主持制定的标准、指南和建议；

(c) 对于植物健康，指在《国际植物保护公约》秘书处主持下与在《国际植物保护公约》范围内运作的区域组织合作制定的国际标准、指南和建议；以及

(d) 对于上述组织未涵盖的事项，指经委员会确认的、由其成员资格向所有WTO成员开放的其他有关国际组织公布的有关标准、指南和建议。[①]

---

① 就这些定义而言，“动物”包括鱼和野生动物；“植物”包括森林和野生植物；“虫害”包括杂草；“污染物”包括杀虫剂、兽药残余物和其他杂质。

4．风险评估——根据可能适用的卫生与植物卫生措施评价虫害或病害在进口成员领土内传入、定居或传播的可能性，及评价相关潜在的生物学后果和经济后果；或评价食品、饮料或饲料中存在的添加剂、污染物、毒素或致病有机体对人类或动物的健康所产生的潜在不利影响。

5．适当的卫生与植物卫生保护水平——制定卫生与植物卫生措施以保护其领土内的人类、动物或植物的生命或健康的成员所认为适当的保护水平。

注：许多成员也称此概念为“可接受的风险水平”。

6．病虫害非疫区——由主管机关确认的未发生特定虫害或病害的地区，无论是一国的全部或部分地区，还是几个国家的全部或部分地区。

注：病虫害非疫区可以包围一地区、被一地区包围或毗连一地区，可在一国的部分地区内，或在包括几个国家的部分或全部地理区域内，在该地区内已知发生特定虫害或病害，但已采取区域控制措施，如建立可限制或根除所涉虫害或病害的保护区、监测区和缓冲区。

7．病虫害低度流行区——由主管机关确认的特定虫害或病害发生水平低、且已采取有效监测、控制或根除措施的地区，该地区可以是一国的全部或部分地区，也可以是几个国家的全部或部分地区。

附件 B

卫生与植物卫生法规的透明度

法规的公布

1. 各成员应保证迅速公布所有已采用的卫生与植物卫生法规[①]，以使有利害关系的成员知晓。

2. 除紧急情况外，各成员应在卫生与植物卫生法规的公布和生效之间留出合理时间间隔，使出口成员、特别是发展中国家成员的生产者有时间使其产品和生产方法适应进口成员的要求。

咨询点

3. 每一成员应保证设立一咨询点，负责对有利害关系的成员提出的所有合理问题作出答复，并提供有关下列内容的文件：

(a) 在其领土内已采用或提议的任何卫生与植物卫生法规；

(b) 在其领土内实施的任何控制和检查程序、生产和检疫处理方法、杀虫剂允许量和食品添加剂批准程序；

(c) 风险评估程序、考虑的因素以及适当的卫生与植物卫生保护水平的确定；

(d) 成员或其领土内相关机构在国际和区域卫生与植物卫生组织和体系内，及在本协定范围内的双边和多边协定和安排中的成员资格和参与情况，及此类协定和安排的文本。

4. 各成员应保证在如有利害关系的成员索取文件副本，除递送费用外，应按向有关成员本国国民[②]提供的相同价格（如有定价）提供。

通知程序

5. 只要国际标准、指南或建议不存在或拟议的卫生与植物卫生法规的内容与国际标准、指南或建议的内容实质上不同，且如果该法规对其他成员的贸易有重大影响，则各成员即应：

(a) 提早发布通知，以使有利害关系的成员知晓采用特定法规的建议；

---

① 卫生与植物卫生措施包括普遍适用的法律、法令或命令。

② 本协定中所指的“国民”一词，对于 WTO 的单独关税区成员，应被视为在该关税区内定居或拥有真实有效的工业或商业机构的自然人或法人。

(b) 通过秘书处通知其他成员法规所涵盖的产品，并对拟议法规的目的和理由作出简要说明。此类通知应在仍可进行修正和考虑提出的意见时提早作出。

(c) 应请求，向其他成员提供拟议法规的副本，只要可能，应标明与国际标准、指南或建议有实质性偏离的部分；

(d) 无歧视地给予其他成员合理的时间以提出书面意见，应请求讨论这些意见，并对这些书面意见和讨论的结果予以考虑。

6. 但是，如一成员面临健康保护的紧急问题或面临发生此种问题的威胁，则该成员可省略本附件第5款所列步骤中其认为有必要省略的步骤，只要该成员：

(a) 立即通过秘书处通知其他成员所涵盖的特定法规和产品，并对该法规的目标和理由作出简要说明，包括紧急问题的性质；

(b) 应请求，向其他成员提供法规的副本；

(c) 允许其他成员提出书面意见，应请求讨论这些意见，并对这些书面意见和讨论的结果予以考虑。

7. 提交秘书处的通知应使用英文、法文或西班牙文。

8. 如其他成员请求，发达国家成员应以英文、法文或西班牙文提供特定通知所涵盖的文件，如文件篇幅较长，则应提供此类文件的摘要。

9. 秘书处应迅速向所有成员和有利害关系的国际组织散发通知的副本，并提请发展中国家成员注意任何有关其特殊利益产品的通知。

10. 各成员应指定一中央政府机构，负责在国家一级依据本附件第5款、第6款、第7款和第8款实施有关通知程序的规定。

一般保留

11. 本协定的任何规定不得解释为要求：

(a) 使用成员语文以外的语文提供草案细节或副本或公布文本内容，但本附件第8款规定的除外；或

(b) 各成员披露会阻碍卫生与植物卫生立法的执行或会损害特定企业合法商业利益的机密信息。

附件C

控制、检查和批准程序

1. 对于检查和保证实施卫生与植物卫生措施的任何程序，各成员应保证：

(a) 此类程序的实施和完成不受到不适当的迟延，且对进口产品实施的方式不严于国内同类产品；

(b) 公布每一程序的标准处理期限，或应请求，告知申请人预期的处理期限；主管机构在接到申请后迅速审查文件是否齐全，并以准确和完整的方式通知申请人所有不足之处：主管机构尽快以准确和完整的方式向申请人传达程序的结果，以便在必要时采取纠正措施；即使在申请存在不足之处时，如申请人提出请求，主管机构也应尽可能继续进行该程序；以及应请求，将程序所进行的阶段通知申请人，并对任何迟延作出说明；

(c) 有关信息的要求仅限于控制、检查和批准程序所必需的限度，包括批准使用添加剂或为确定食品、饮料或饲料中污染物的允许量所必需的限度；

(d) 在控制、检查和批准过程中产生的或提供的有关进口产品的信息，其机密性受到不低于本国产品的遵守，并使合法商业利益得到保护；

(e) 控制、检查和批准一产品的单个样品的任何要求仅限于合理和必要的限度；

(f) 因对进口产品实施上述程序而征收的任何费用与对国内同类产品或来自任何其他成员的产品所征收的费用相比是公平的，且不高于服务的实际费用；

(g) 程序中所用设备的设置地点和进口产品样品的选择应使用与国内产品相同的标准，以便将申请人、进口商、出口商或其代理人的不便减少到最低程度；

(h) 只要由于根据适用的法规进行控制和检查而改变产品规格，则对改变规格产品实施的程序仅限于为确定是否有足够的信心相信该产品仍符合有关规定所必需的限度；以及

(i) 建立审议有关运用此类程序的投诉的程序，且当投诉合理时采取纠正措施。

如一进口成员实行批准使用食品添加剂或制定食品、饮料或饲料中污染物允许量的制度，以禁止或限制未获批准的产品进入其国内市场，则进口成员应考虑使用有关国际标准作为进入市场的依据，直到作出最后确定为止。

2. 如一卫生与植物卫生措施规定在生产阶段进行控制，则在其领土内进行有关生产的成员应提供必要协助，以便利此类控制及控制机构的工作。

3. 本协定的内容不得阻止各成员在各自领土内实施合理检查。

参考文献

[1] Australia Federal Register of Legislative Instruments. Export Control (Plants and Plant Products) Order 2011 [Z]. September 2011，F2011L02005.

[2] DAFF/AQIS. Heat treatment standard [S]. Version 1，2008.

[3] DAFF. Methyl bromide fumigation standard [S]. Version 2. 1，2013.

[4] DAFF. The Australian wood packaging certificate scheme for export [R]. Version 2. 2.

[5] FAO，CPM2013/CRP/07. Review of phytosanitary security based on Probit 9 treatment standard [R]. 2013.

[6] FAO. 国际植物保护公约 [Z]. IPPC 秘书处，1997.

[7] IPPC. 国际贸易中植物保护和植物检疫措施应用的植物检疫原则 [S]. 国际植物检疫措施标准第 1 号，联合国粮农组织，罗马，2006.

[8] IPPC. 有害生物风险分析框架 [S]. 国际植物检疫措施标准第 2 号，联合国粮农组织，罗马，2007.

[9] IPPC. 生物防治物和其他有益生物的输出、运输、输入和释放准则 [S]. 国际植物检疫措施标准第 3 号，联合国粮农组织，罗马，2005.

[10] IPPC. 建立非疫区的要求 [S]. 国际植物检疫措施标准第 4 号，联合国粮农组织，罗马，1995.

［11］IPPC. 植物检疫术语表［S］. 国际植物检疫措施标准第 5 号，联合国粮农组织，罗马，2013.

［12］IPPC. 监测准则［S］. 国际植物检疫措施标准第 6 号，联合国粮农组织，罗马，1997.

［13］IPPC. 植物检疫出证体系［S］. 国际植物检疫措施标准第 7 号，联合国粮农组织，罗马 .2011.

［14］IPPC. 某一地区有害生物状况的确定［S］. 国际植物检疫措施标准第 8 号，联合国粮农组织，罗马，1998.

［15］IPPC. 有害生物根除计划准则［S］. 国际植物检疫措施标准第 9 号，联合国粮农组织，罗马，1998.

［16］IPPC. 建立非疫产地和非疫生产点的要求［S］. 国际植物检疫措施标准第 10 号，联合国粮农组织，罗马，1999.

［17］IPPC. 检疫性有害生物风险分析（包括环境风险和活体转基因生物分析）［S］. 国际植物检疫措施标准第 11 号，联合国粮农组织，罗马，2013.

［18］IPPC. 植物检疫证书准则［S］. 国际植物检疫措施标准第 12 号，联合国粮农组织，罗马，2011.

［19］IPPC. 违规和紧急行动通报准则［S］. 国际植物检疫措施标准第 13 号，联合国粮农组织，罗马，2001.

［20］IPPC. 系统方法在有害生物风险管理中的综合应用［S］. 国际植物检疫措施标准第 14 号，联合国粮农组织，罗马，2002.

［21］IPPC. 国际贸易中木质包装材料管理准则［S］. 国际植物检疫措施标准第 15 号，联合国粮农组织，罗马，2009.

［22］IPPC. 管制的非检疫性有害生物：概念及应用［S］. 国际植物检疫措施标准第 16 号，联合国粮农组织，罗马，2002.

［23］IPPC. 有害生物报告［S］. 国际植物检疫措施标准第 17 号，联合国粮农组织，罗马，2002.

［24］IPPC. 辐照处理作为检疫措施准则［S］. 国际植物检疫措施标准第 18 号，联合国粮农组织，罗马，2003.

［25］IPPC. 管制性有害生物名录准则［S］. 国际植物检疫措施标准第 19 号，联合国粮农组织，罗马，2003.

[26] IPPC. 植物检疫进口管理系统准则 [S]. 国际植物检疫措施标准第 20 号，联合国粮农组织，罗马，2004.

[27] IPPC. 限定的非检疫性有害生物风险分析 [S]. 国际植物检疫措施标准第 21 号，联合国粮农组织，罗马，2004.

[28] IPPC. 建立有害生物低度流行区的要求 [S]. 国际植物检疫措施标准第 22 号，联合国粮农组织，罗马，2005.

[29] IPPC. 查验准则 [S]. 国际植物检疫措施标准第 23 号，联合国粮农组织，罗马，2005.

[30] IPPC. 植物检疫措施等效性的确定和认可准则 [S]. 国际植物检疫措施标准第 24 号，联合国粮农组织，罗马，2005.

[31] IPPC. 过境货物 [S]. 国际植物检疫措施标准第 25 号，联合国粮农组织，罗马，2006.

[32] IPPC. 实蝇（实蝇科 Tephritidae）非疫区的建立 [S]. 国际植物检疫措施标准第 26 号，联合国粮农组织，罗马，2006.

[33] IPPC. 限定性有害生物诊断规程 [S]. 国际植物检疫措施标准第 27 号，联合国粮农组织，罗马，2006.

[34] IPPC. 限定性有害生物的植物检疫处理 [S]. 国际植物检疫措施标准第 28 号，联合国粮农组织，罗马，2007.

[35] IPPC. 非疫区和有害生物低度流行区的认可 [S]. 国际植物检疫措施标准第 29 号，联合国粮农组织，罗马，2007.

[36] IPPC. 实蝇（实蝇科 Tephritidae）低度流行区的建立 [S]. 国际植物检疫措施标准第 30 号，联合国粮农组织，罗马，2008.

[37] IPPC. 货物抽样方法 [S]. 国际植物检疫措施标准第 31 号，联合国粮农组织，罗马，2008.

[38] IPPC. 基于有害生物风险的商品分类 [S]. 国际植物检疫措施标准第 32 号，联合国粮农组织，罗马，2009.

[39] IPPC. 国际贸易中的脱毒马铃薯（茄属）微繁材料和微型马铃薯 [S]. 国际植物检疫措施标准第 33 号，联合国粮农组织，罗马，2010.

[40] IPPC. 入境后植物检疫站的设计和操作 [S]. 国际植物检疫措施标准第 34 号，联合国粮农组织，罗马，2010.

［41］IPPC. 实蝇科有害生物风险管理系统方法［S］. 国际植物检疫措施标准第 35 号，联合国粮农组织，罗马，2012.

［42］IPPC. 种植用植物综合措施［S］. 国际植物检疫措施标准第 36 号，联合国粮农组织，罗马，2012.

［43］IPPC. 国际植物保护公约新修订文本［Z］. 联合国粮农组织，罗马，1997.

［44］J. A. 福斯特 . 美国对输入植物种质的管理办法律［J］. 曹骥译 . 植物检疫，1982（05）：47－49.

［45］Jessica Vapnek & Daniele Manzella. Guidelines for the Revision of National Phytosanitary［Z］. FAO Legal Papers Online ＃63，2007.

［46］MPI Biosecurity standard：Treatment supplier programme：Overview and general requirements［R］. 2006 .

［47］MPI Import Health Standard：Wood Packaging Material from All Countries［R］. 2009.

［48］USDA. Treatment manual［Z］. 2012.

［49］USDA. Export Program Manual. 2nd edition. March 2010.

［50］安榆林，吴翠萍，王有福等 . 植物检疫实验室生物安全规范的研究［J］. 检验检疫科学，2005，15（3）：41－43.

［51］陈建良，唐小平 . 集装箱运输的发展与进境集装箱动植物检疫［J］. 植物检疫，1995，9（6）：359－361.

［52］陈开生，谢少远 . 对入境集装箱检疫问题的探讨［J］. 植物检疫，1993，7（1）：56－58.

［53］陈孟裕，詹开瑞，黄新民等 . 中国特色进出境动植物检疫工作体系框架结构研究［J］. 植物检疫，2012，26（4）：72－76.

［54］大卫-爱博思 . 植物卫生与检疫原理［M］. 鄢建，王洪兵，张艺兵，译 . 北京：中国农业科学技术出版社，2012.

［55］冯斌，陆焕玲 . 国际集装箱检验检疫概况［J］. 中国检验检疫，2000（9）：36－37.

［56］耿秉晋 . 试论《动植物检疫法》的内涵［J］. 植物检疫，1992，6（2）：81－85.

［57］顾忠盈，周明华，吴新华 . 建立“有中国特色动植物检验检疫体系”的

思考［J］. 植物检疫，2009，23（增刊）：50－53.

［58］国际自然与天然资源保育联盟．濒危野生动植物物种国际贸易公约［Z］. 1975.

［59］国检质量监督检验检疫总局．检验检疫工作手册植物检验检疫分册［Z］. 2007.

［60］国检质量监督检验检疫总局．进出境动植物检验检疫风险预警及快速反应管理规定实施细则［Z］，国质检动（2002）80号，2002.

［61］国检质量监督检验检疫总局．进境动植物检疫审批管理办法［Z］. 质检总局令第25号，2002.

［62］国检质量监督检验检疫总局．进境水果检验检疫监督管理办法［Z］. 质检总局令第68号，2004.

［63］国检质量监督检验检疫总局．进境植物繁殖材料检疫管理办法［Z］. 质检总局令第10号，1999.

［64］国检质量监督检验检疫总局．进境植物和植物产品风险分析管理规定［Z］. 质检总局令第41号，2002.

［65］国家质量监督检验检疫总局．检验检疫工作手册植物检验检疫分册［Z］. 2007.

［66］韩世平，赵谦，凌中南．植物检疫实验室建设及其鉴定结果在检疫工作中的地位［J］. 植物检疫，1998，12（6）：359－361.

［67］黄冠胜，赵增连，等．中国特色进出境动植物检验检疫［M］. 北京：中国质检出版社，2013.

［68］黄萍，孙汉钿．从红火蚁事件思考进境植物检疫管理模式［J］. 中国检验检疫，2006（10）：17－18.

［69］黄庆林．动植物检疫处理原理与应用技术［M］. 天津：天津科学技术出版社，2008.

［70］简中友，孙颖杰．论动植物检验检疫工作的重要性和敏感性［J］. 植物检疫，2013，27（4）：6－9.

［71］蒋国辉．浅议进出境植物检疫行政执法的完善［J］. 植物检疫，2012，26（3）：75－77.

［72］蒋小龙．浅谈检疫执法中的实验室工作与管理［J］. 植物检疫，1998，

12 (5)：307 - 310.

[73] 兰敏，陈斌，叶景辉．加大集装箱场站检验检疫执法力度的建议 [J]. 检验检疫科学，2005，15 (5)：45 - 46.

[74] 黎泽雄，刘叔义．出入境检验检疫管理体制中的实验室建设 [J]. 检验检疫科学，1999：60 - 64.

[75] 李春阳．浅析入境旅客携带物传带植物有害生物的风险 [J]. 植物检疫，2008，22 (6)：392 - 394.

[76] 李尉民．有害生物风险分析 [M]. 北京：中国农业出版社，2003：1 - 8，38 - 42，80 - 163.

[77] 李一农，胡献星．口岸实验室改革刍议 [J]. 植物检疫，1999，13 (3)：47 - 48.

[78] 李知龙．我国进境植物检疫专家系统开发 [D]. 河南农业大学硕士学位论文．2011.

[79] 联合国．卡塔赫纳生物安全议定书 [Z]，2000.

[80] 联合国环境规划署．生物多样性公约 [Z]，1993.

[81] 梁延美，王汉波，盘志松．应重视对旅客携带物的检疫 [J]. 植物检疫，2004，18 (1)：47 - 48.

[82] 梁忆冰．植物检对外来有害生物入侵的防御作用 [J]. 植物保护，2002：28 (2)：45 - 47.

[83] 林何燕，曹志强．关于进境集装箱检疫的思考 [J]. 植物检疫，2006 (3)：182.

[84] 林小琳．澳大利亚的集装箱检疫 [J]. 植物检疫，1991，5 (1)：76 - 78.

[85] 刘春兴，林震．美国应对生物入侵立法的历史及其启示 [J]. 经济社会体制比较，2010 (2)：161 - 166.

[86] 刘春兴，温俊宝，骆有庆．美国的生物入侵管理体制 [J]. 植物检疫，2009，23 (2)：45 - 48.

[87] 刘春兴，温俊宝．日本的外来物种分类管理策略 [J]. 植物检疫，2007，21 (5)：322 - 323.

[88] 刘春兴．欧盟应对生物入侵的管理策略 [J]. 世界环境，2006 (6)：63 -64.

[89] 娄少之，吴昊．论动植物检验检疫信息化建设 [J]. 植物检疫，2009 (增

刊)，29－30.

［90］罗卫，叶奕优，梁忆冰等．试论中国特色进出境动植物检验检疫工作的国情基础［J］. 植物检疫，2013，27（2）：35－37.

［91］莫晓凤，张建军．做好进境植物检疫审批初审工作的主要步骤［J］. 植物检疫，2003，17（6）：362－363.

［92］彭钰欣，王水明．加拿大对入境旅客携带物的动植物检疫规定［J］. 中国检验检疫，1999（11）：40.

［93］蒲民，吴杏霞，梁忆冰．论我国进境植物检疫风险分析体系的构建［J］. 植物检疫，2009，23（5）：44－47.

［94］蒲民．中外动植物检疫法律法规体系研究［M］. 北京：中国农业出版社，2009.

［95］秦贞奎．开拓美国市场指南［M］. 北京：中国财政经济出版社，2002.

［96］秦贞奎．开拓欧盟市场指南［M］. 北京：中国财政经济出版社，2005.

［97］任荔荔，朱飞，詹国平，等．中国动植物检疫处理体系的现状分析及建议［J］. 植物检疫，2013，27（2）：38－40.

［98］WTO. 实施卫生与植物卫生协定［Z］，1995.

［99］世界自然保护联盟（IUCN）物种生存委员会（SSC）．防止外来入侵种导致生万物多样性丧失的指南［EB］. 格兰特：IUCN. 2000.

［100］宋阳威．澳大利亚对进境邮寄物的检疫［N］. 中国国门时报，2003年11月27日，第100版．

［101］孙冠英．基于网络的进出境植物检疫信息管理和辅助决策系统［D］. 浙江大学博士学位论文，2003.

［102］孙旻旻，陆军，周培．木材检疫实验室建设探讨［J］. 植物检疫，2009(增刊)：77－79.

［103］孙旻旻，周明华，张强等．江苏进出境植物检疫处理监管工作的现状与思考［J］. 植物检疫，2011，25（6）：78－82.

［104］王采华，廖薇，赵菁等．陆运口岸集装箱和运输工具检验检疫操作规程的研究［J］. 检验检疫科学，1999，9（4）：1－5.

［105］王采华，廖薇，赵菁．深圳陆运口岸集装箱及运输工具检验检疫运作模式初探［J］. 中国检验检疫，1994（4）：8－9.

[106] 王春林，吴晓玲，陈忠南等．美国、阿根廷对作物种子的检疫 [J]. 植物检疫，2000，14 (1)：58 - 60.

[107] 王春林，吴晓铃．美国的植物检疫 [J]. 世界农业，1999 (10)：10 - 11.

[108] 王福祥，林芙蓉．美国植物检疫的管理和研究 [J]. 世界农业，2001 (6)：34 - 35.

[109] 王维华，曹志强．对出入境旅客携带物检疫工作的探讨 [J]. 植物检疫，2009，23 (增刊)：53 - 56.

[110] 吴翠萍，李彬，粟寒等．实验室在进境繁殖材料病原菌检测中应发挥的作用 [J]. 植物检疫，2009，23 (1)：55 - 56.

[111] 吴建波．集装箱检疫现状分析 [J]. 植物检疫，2007 (增刊)：8 - 11.

[112] 吴跃双，曹向军，温有学等．进出境邮寄物检疫探讨 [J]. 植物检疫，2004，18 (6)：363 - 364.

[113] 吴跃双，杜惠丽．浅谈进出境邮寄物的检疫 [J]. 中国检验检疫，2005 (9)：29.

[114] 夏红民．加强旅客携带物邮寄物检疫工作，确保农业生产安全和人民健康 [J]. 中国检验检疫，2001 (6)：4 - 6.

[115] 肖良，叶志华．CFIA 植物检疫实验室管理经验及其启示 [J]. 植物检疫，2007，21 (3)：192 - 194.

[116] 谢建勋，郑则斌，李小宁．空港口岸旅客携带物检疫模式初探 [J]. 中国检验检疫，2008 (2)：14.

[117] 谢建勋．空港口岸植物检疫实验室建设存在的问题及对策 [J]. 植物检疫，2012，26 (2)：75 - 77.

[118] 徐朝哲，查利文．我国国际集装箱运输业的发展及检疫对策 [J]. 植物检疫，1994，8 (1)：53 - 55.

[119] 徐宁．进境邮寄物的检疫工作现状及特点 [J]. 植物检疫，2009，23 (增刊)：75 - 76.

[120] 杨少俊，赵龙章．加强对进口集装箱的植物检疫 [J]. 植物检疫，1992，6 (5)：369 - 370.

[121] 姚文国．国际多边贸易规则与中国动植物检疫 [M]. 北京：法律出版社，1997.

［122］易小燕．外来入侵植物的扩散路径与入侵风险管理研究［D］．南京农业大学博士学位论文，2008：23，48－50．

［123］曾北危．生物入侵［M］．北京：化学工业出版社，2004：1－46，61－87．

［124］詹国辉，樊新华，顾忠盈．基层动植物检疫实验室发展的思考［J］．植物检疫，2009（增刊）：67－70．

［125］詹国辉．口岸特色植物检疫实验室建设探讨［J］．植物检疫，2007（增刊）：53－54．

［126］詹开瑞，张晓燕，刘杰，等．中国特色进出境动植物检疫工作体系框架结构研究（上篇）［J］．植物检疫，2011，25（6）：62－65．

［127］张朝华，方雯霞．植物检疫处理的原则和方法［J］．中国进出境动植检，1995（2）：46．

［128］张利军．建立中国口岸集装箱检验检疫电子监管系统框架的研究［J］．检验检疫科学，2004，14（4）：34－39．

［129］张秋蛾，严进，朱水芳．运用系统论方法构建我国进出境植物有害生物风险分析体系［J］．植物检疫，2012，26（6）：69－71．

［130］张若蓍．中国植物检疫工作的创建与发展［J］．植物检疫，1990（3）：24－27．

［131］张善干．集装箱出境植物检疫的问题及其对策［J］．植物检疫，1995，9（3）：177－178．

［132］张文玲．我国进出境植物检疫面临的问题及对策［D］．南京农业大学硕士学位论文，2005．

［133］张晓燕，罗卫，周明华，等．论进出境动植物检疫的基本属性［J］．植物检疫，2013，27（3）：27－31．

［134］张晓燕．论中国特色进出境动植物检验检疫的根本任务［J］．植物检疫，2013，27（2）：28－30．

［135］赵汗青，屈东威，王紫梁，等．集装箱封闭式查验设施的研制和应用［J］．植物检疫，2013，27（4）；35－37．

［136］赵兴方，李薇薇．对旅客携带物查验的执法依据及方式的思考［J］．中国检验检疫，2011（5）：43－44．

［137］中华人民共和国进出境动植物检疫法［Z］．主席令第53号，1991．

［138］中华人民共和国进出境动植物检疫法实施条例［Z］. 国务院令第 206 号，1997.

［139］中华人民共和国农业部．外来生物入侵防治 100 问［M］. 北京：中国农业出版社，2009.

［140］周国梁．有害生物风险定量评估原理与技术［M］. 北京：中国农业出版社，2013：1－143.

［141］周明华，张晓燕，梁忆冰，等．论中国进出境动植物检验检疫的“检检相融”特色［J］. 植物检疫，2013，27（3）：31－36.

［142］周勤华．完善检验检疫入境旅客携带物处理的法律机制［J］. 中国检验检疫，2010（6）：22－23.